MW00892589

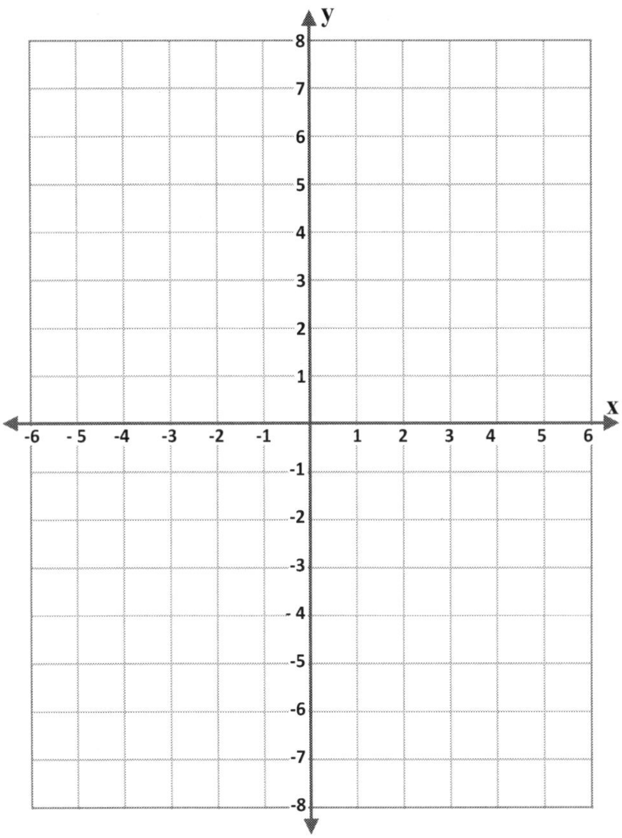
y
8 7 6 5 4 3 2 1 -1 -2 -3 - 4 -5 -6 -7 -8
x
-6 - 5 -4 -3 -2 -1 1 2 3 4 5 6

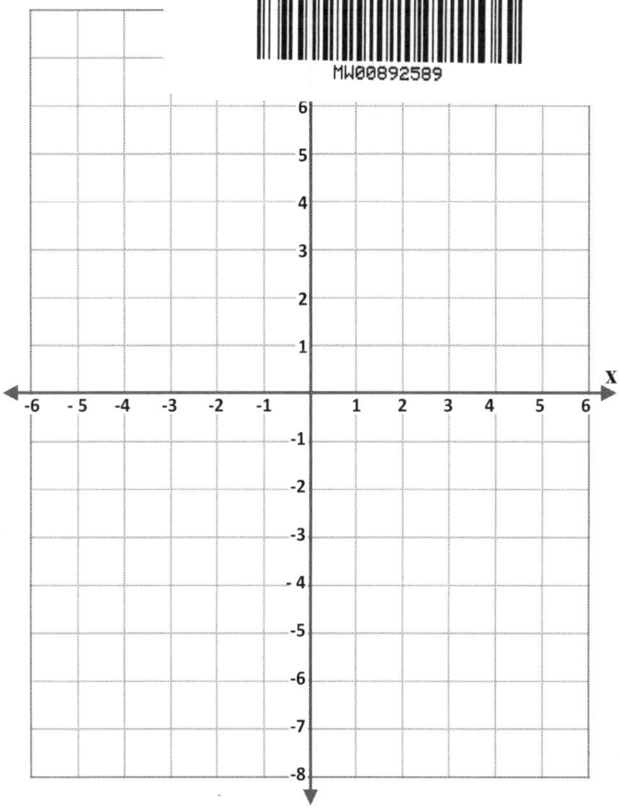
6 5 4 3 2 1 -1 -2 -3 - 4 -5 -6 -7 -8
x
-6 - 5 -4 -3 -2 -1 1 2 3 4 5 6

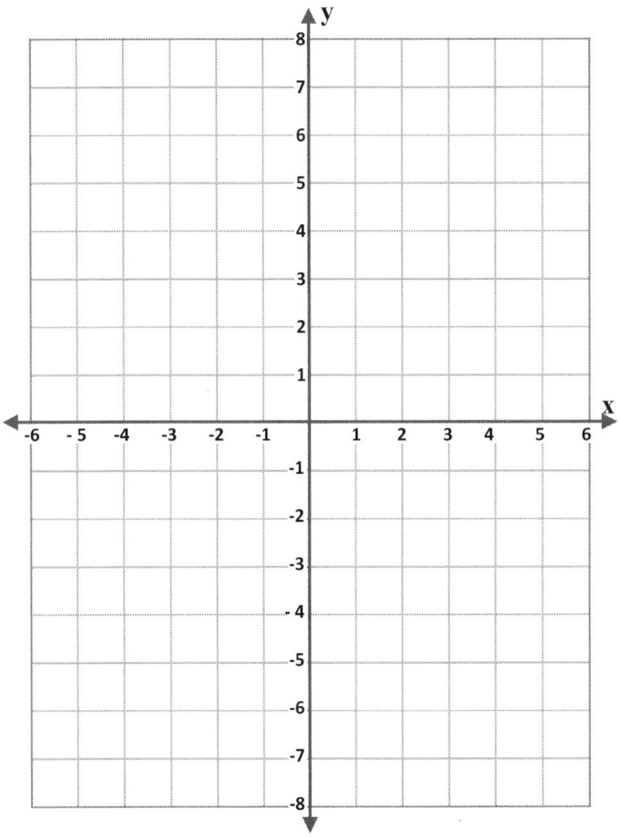
y
8 7 6 5 4 3 2 1 -1 -2 -3 - 4 -5 -6 -7 -8
x
-6 - 5 -4 -3 -2 -1 1 2 3 4 5 6

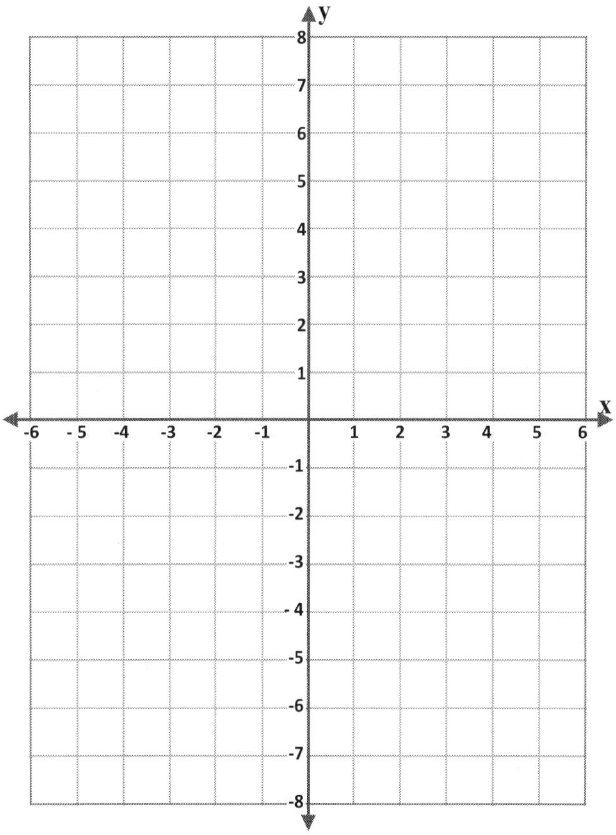
y
8 7 6 5 4 3 2 1 -1 -2 -3 - 4 -5 -6 -7 -8
x
-6 - 5 -4 -3 -2 -1 1 2 3 4 5 6

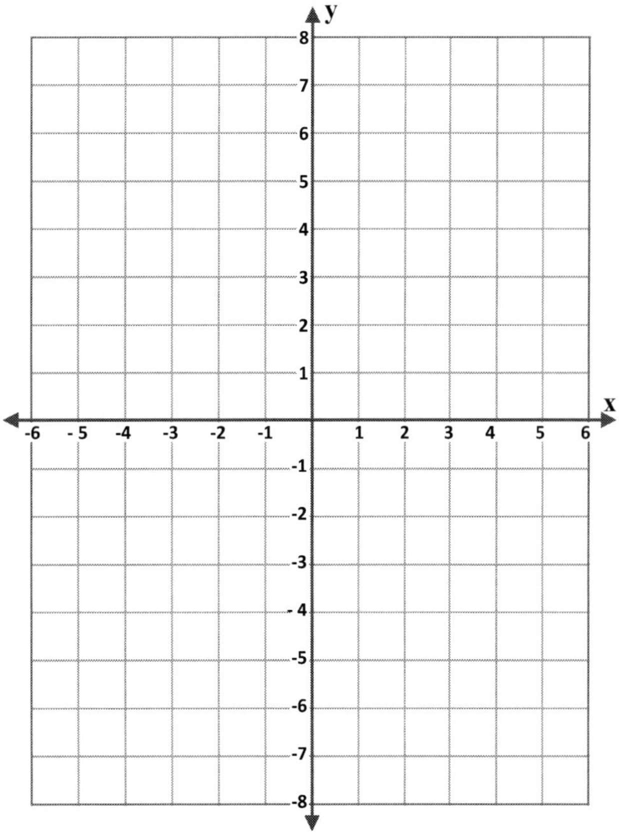
y
x
8
7
6
5
4
3
2
1
-1
-2
-3
-4
-5
-6
-7
-8
-6 -5 -4 -3 -2 -1 1 2 3 4 5 6

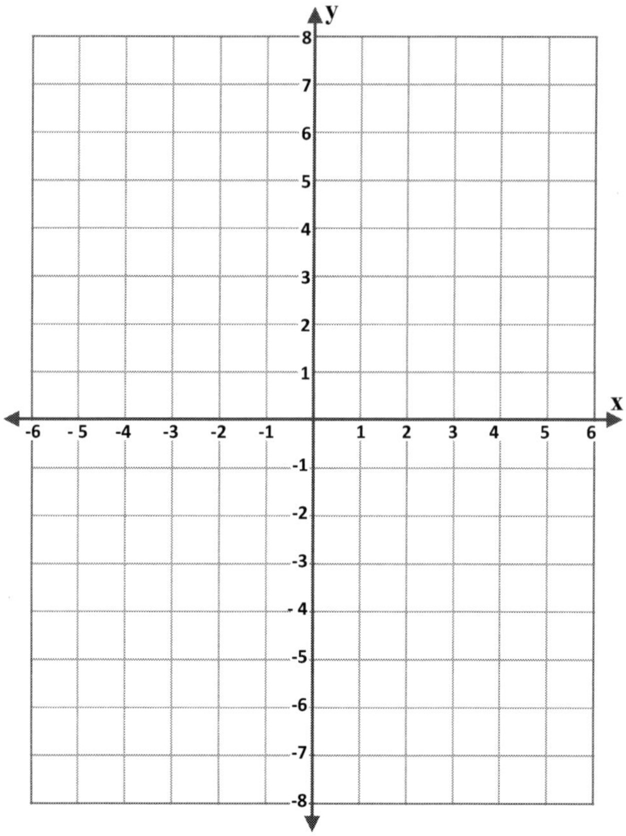
y
x
8
7
6
5
4
3
2
1
-1
-2
-3
-4
-5
-6
-7
-8
-6 -5 -4 -3 -2 -1 1 2 3 4 5 6

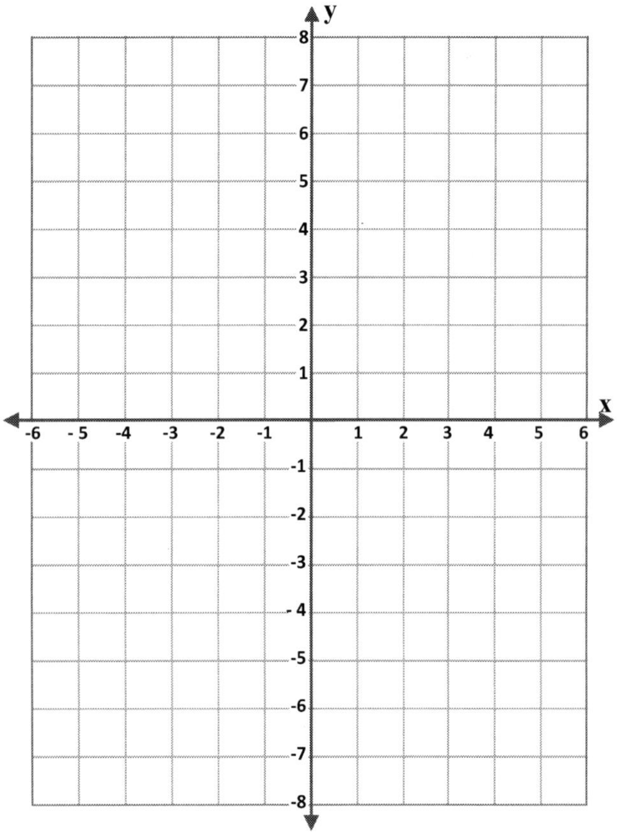
y
x
8
7
6
5
4
3
2
1
-1
-2
-3
-4
-5
-6
-7
-8
-6 -5 -4 -3 -2 -1 1 2 3 4 5 6

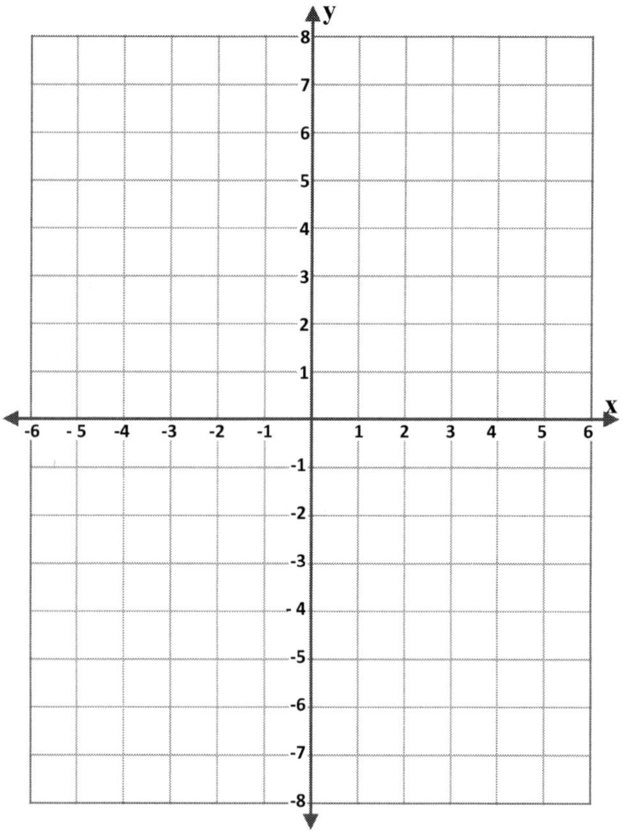
y
x
8
7
6
5
4
3
2
1
-1
-2
-3
-4
-5
-6
-7
-8
-6 -5 -4 -3 -2 -1 1 2 3 4 5 6

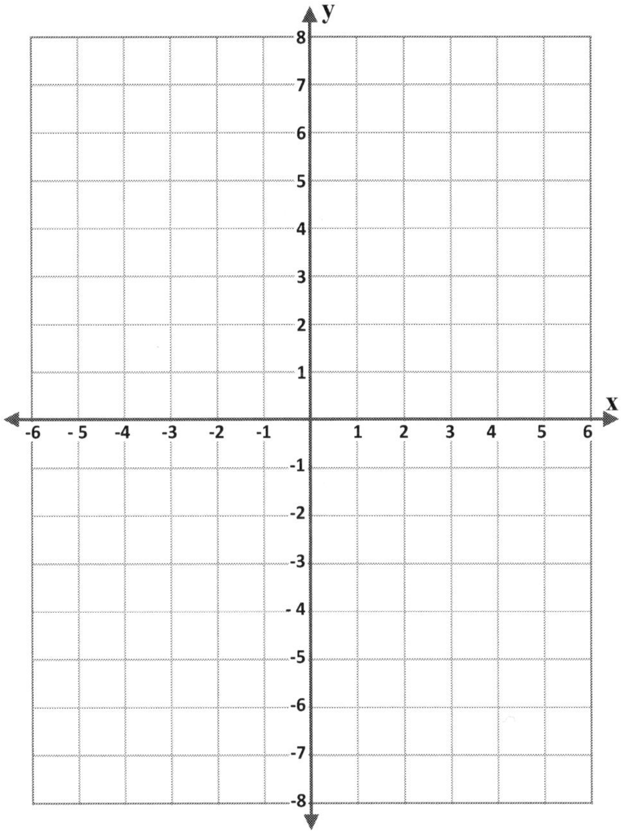
y
x
8 7 6 5 4 3 2 1 -1 -2 -3 -4 -5 -6 -7 -8
-6 -5 -4 -3 -2 -1 1 2 3 4 5 6

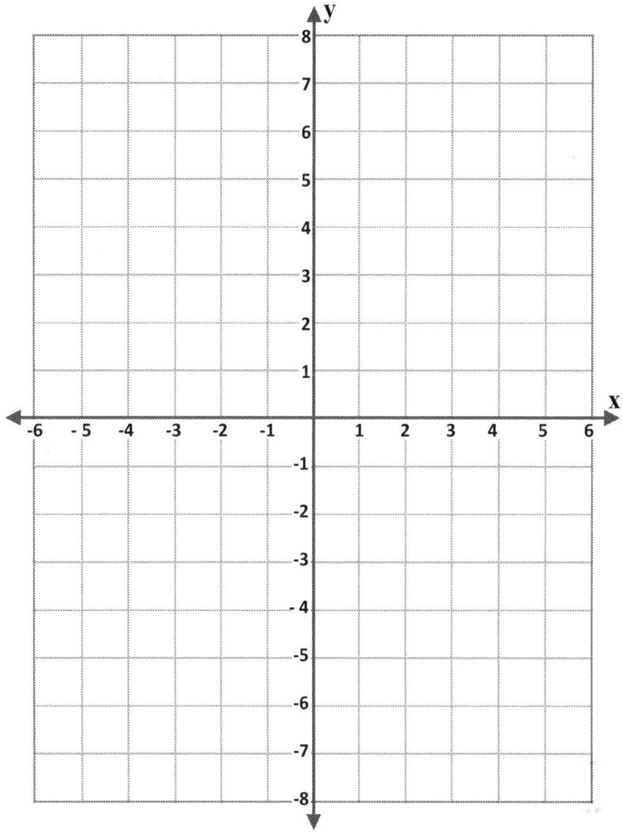
y
x
8 7 6 5 4 3 2 1 -1 -2 -3 -4 -5 -6 -7 -8
-6 -5 -4 -3 -2 -1 1 2 3 4 5 6

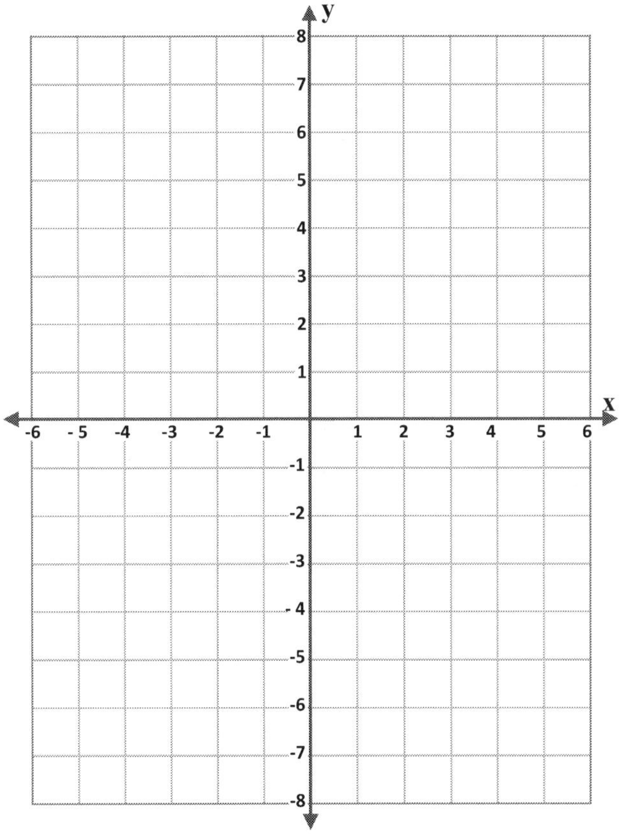
y
x
8 7 6 5 4 3 2 1 -1 -2 -3 -4 -5 -6 -7 -8
-6 -5 -4 -3 -2 -1 1 2 3 4 5 6

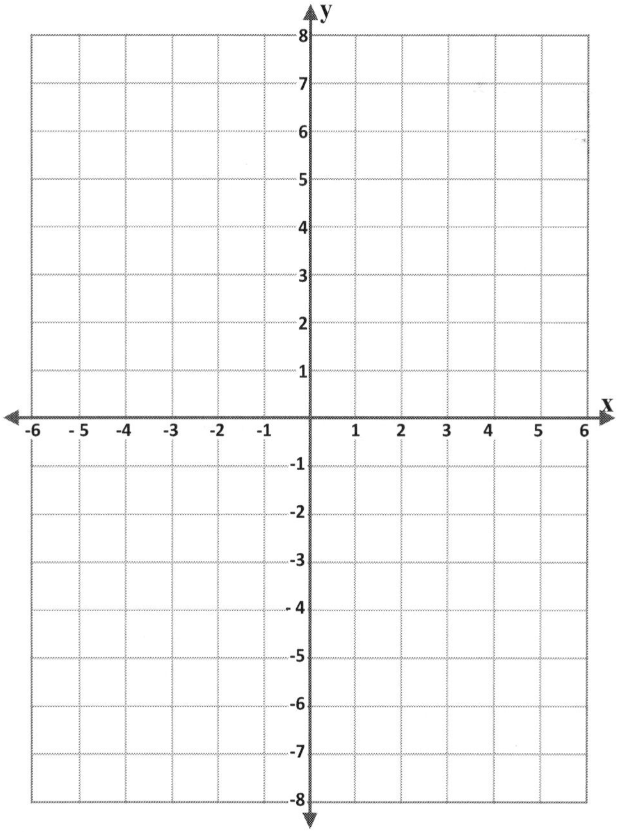
y
x
8 7 6 5 4 3 2 1 -1 -2 -3 -4 -5 -6 -7 -8
-6 -5 -4 -3 -2 -1 1 2 3 4 5 6

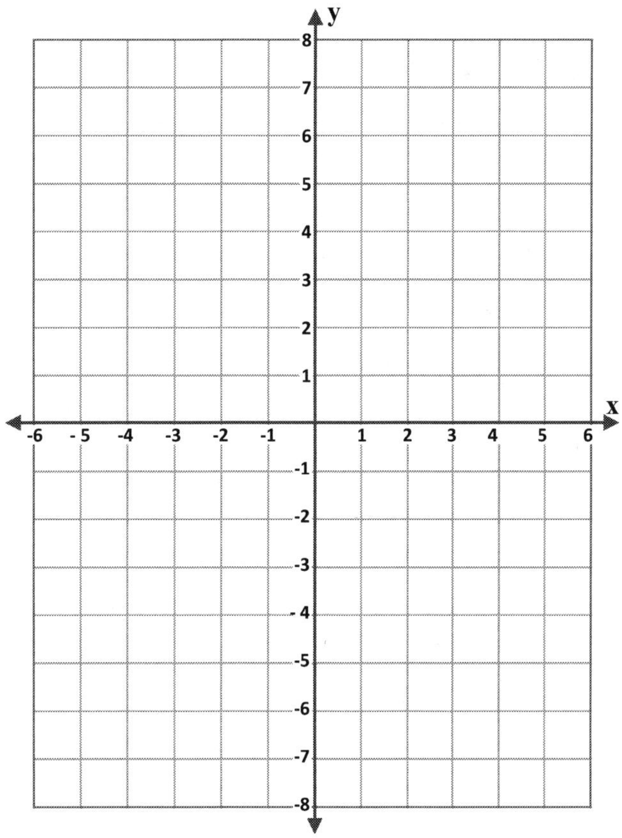
y
x
8
7
6
5
4
3
2
1
-1
-2
-3
- 4
-5
-6
-7
-8
-6
- 5
-4
-3
-2
-1
1
2
3
4
5
6

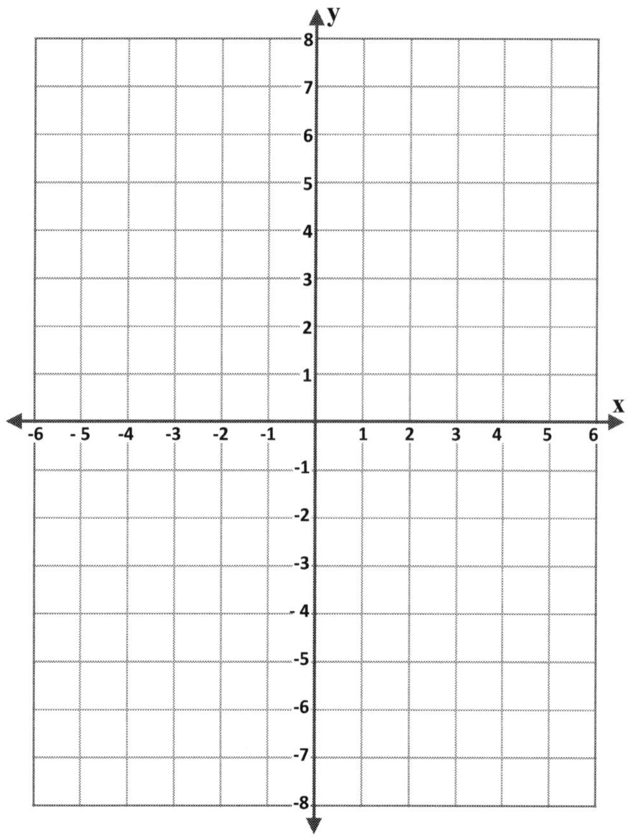
y
x
8
7
6
5
4
3
2
1
-1
-2
-3
- 4
-5
-6
-7
-8
-6
- 5
-4
-3
-2
-1
1
2
3
4
5
6

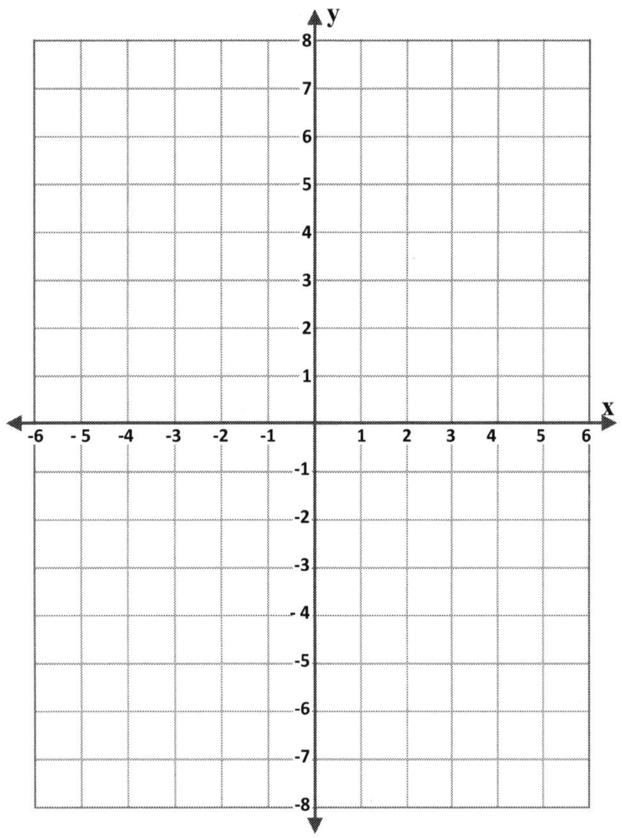
y
x
8
7
6
5
4
3
2
1
-1
-2
-3
- 4
-5
-6
-7
-8
-6
- 5
-4
-3
-2
-1
1
2
3
4
5
6

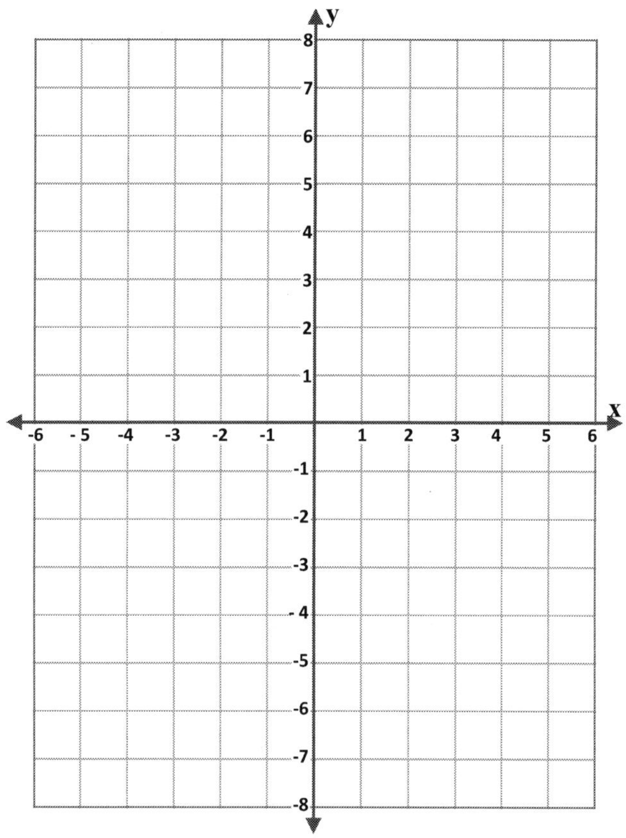
y
x
8
7
6
5
4
3
2
1
-1
-2
-3
- 4
-5
-6
-7
-8
-6
- 5
-4
-3
-2
-1
1
2
3
4
5
6

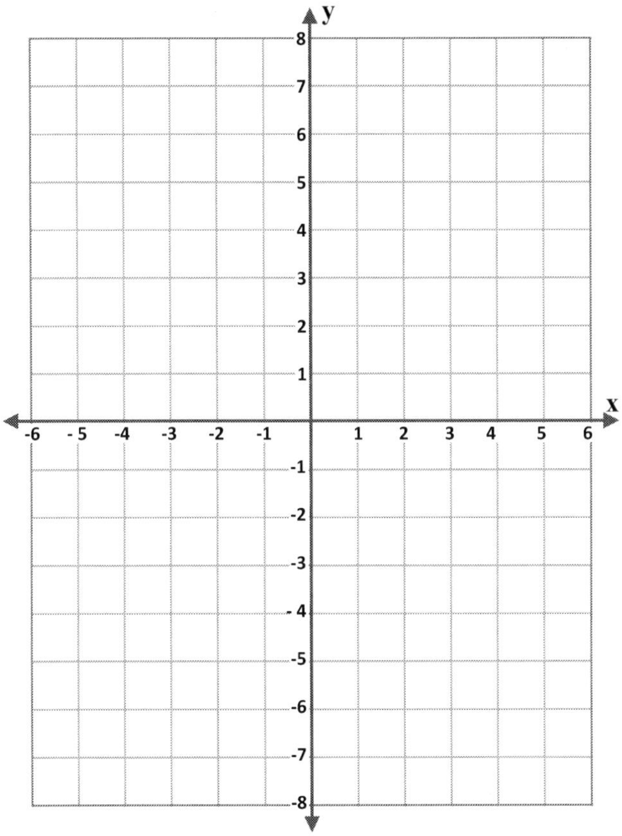
y
x
-6 -5 -4 -3 -2 -1 1 2 3 4 5 6
8 7 6 5 4 3 2 1 -1 -2 -3 -4 -5 -6 -7 -8

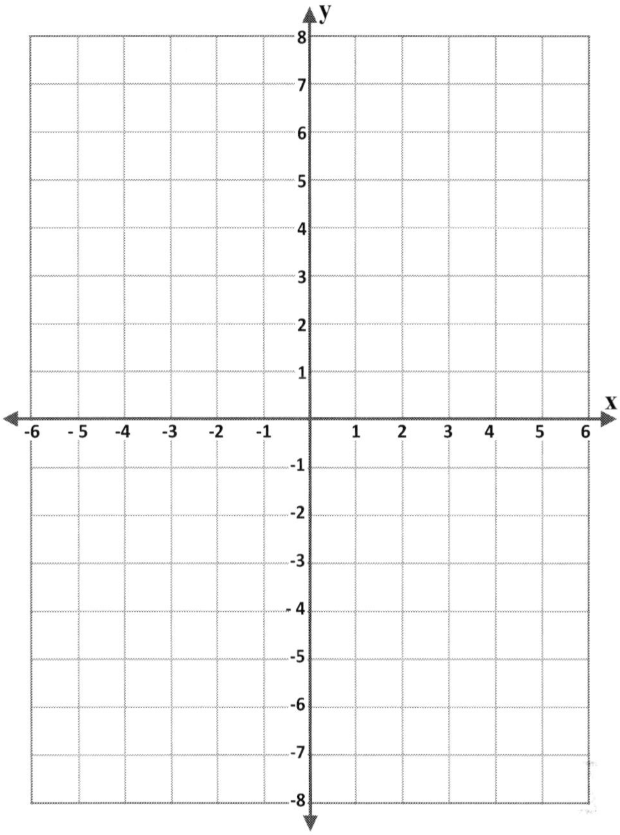
y
x
-6 -5 -4 -3 -2 -1 1 2 3 4 5 6
8 7 6 5 4 3 2 1 -1 -2 -3 -4 -5 -6 -7 -8

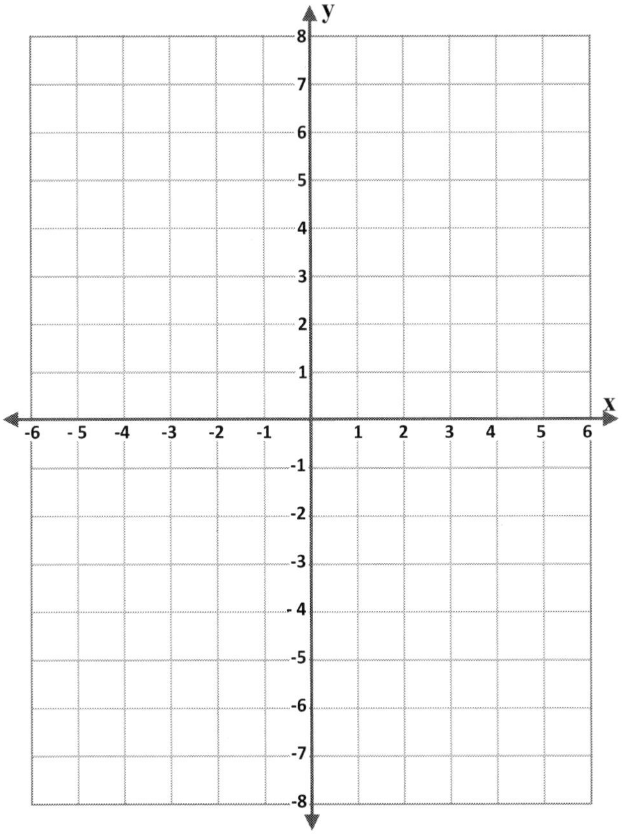
y
x
-6 -5 -4 -3 -2 -1 1 2 3 4 5 6
8 7 6 5 4 3 2 1 -1 -2 -3 -4 -5 -6 -7 -8

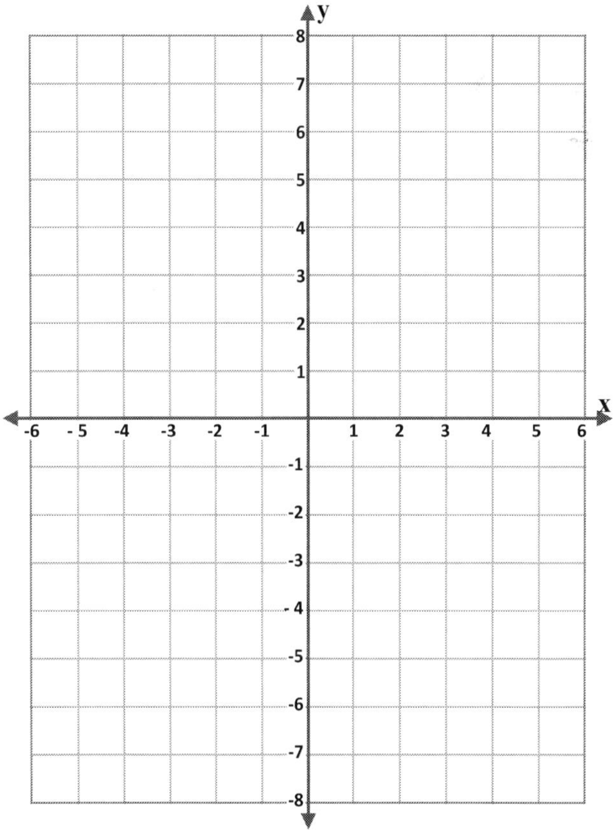
y
x
-6 -5 -4 -3 -2 -1 1 2 3 4 5 6
8 7 6 5 4 3 2 1 -1 -2 -3 -4 -5 -6 -7 -8

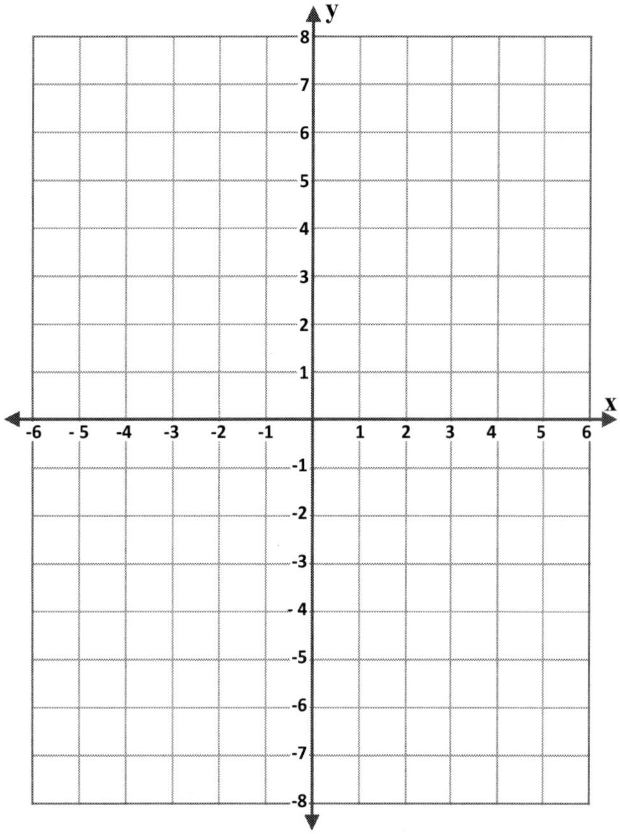
y
x
8 7 6 5 4 3 2 1 -1 -2 -3 -4 -5 -6 -7 -8
-6 - 5 -4 -3 -2 -1 1 2 3 4 5 6

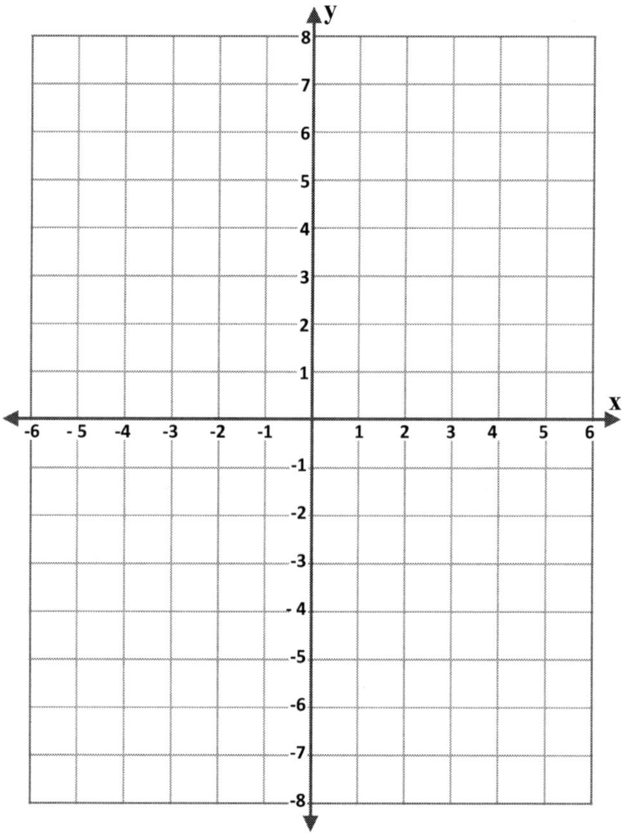
y
x
8 7 6 5 4 3 2 1 -1 -2 -3 - 4 -5 -6 -7 -8
-6 - 5 -4 -3 -2 -1 1 2 3 4 5 6

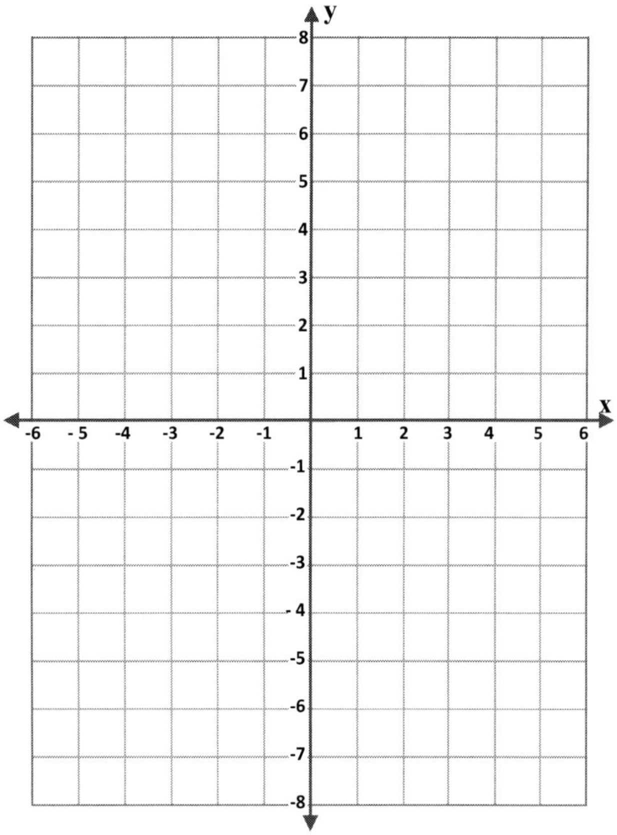
y
x
8 7 6 5 4 3 2 1 -1 -2 -3 - 4 -5 -6 -7 -8
-6 - 5 -4 -3 -2 -1 1 2 3 4 5 6

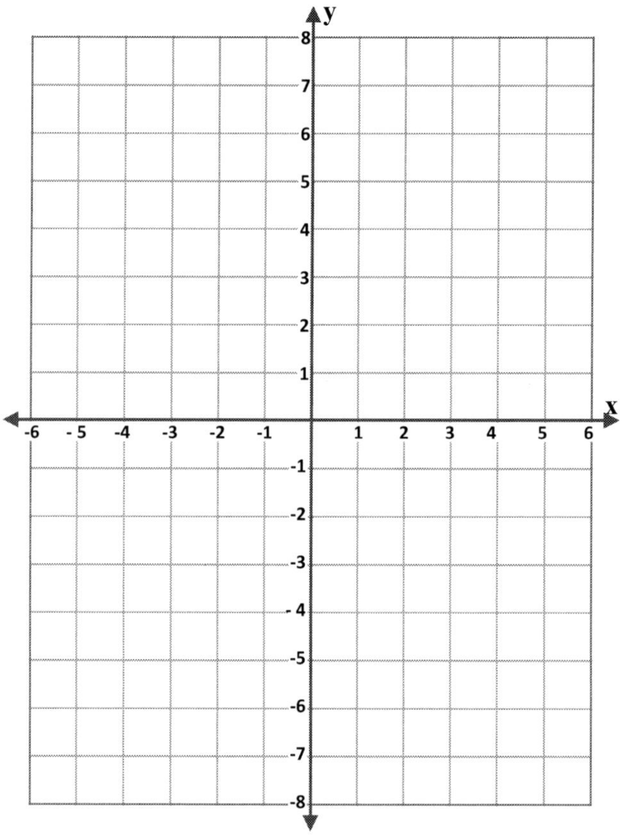
y
x
8 7 6 5 4 3 2 1 -1 -2 -3 - 4 -5 -6 -7 -8
-6 - 5 -4 -3 -2 -1 1 2 3 4 5 6

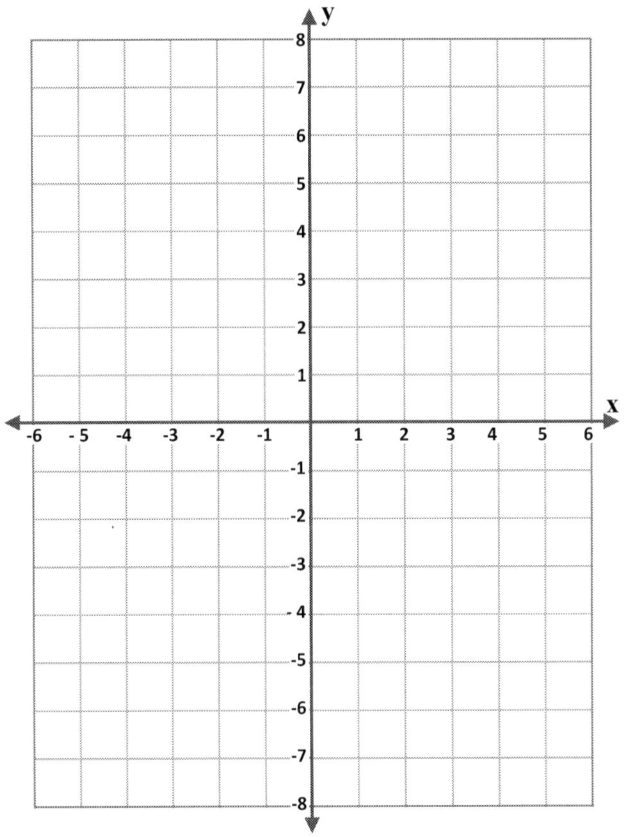
y
x
8 7 6 5 4 3 2 1 -1 -2 -3 -4 -5 -6 -7 -8
-6 -5 -4 -3 -2 -1 1 2 3 4 5 6

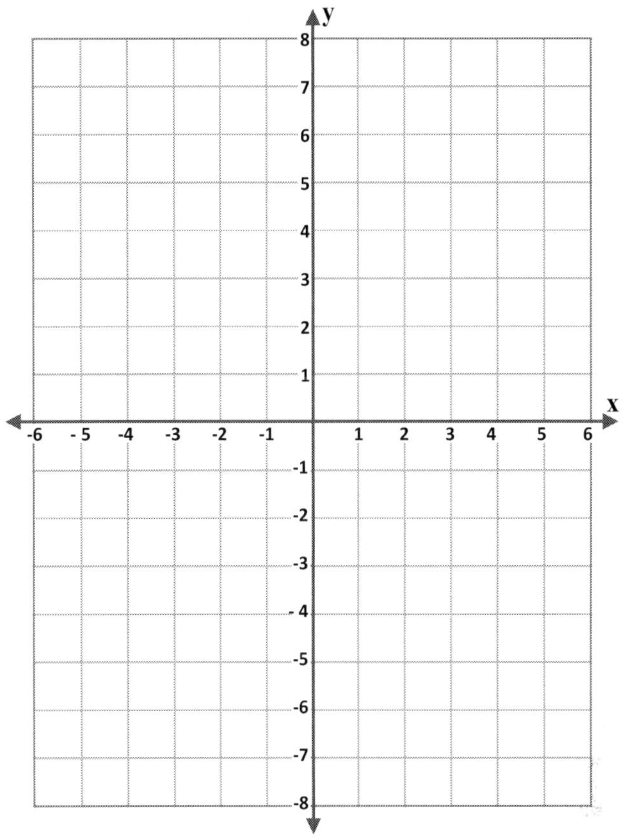
y
x
8 7 6 5 4 3 2 1 -1 -2 -3 -4 -5 -6 -7 -8
-6 -5 -4 -3 -2 -1 1 2 3 4 5 6

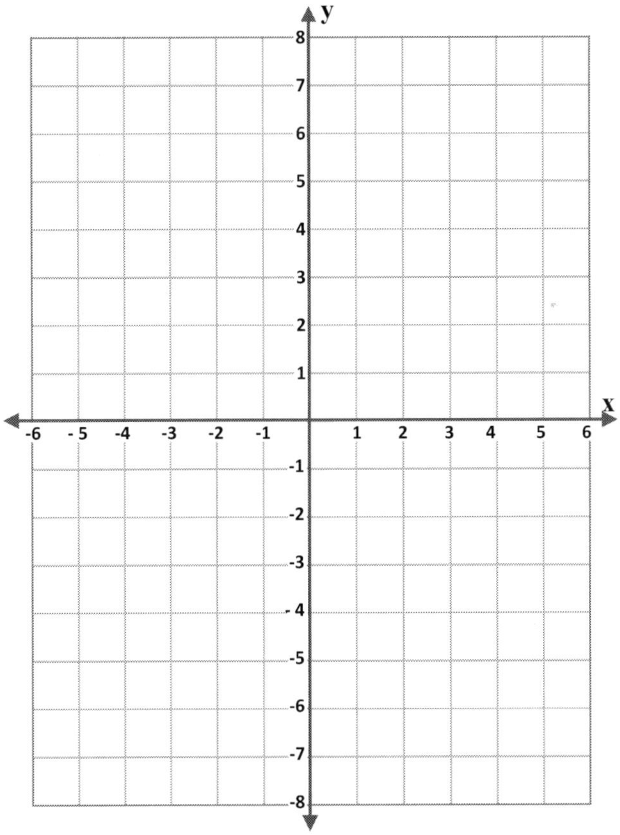
y
x
8 7 6 5 4 3 2 1 -1 -2 -3 -4 -5 -6 -7 -8
-6 -5 -4 -3 -2 -1 1 2 3 4 5 6

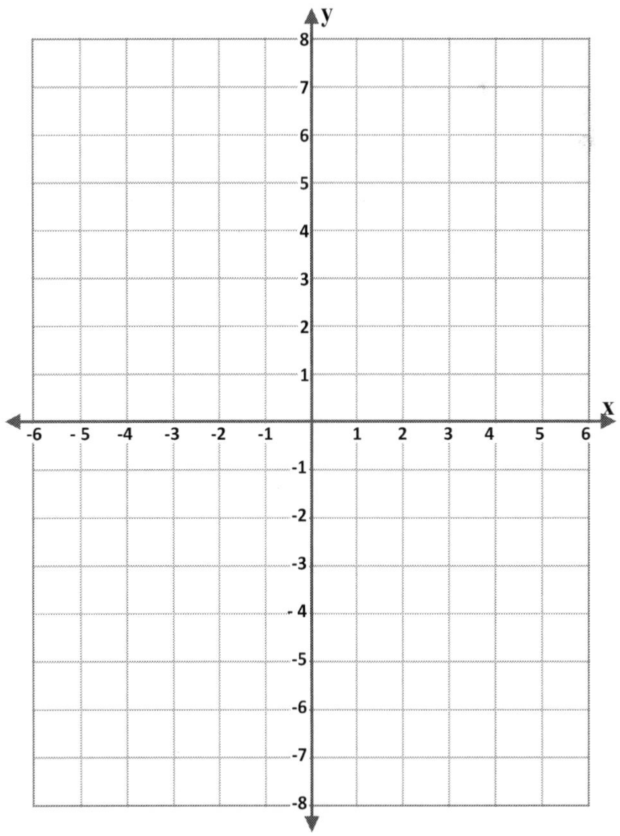
y
x
8 7 6 5 4 3 2 1 -1 -2 -3 -4 -5 -6 -7 -8
-6 -5 -4 -3 -2 -1 1 2 3 4 5 6

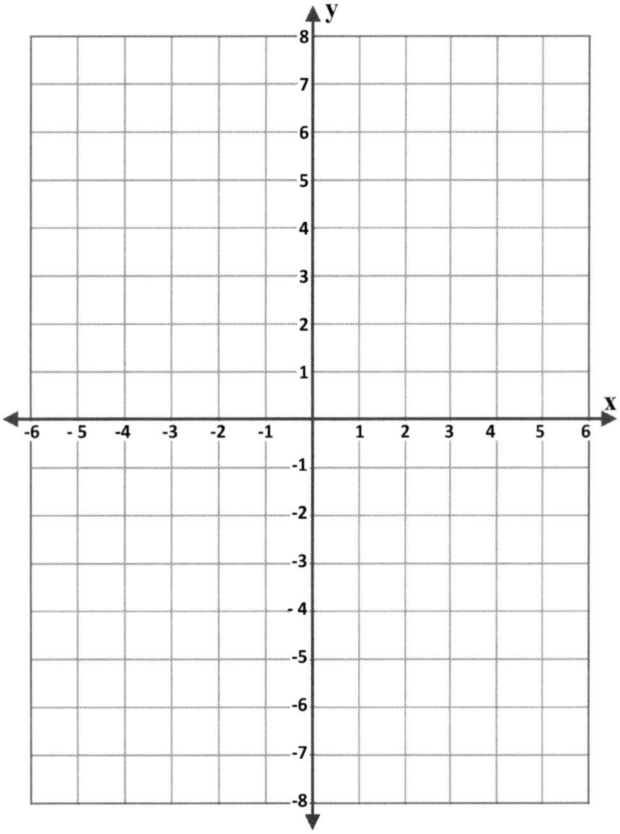
y
x
8 7 6 5 4 3 2 1 -1 -2 -3 -4 -5 -6 -7 -8
-6 - 5 -4 -3 -2 -1 1 2 3 4 5 6

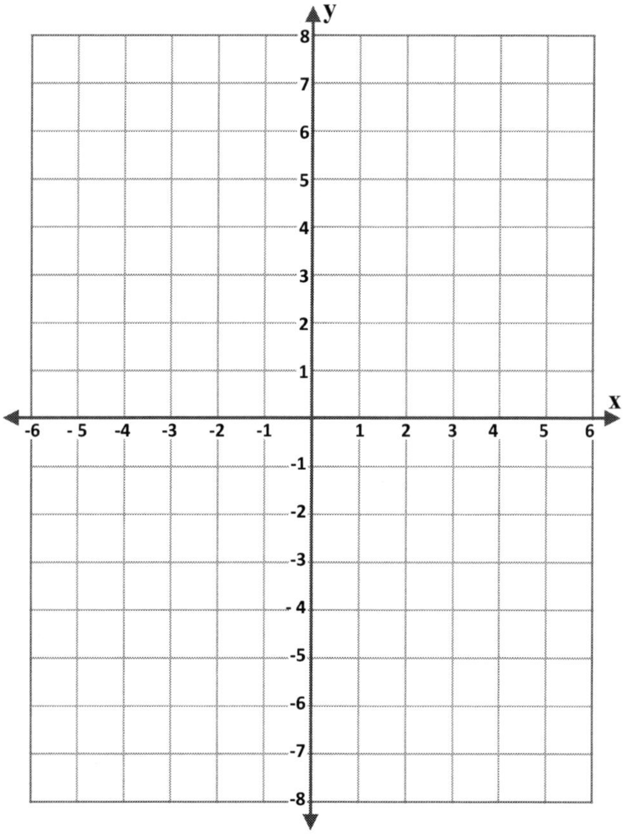
y
x
8 7 6 5 4 3 2 1 -1 -2 -3 - 4 -5 -6 -7 -8
-6 - 5 -4 -3 -2 -1 1 2 3 4 5 6

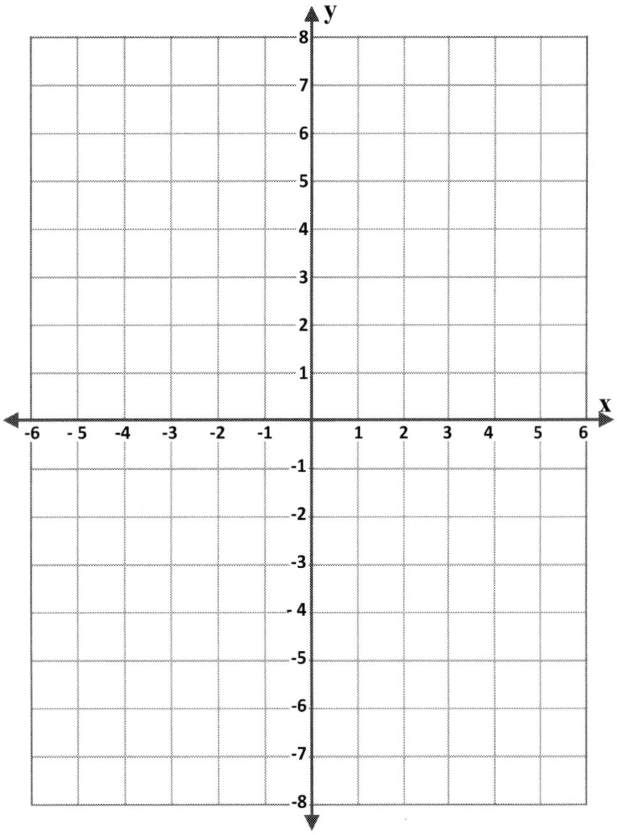
y
x
8 7 6 5 4 3 2 1 -1 -2 -3 - 4 -5 -6 -7 -8
-6 - 5 -4 -3 -2 -1 1 2 3 4 5 6

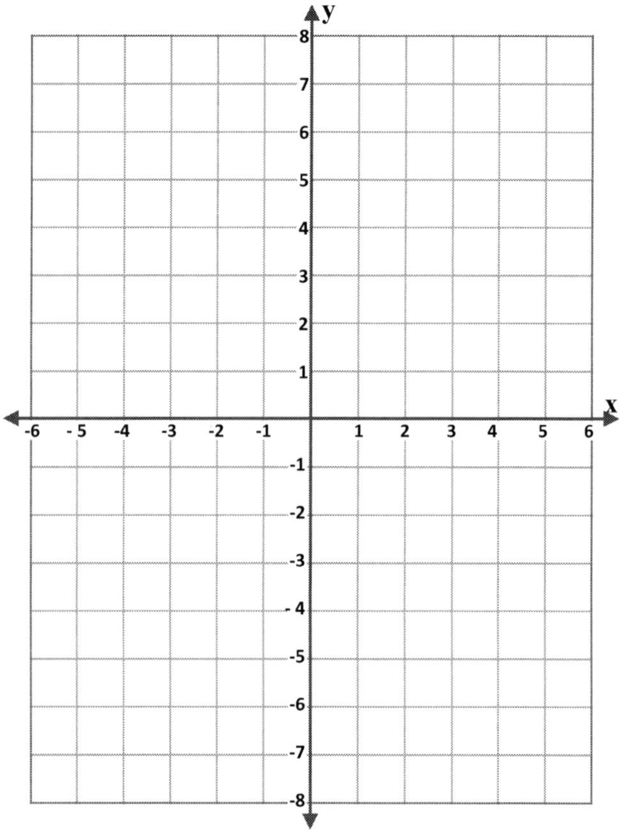
y
x
8 7 6 5 4 3 2 1 -1 -2 -3 - 4 -5 -6 -7 -8
-6 - 5 -4 -3 -2 -1 1 2 3 4 5 6

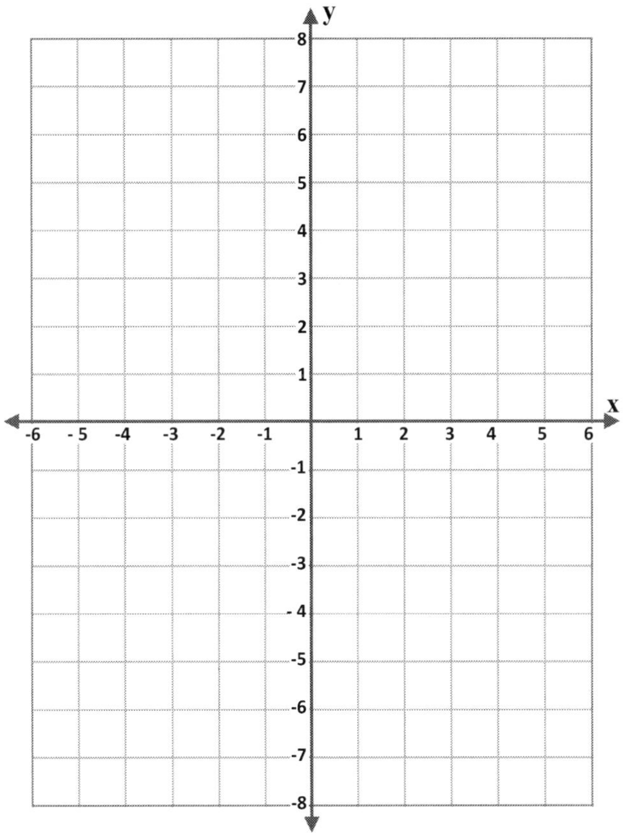
y
x
-6 -5 -4 -3 -2 -1 1 2 3 4 5 6
8 7 6 5 4 3 2 1 -1 -2 -3 -4 -5 -6 -7 -8

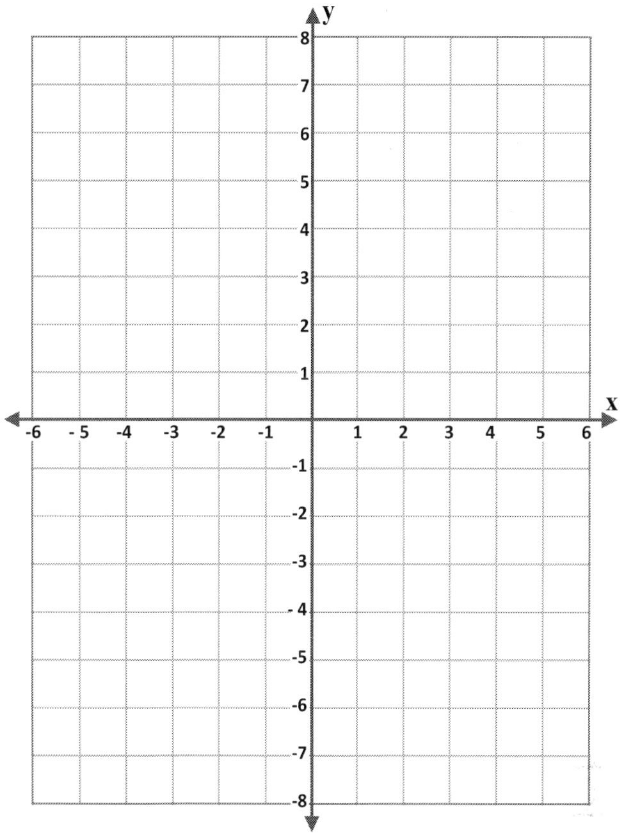
y
x
-6 -5 -4 -3 -2 -1 1 2 3 4 5 6
8 7 6 5 4 3 2 1 -1 -2 -3 -4 -5 -6 -7 -8

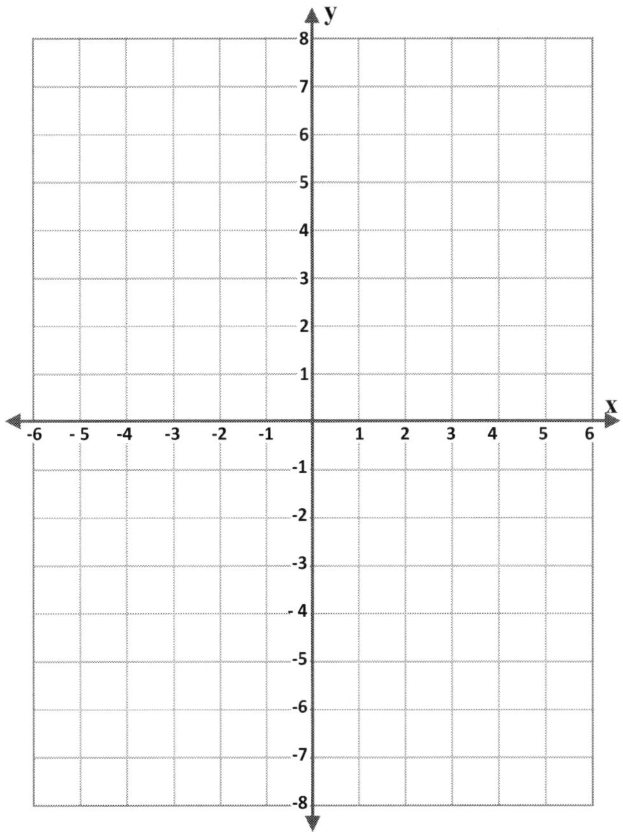
y
x
-6 -5 -4 -3 -2 -1 1 2 3 4 5 6
8 7 6 5 4 3 2 1 -1 -2 -3 -4 -5 -6 -7 -8

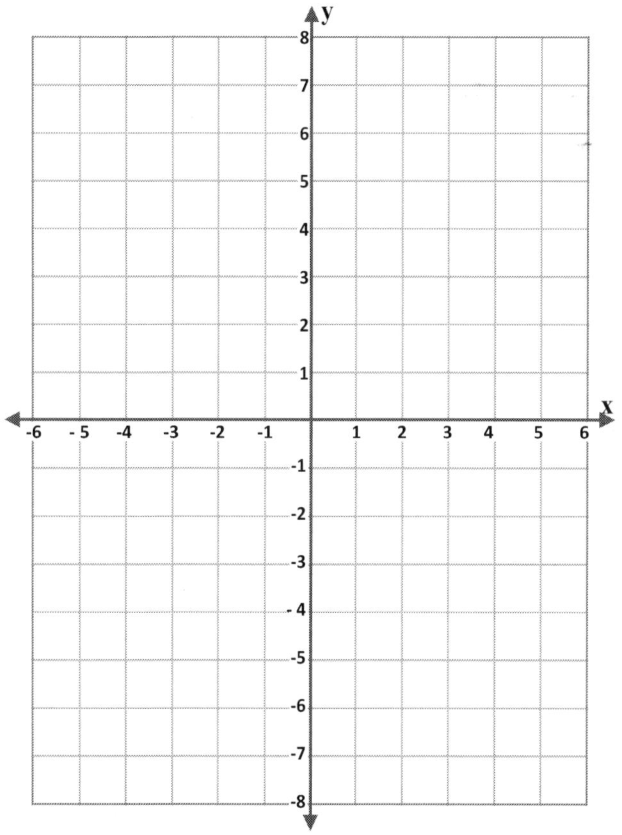
y
x
-6 -5 -4 -3 -2 -1 1 2 3 4 5 6
8 7 6 5 4 3 2 1 -1 -2 -3 -4 -5 -6 -7 -8

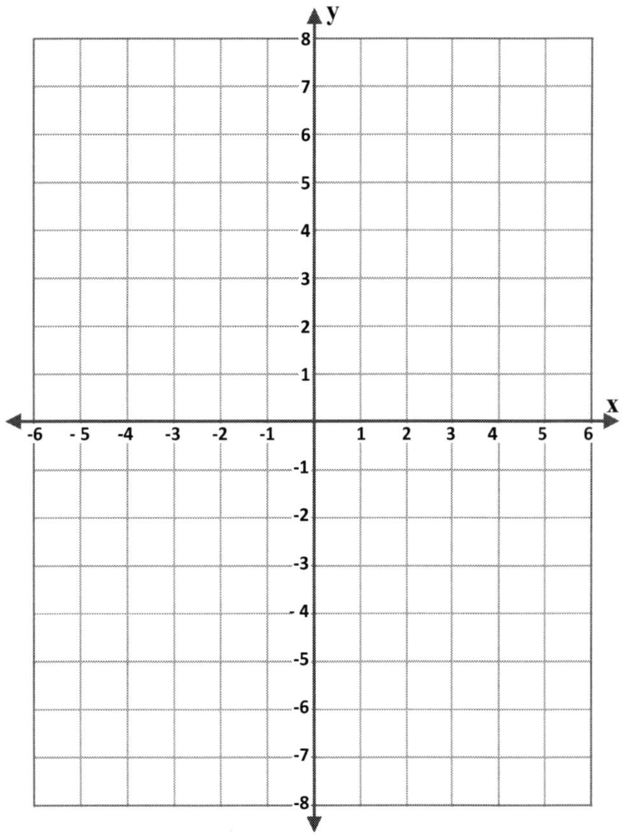
y
8 7 6 5 4 3 2 1 -1 -2 -3 -4 -5 -6 -7 -8
x
-6 - 5 -4 -3 -2 -1 1 2 3 4 5 6

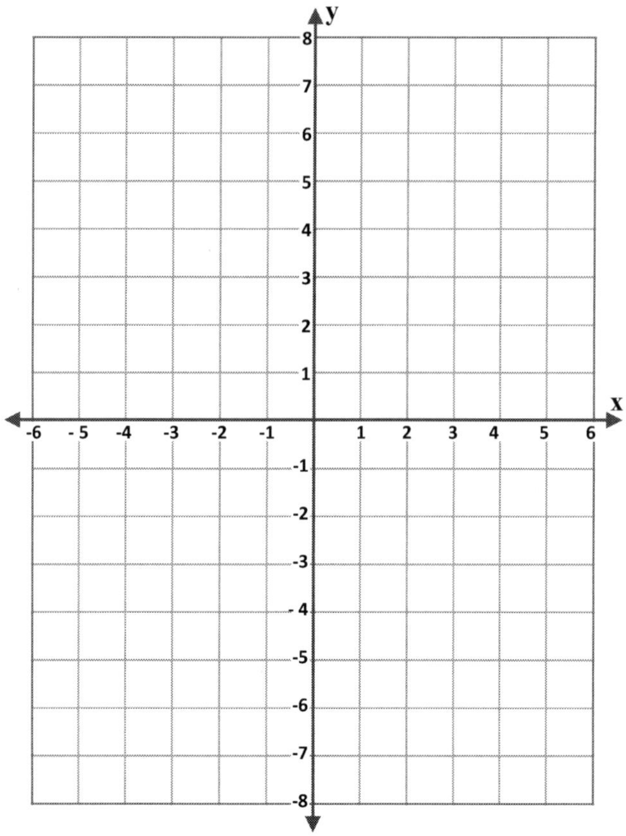
y
8 7 6 5 4 3 2 1 -1 -2 -3 - 4 -5 -6 -7 -8
x
-6 - 5 -4 -3 -2 -1 1 2 3 4 5 6

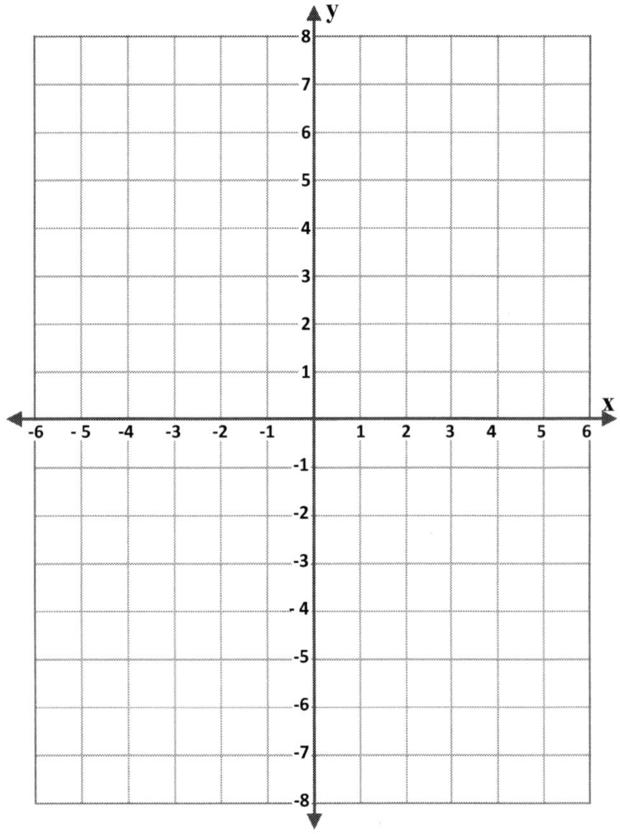
y
8 7 6 5 4 3 2 1 -1 -2 -3 - 4 -5 -6 -7 -8
x
-6 - 5 -4 -3 -2 -1 1 2 3 4 5 6

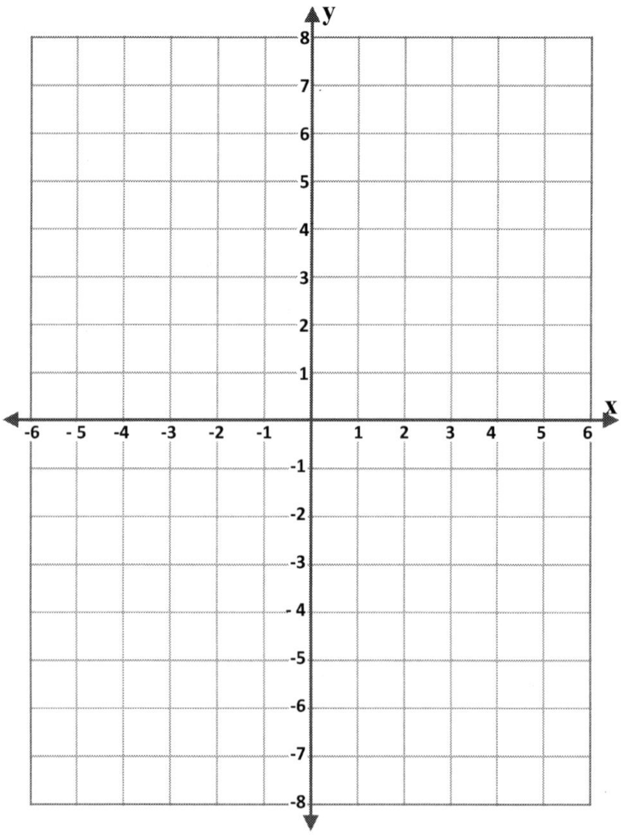
y
8 7 6 5 4 3 2 1 -1 -2 -3 - 4 -5 -6 -7 -8
x
-6 - 5 -4 -3 -2 -1 1 2 3 4 5 6

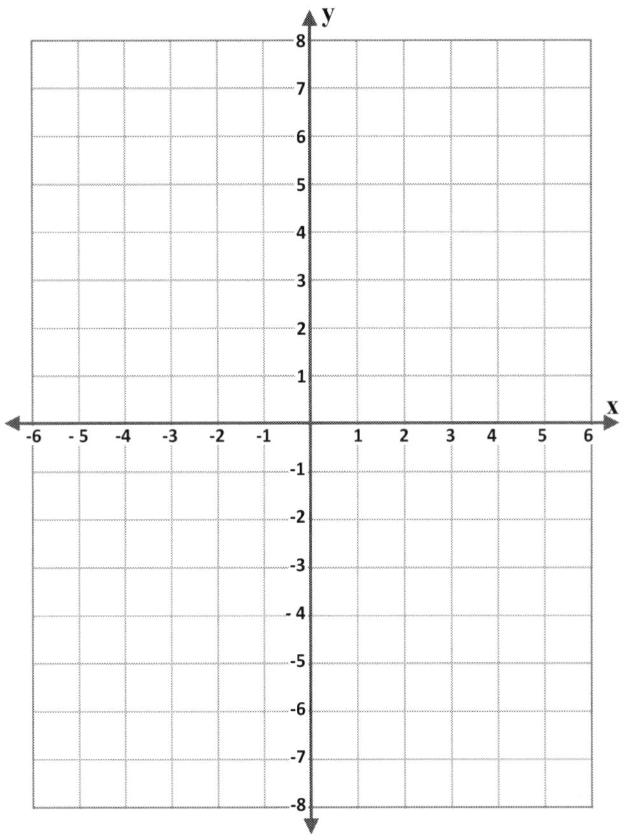
y
8
7
6
5
4
3
2
1
x
-6
- 5
-4
-3
-2
-1
1
2
3
4
5
6
-1
-2
-3
- 4
-5
-6
-7
-8

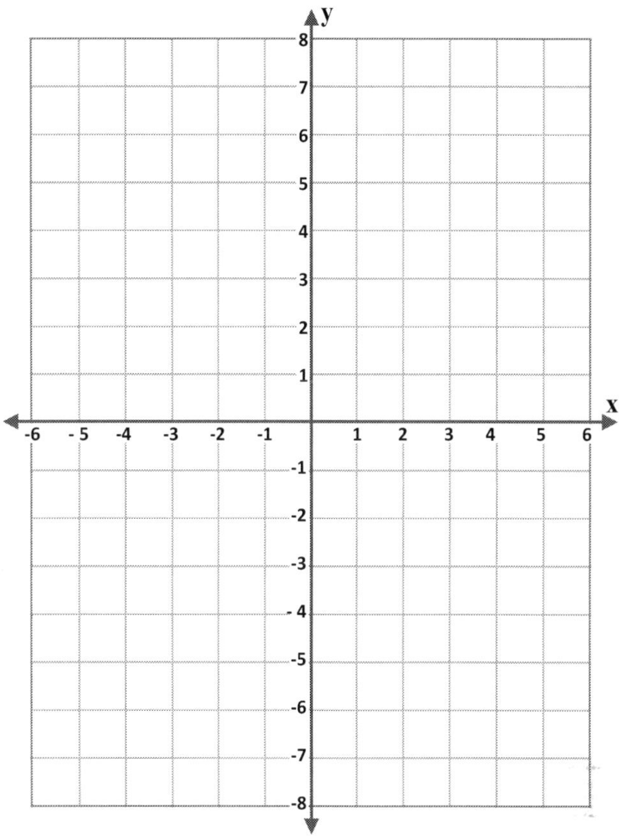
y
8
7
6
5
4
3
2
1
x
-6
- 5
-4
-3
-2
-1
1
2
3
4
5
6
-1
-2
-3
- 4
-5
-6
-7
-8

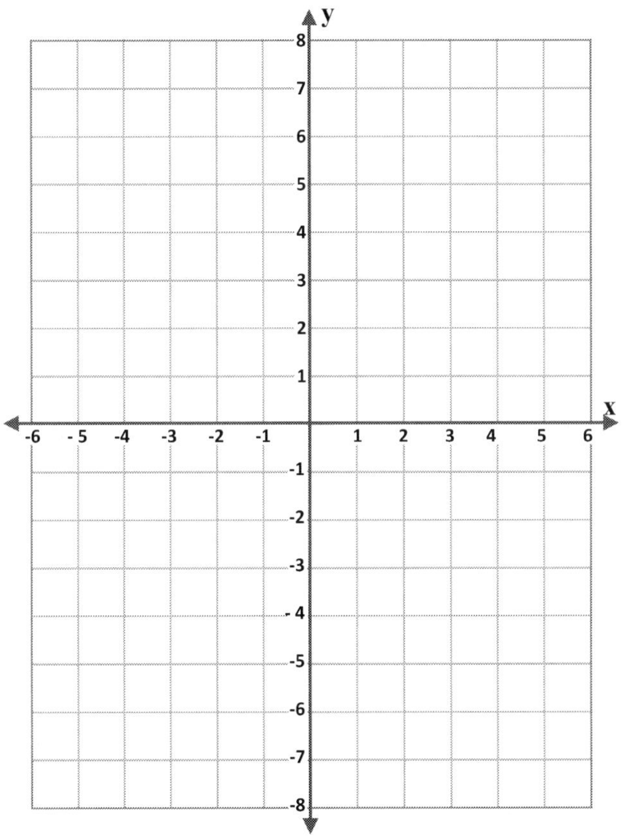
y
8
7
6
5
4
3
2
1
x
-6
- 5
-4
-3
-2
-1
1
2
3
4
5
6
-1
-2
-3
- 4
-5
-6
-7
-8

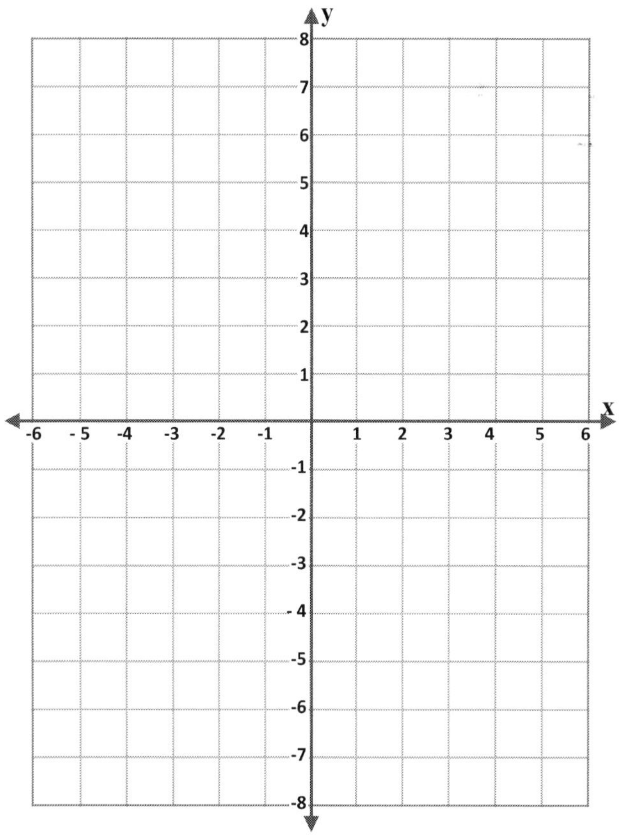
y
8
7
6
5
4
3
2
1
x
-6
- 5
-4
-3
-2
-1
1
2
3
4
5
6
-1
-2
-3
- 4
-5
-6
-7
-8

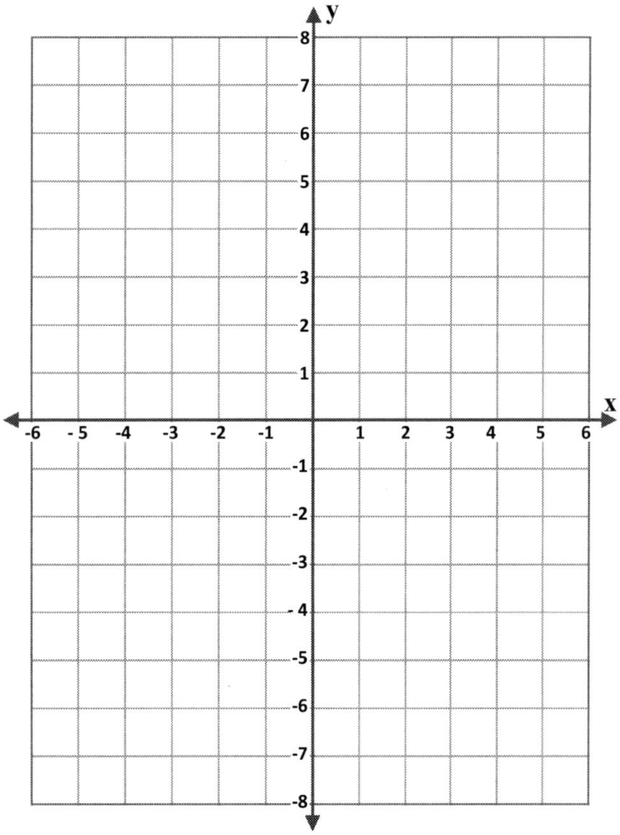
y
x
8
7
6
5
4
3
2
1
-1
-2
-3
-4
-5
-6
-7
-8
-6
-5
-4
-3
-2
-1
1
2
3
4
5
6
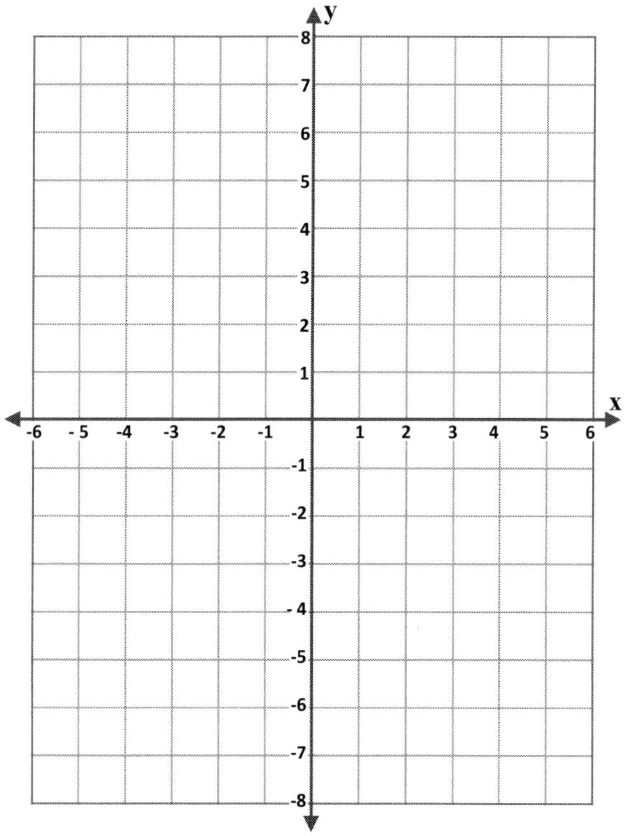
y
x
8
7
6
5
4
3
2
1
-1
-2
-3
-4
-5
-6
-7
-8
-6
-5
-4
-3
-2
-1
1
2
3
4
5
6
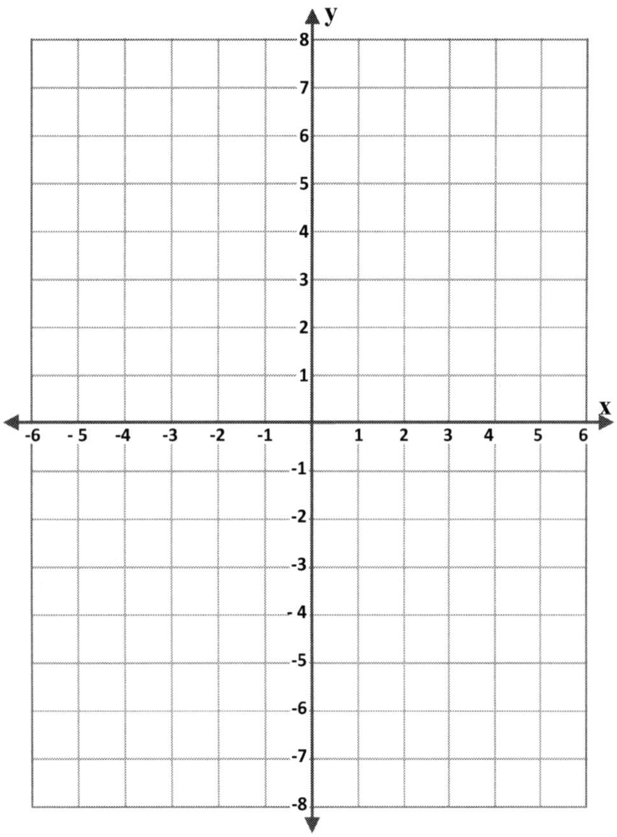
y
x
8
7
6
5
4
3
2
1
-1
-2
-3
-4
-5
-6
-7
-8
-6
-5
-4
-3
-2
-1
1
2
3
4
5
6
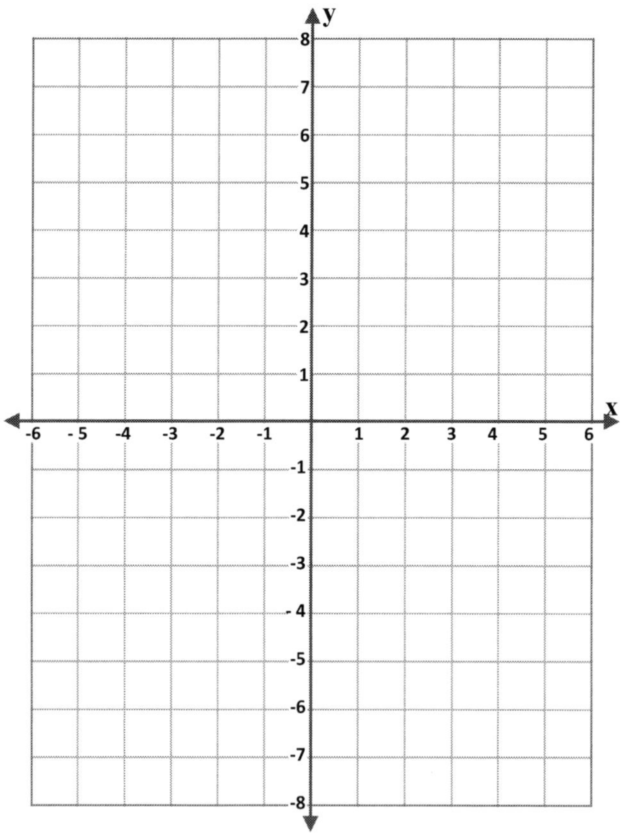
y
x
8
7
6
5
4
3
2
1
-1
-2
-3
-4
-5
-6
-7
-8
-6
-5
-4
-3
-2
-1
1
2
3
4
5
6

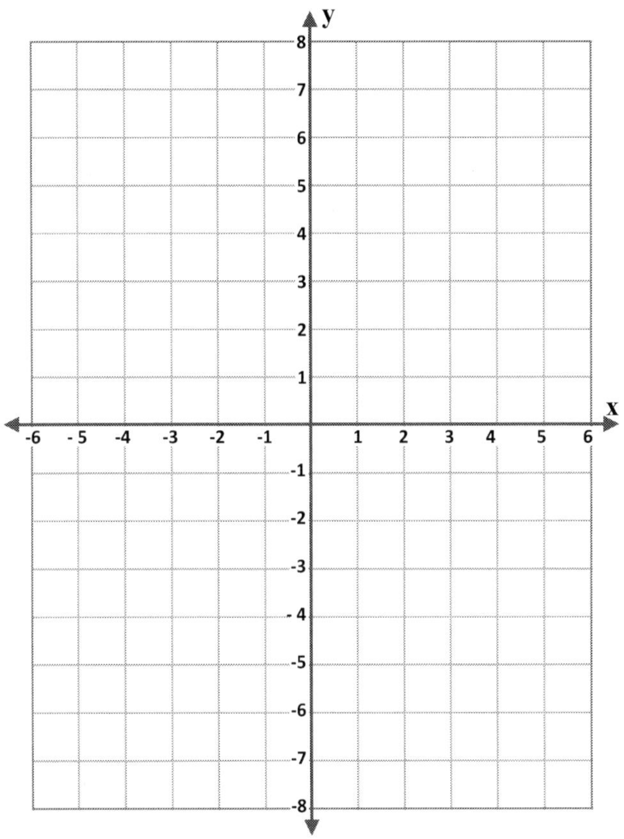
y
x
8
7
6
5
4
3
2
1
-1
-2
-3
-4
-5
-6
-7
-8
-6 -5 -4 -3 -2 -1 1 2 3 4 5 6

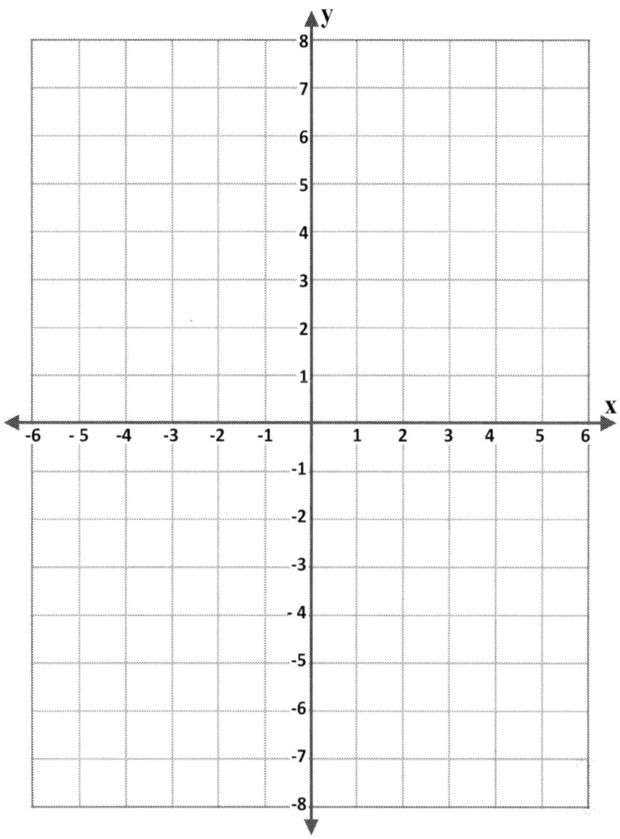
y
x
8
7
6
5
4
3
2
1
-1
-2
-3
-4
-5
-6
-7
-8
-6 -5 -4 -3 -2 -1 1 2 3 4 5 6

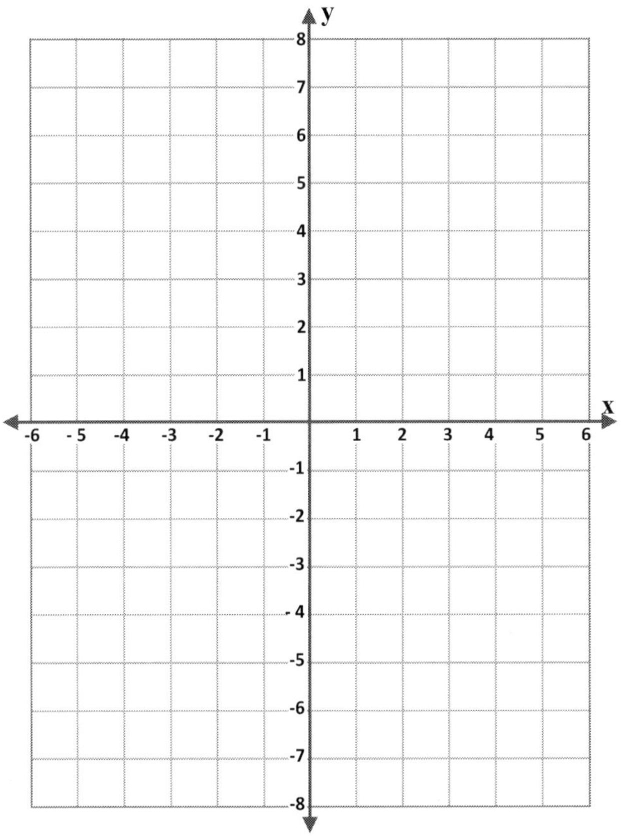
y
x
8
7
6
5
4
3
2
1
-1
-2
-3
-4
-5
-6
-7
-8
-6 -5 -4 -3 -2 -1 1 2 3 4 5 6

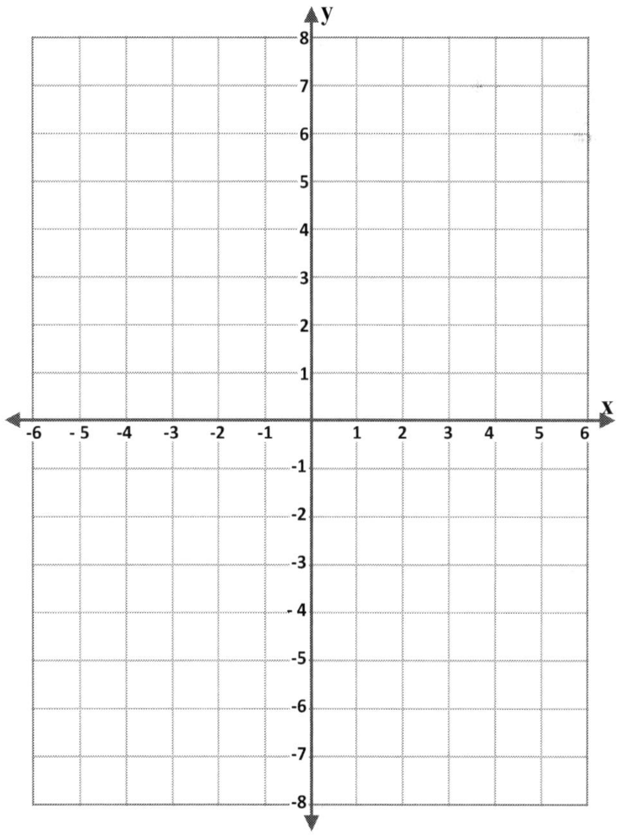
y
x
8
7
6
5
4
3
2
1
-1
-2
-3
-4
-5
-6
-7
-8
-6 -5 -4 -3 -2 -1 1 2 3 4 5 6

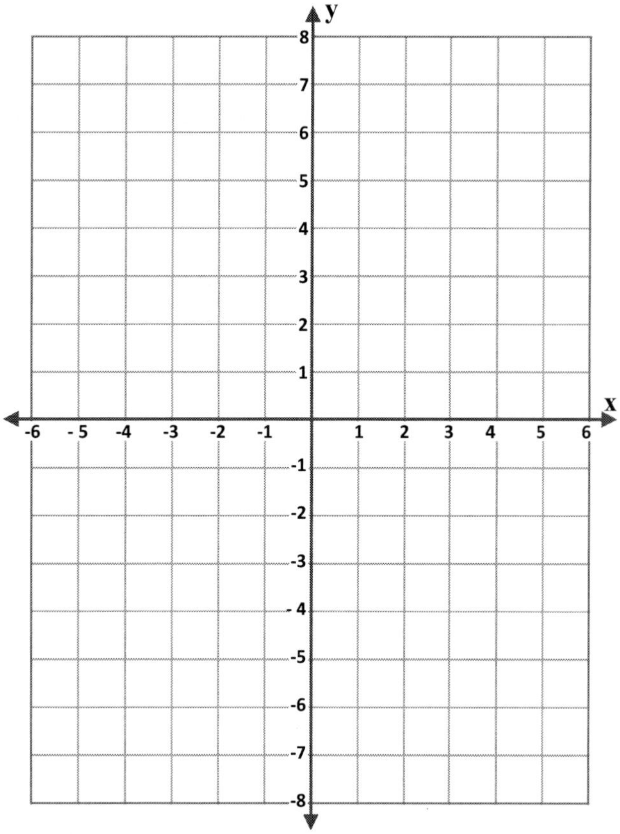
y
x
8 7 6 5 4 3 2 1 -1 -2 -3 -4 -5 -6 -7 -8
-6 - 5 -4 -3 -2 -1 1 2 3 4 5 6

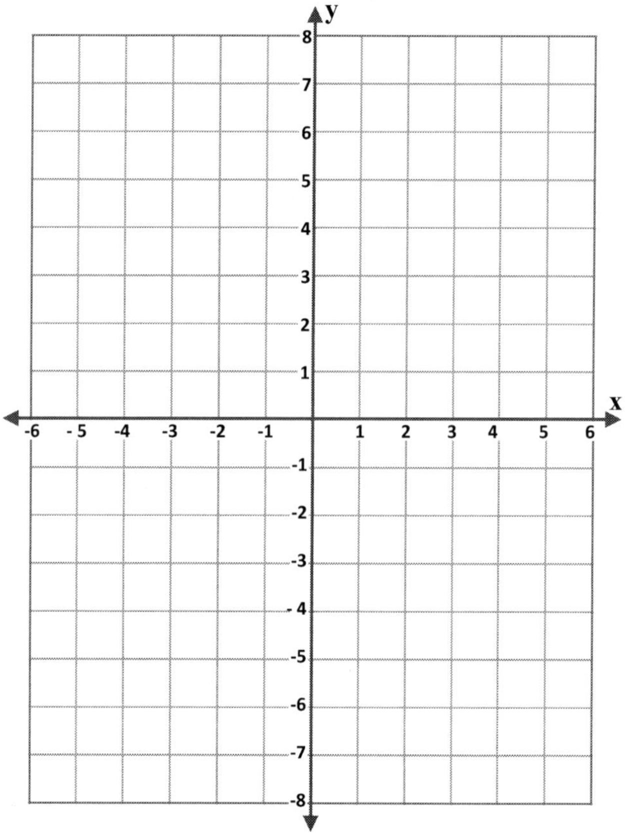
y
x
8 7 6 5 4 3 2 1 -1 -2 -3 -4 -5 -6 -7 -8
-6 - 5 -4 -3 -2 -1 1 2 3 4 5 6

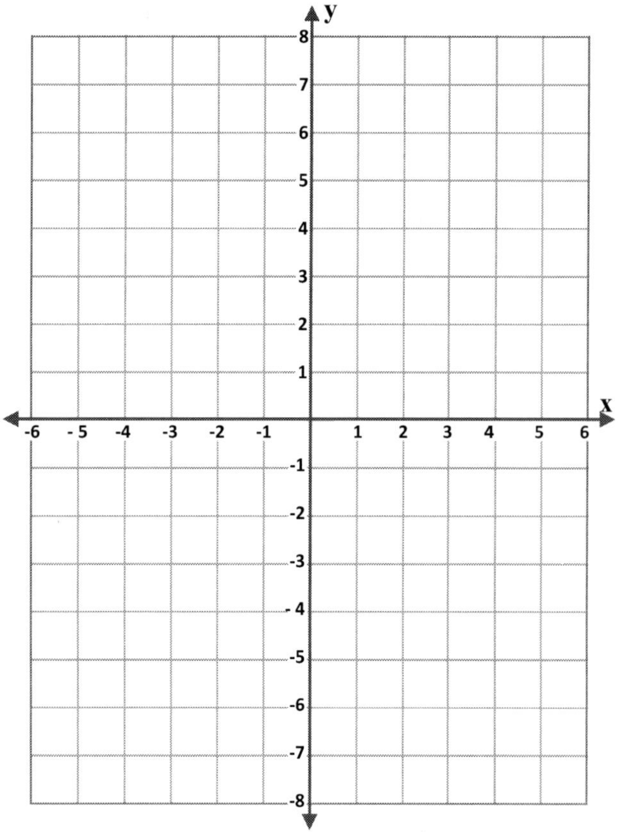
y
x
8 7 6 5 4 3 2 1 -1 -2 -3 - 4 -5 -6 -7 -8
-6 - 5 -4 -3 -2 -1 1 2 3 4 5 6

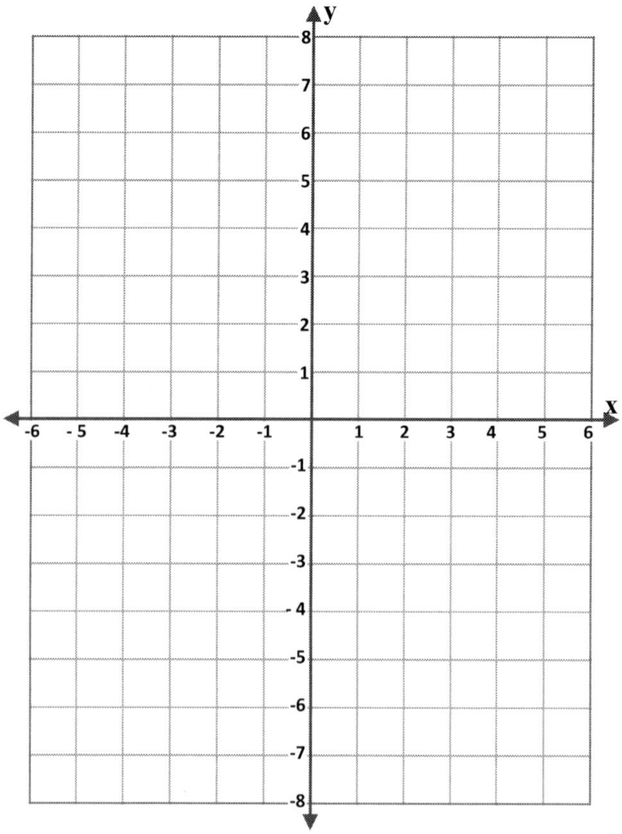
y
x
8 7 6 5 4 3 2 1 -1 -2 -3 - 4 -5 -6 -7 -8
-6 - 5 -4 -3 -2 -1 1 2 3 4 5 6

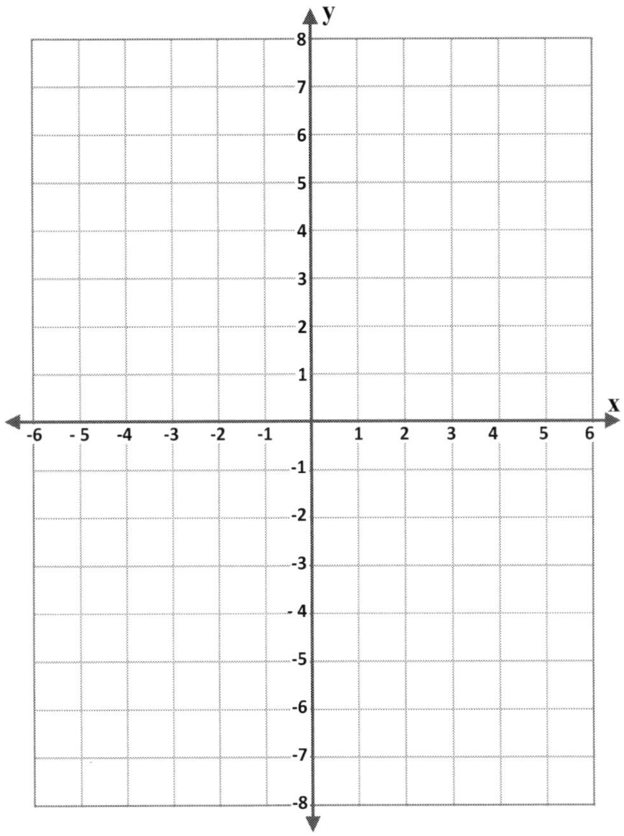
y
x
8
7
6
5
4
3
2
1
-1
-2
-3
-4
-5
-6
-7
-8
-6
-5
-4
-3
-2
-1
1
2
3
4
5
6

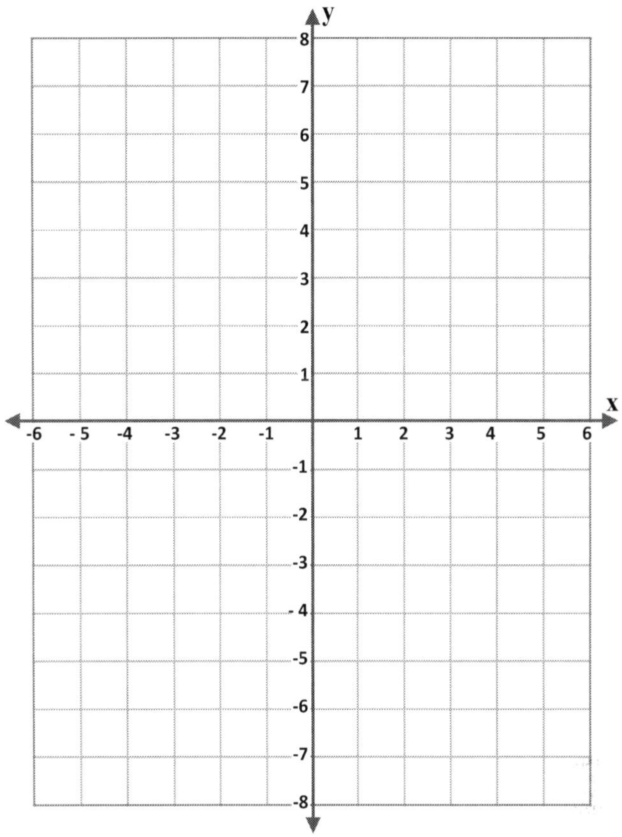
y
x
8
7
6
5
4
3
2
1
-1
-2
-3
-4
-5
-6
-7
-8
-6
-5
-4
-3
-2
-1
1
2
3
4
5
6

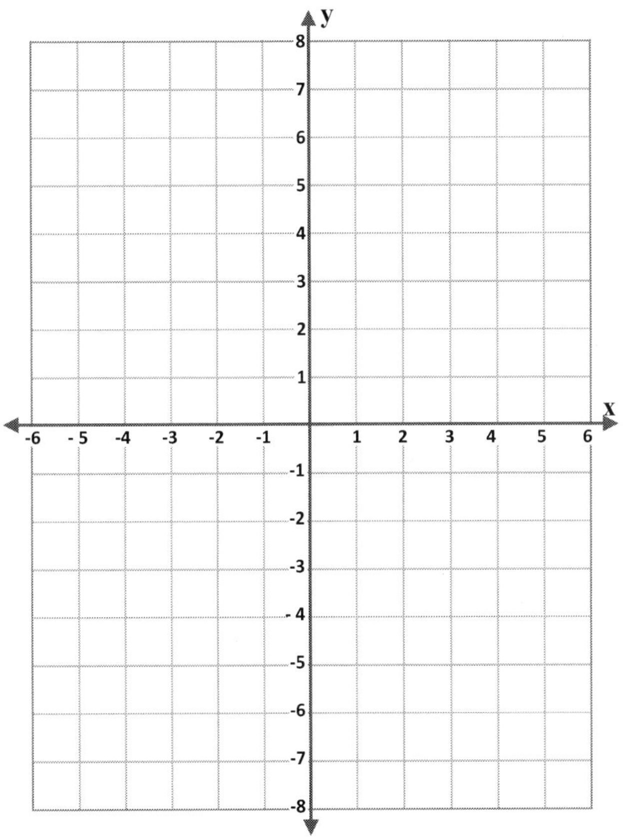
y
x
8
7
6
5
4
3
2
1
-1
-2
-3
-4
-5
-6
-7
-8
-6
-5
-4
-3
-2
-1
1
2
3
4
5
6

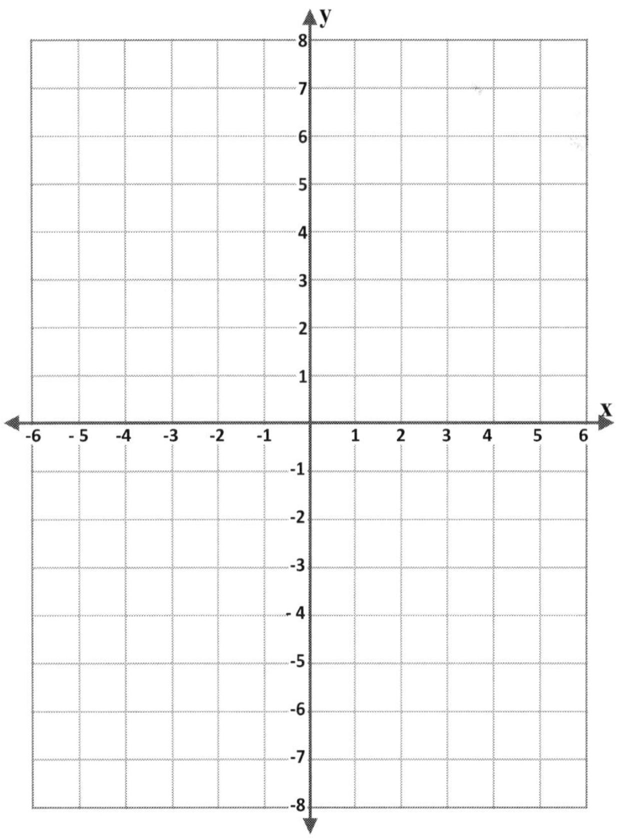
y
x
8
7
6
5
4
3
2
1
-1
-2
-3
-4
-5
-6
-7
-8
-6
-5
-4
-3
-2
-1
1
2
3
4
5
6

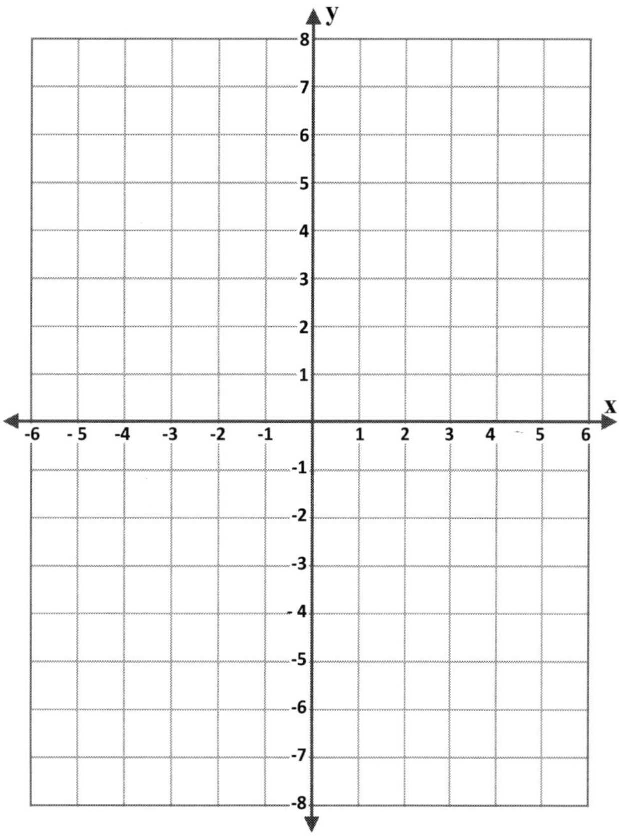
y
x
8 7 6 5 4 3 2 1 -1 -2 -3 -4 -5 -6 -7 -8
-6 - 5 -4 -3 -2 -1 1 2 3 4 5 6

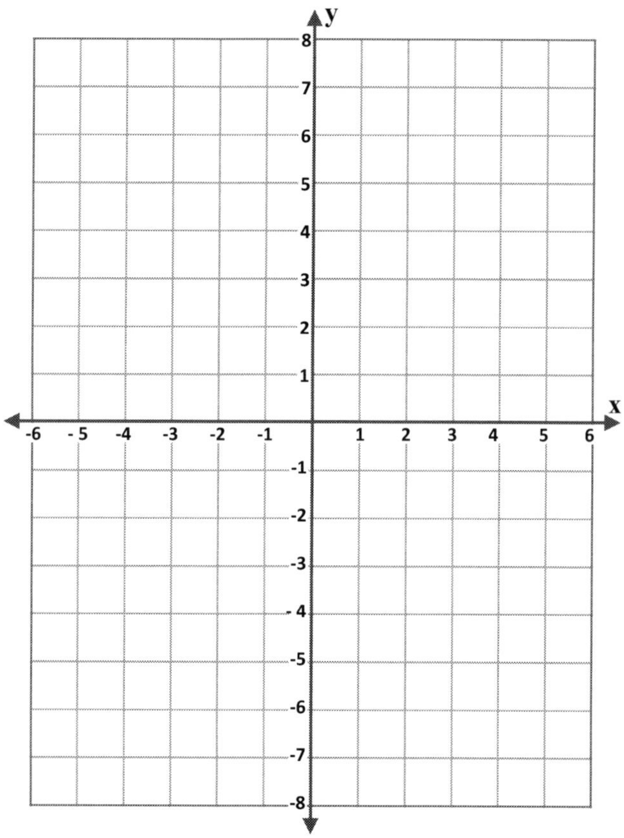
y
x
8 7 6 5 4 3 2 1 -1 -2 -3 - 4 -5 -6 -7 -8
-6 - 5 -4 -3 -2 -1 1 2 3 4 5 6

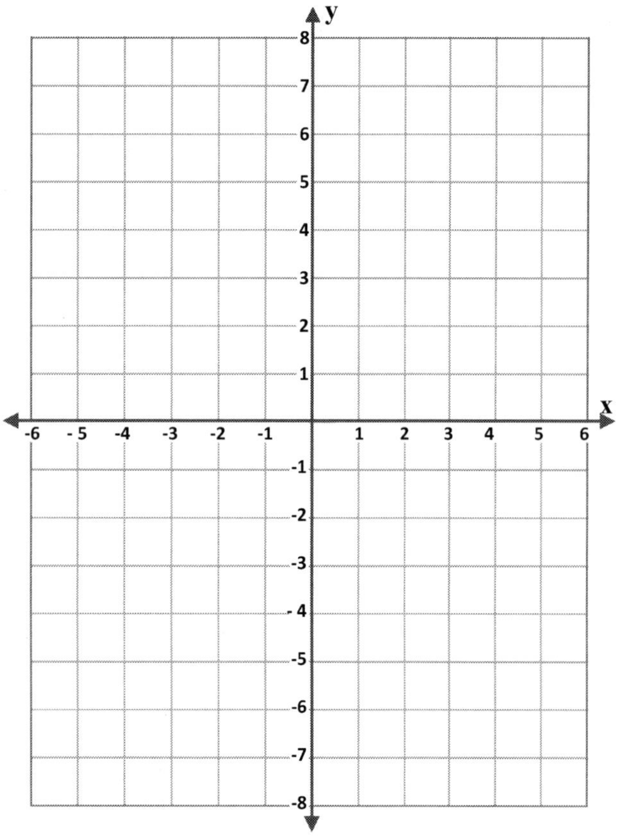
y
x
8 7 6 5 4 3 2 1 -1 -2 -3 - 4 -5 -6 -7 -8
-6 - 5 -4 -3 -2 -1 1 2 3 4 5 6

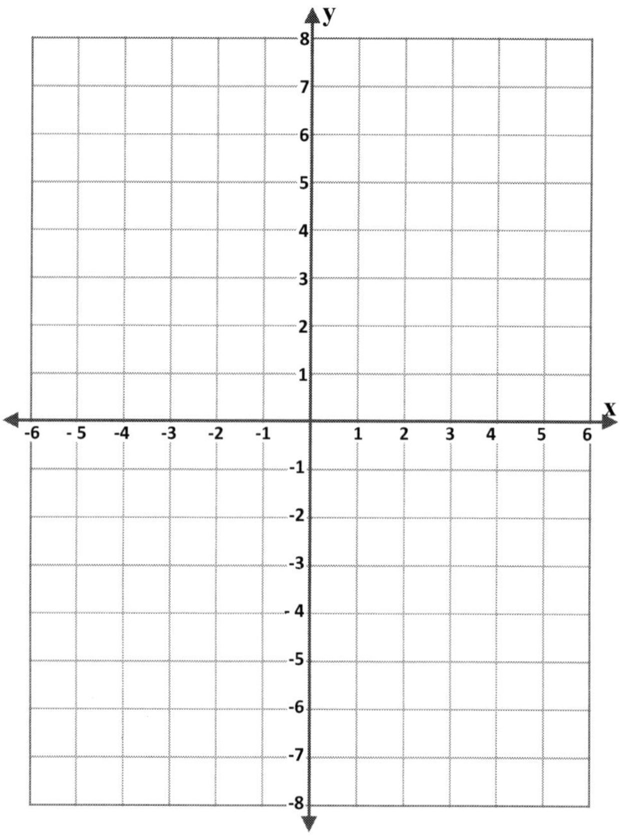
y
x
8 7 6 5 4 3 2 1 -1 -2 -3 - 4 -5 -6 -7 -8
-6 - 5 -4 -3 -2 -1 1 2 3 4 5 6

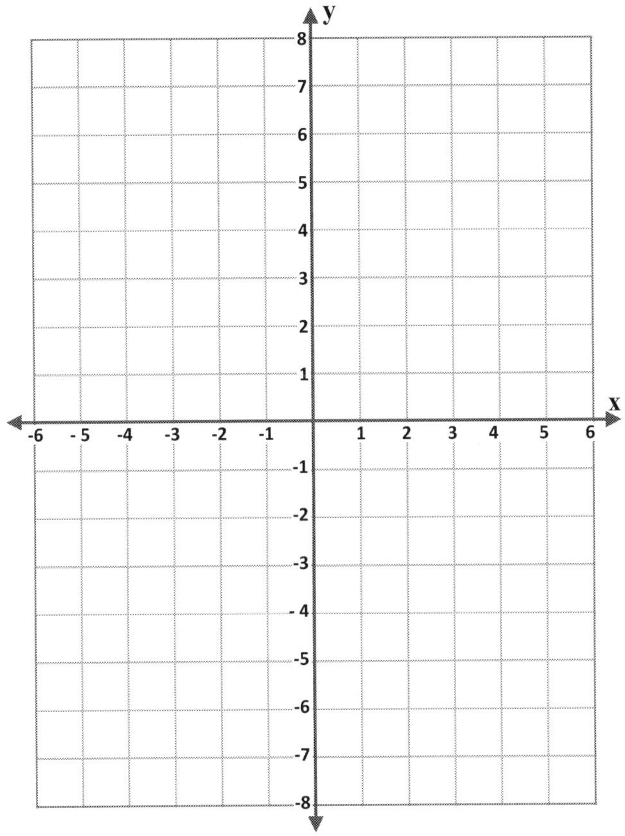
y
x
8 7 6 5 4 3 2 1 -1 -2 -3 -4 -5 -6 -7 -8
-6 -5 -4 -3 -2 -1 1 2 3 4 5 6

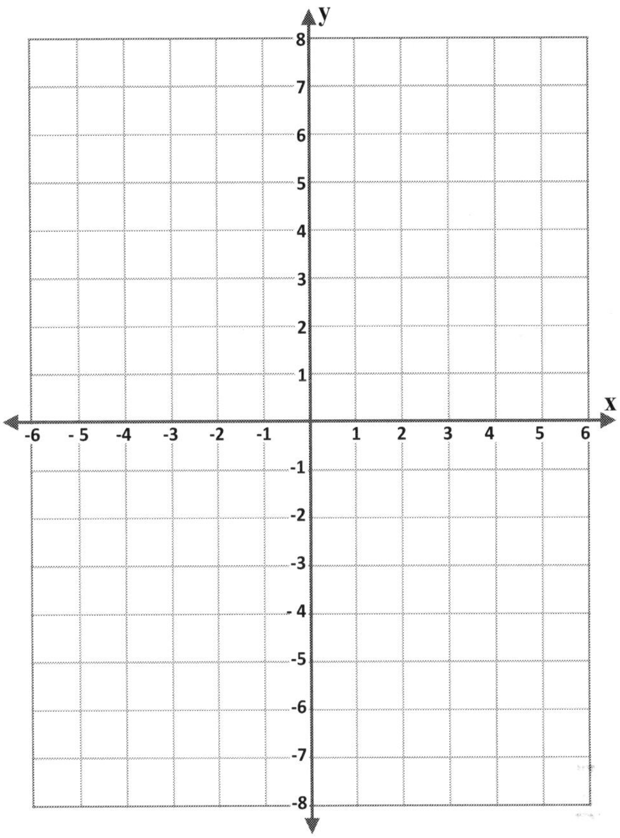
y
x
8 7 6 5 4 3 2 1 -1 -2 -3 -4 -5 -6 -7 -8
-6 -5 -4 -3 -2 -1 1 2 3 4 5 6

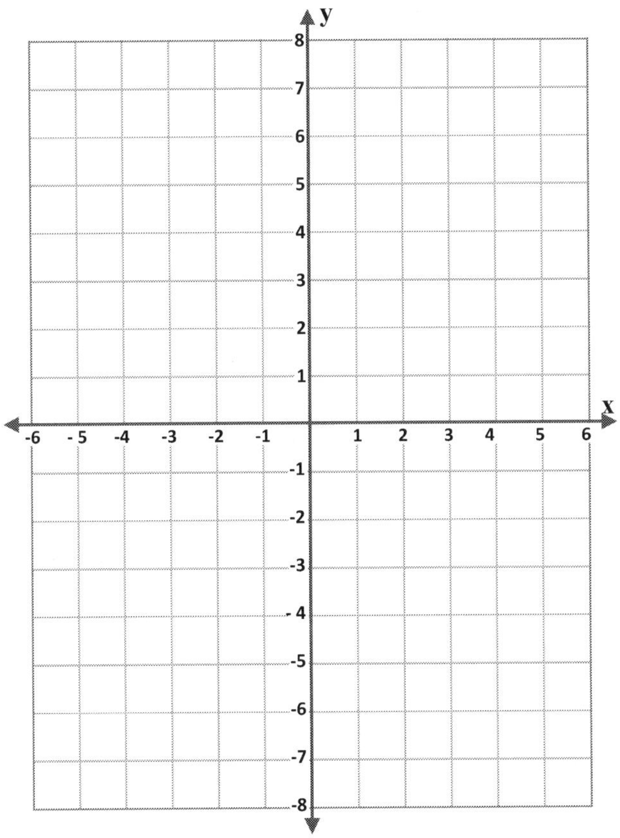
y
x
8 7 6 5 4 3 2 1 -1 -2 -3 -4 -5 -6 -7 -8
-6 -5 -4 -3 -2 -1 1 2 3 4 5 6

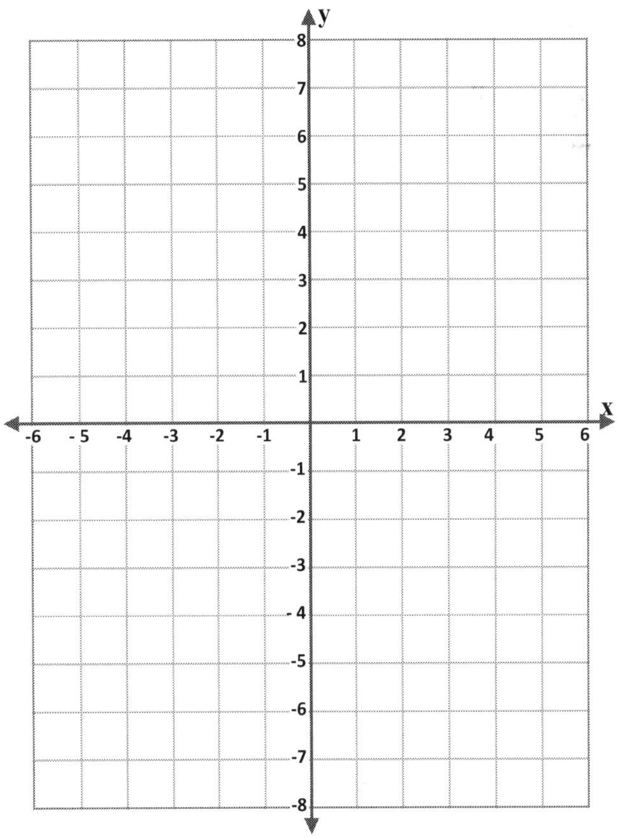
y
x
8 7 6 5 4 3 2 1 -1 -2 -3 -4 -5 -6 -7 -8
-6 -5 -4 -3 -2 -1 1 2 3 4 5 6

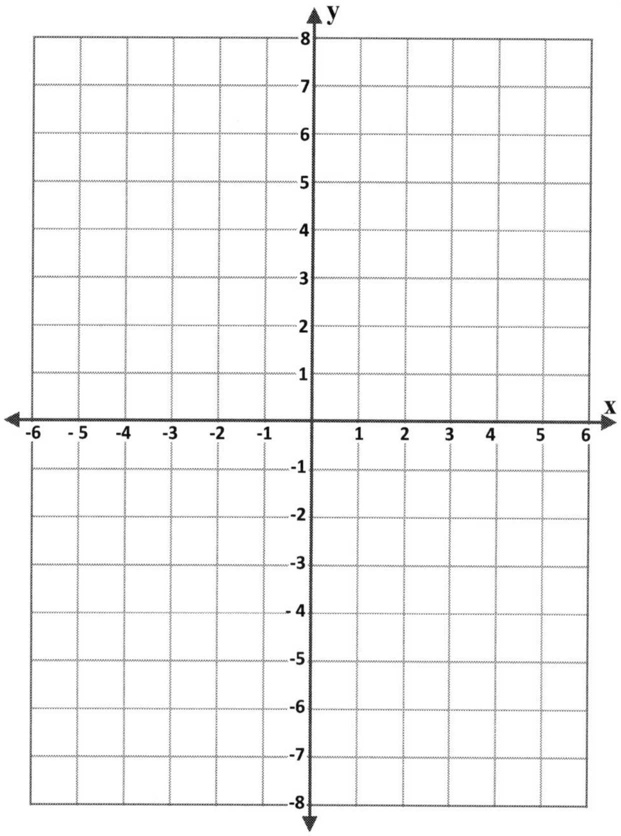
y
x
8 7 6 5 4 3 2 1 -1 -2 -3 -4 -5 -6 -7 -8
-6 -5 -4 -3 -2 -1 1 2 3 4 5 6

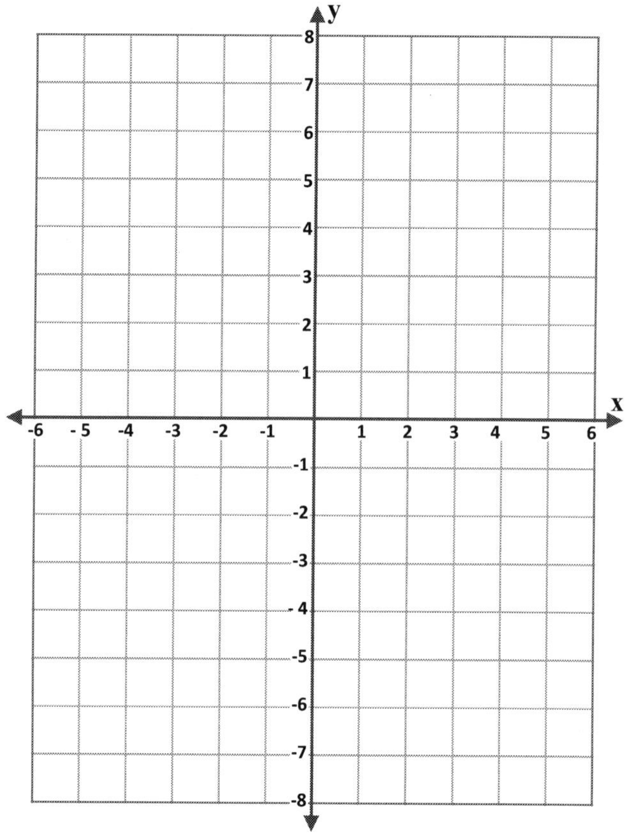
y
x
8 7 6 5 4 3 2 1 -1 -2 -3 -4 -5 -6 -7 -8
-6 -5 -4 -3 -2 -1 1 2 3 4 5 6

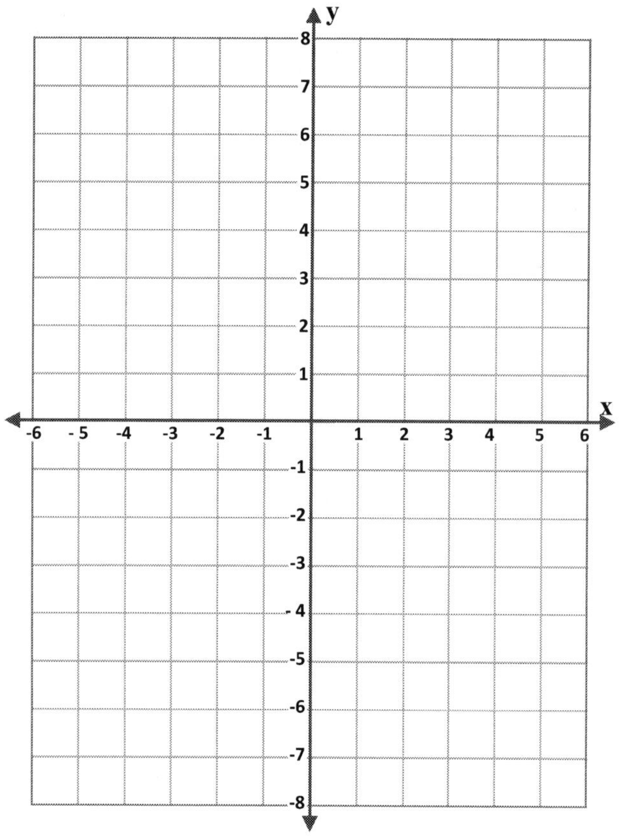
y
x
8 7 6 5 4 3 2 1 -1 -2 -3 -4 -5 -6 -7 -8
-6 -5 -4 -3 -2 -1 1 2 3 4 5 6

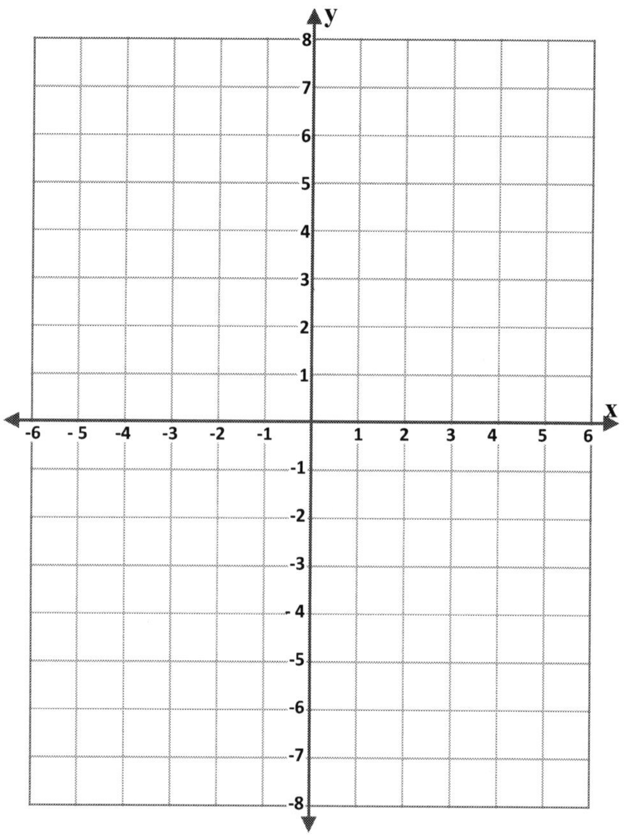
y
x
8 7 6 5 4 3 2 1 -1 -2 -3 -4 -5 -6 -7 -8
-6 -5 -4 -3 -2 -1 1 2 3 4 5 6

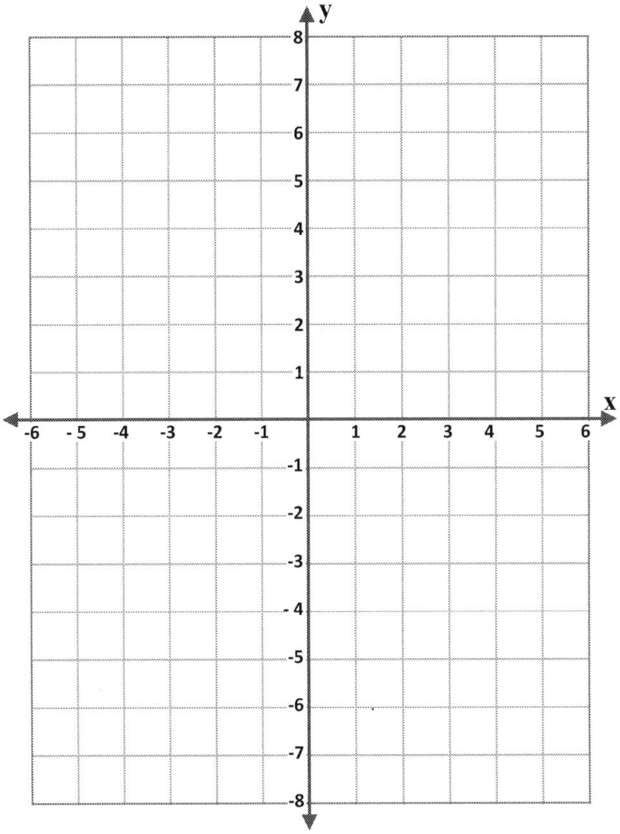
y
x
8 7 6 5 4 3 2 1 -1 -2 -3 -4 -5 -6 -7 -8
-6 -5 -4 -3 -2 -1 1 2 3 4 5 6

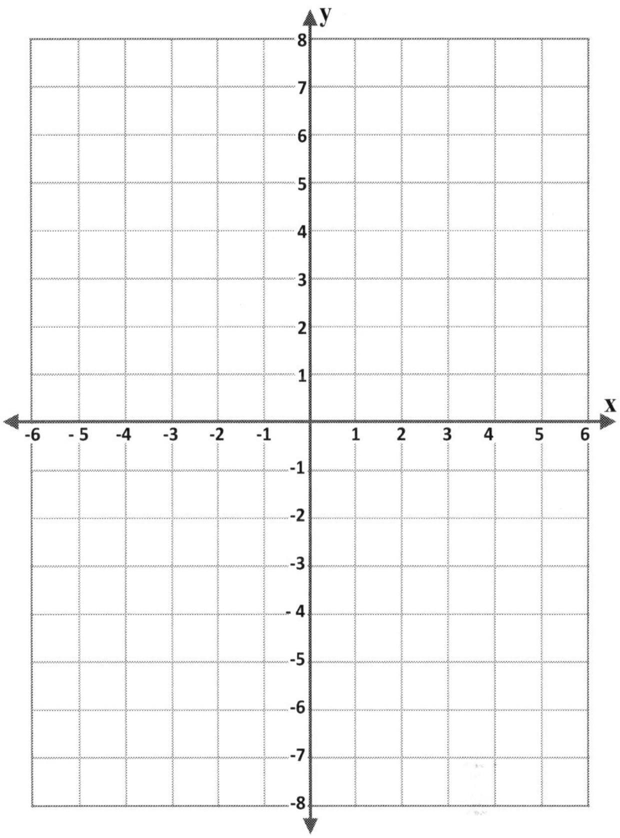
y
x
8 7 6 5 4 3 2 1 -1 -2 -3 -4 -5 -6 -7 -8
-6 -5 -4 -3 -2 -1 1 2 3 4 5 6

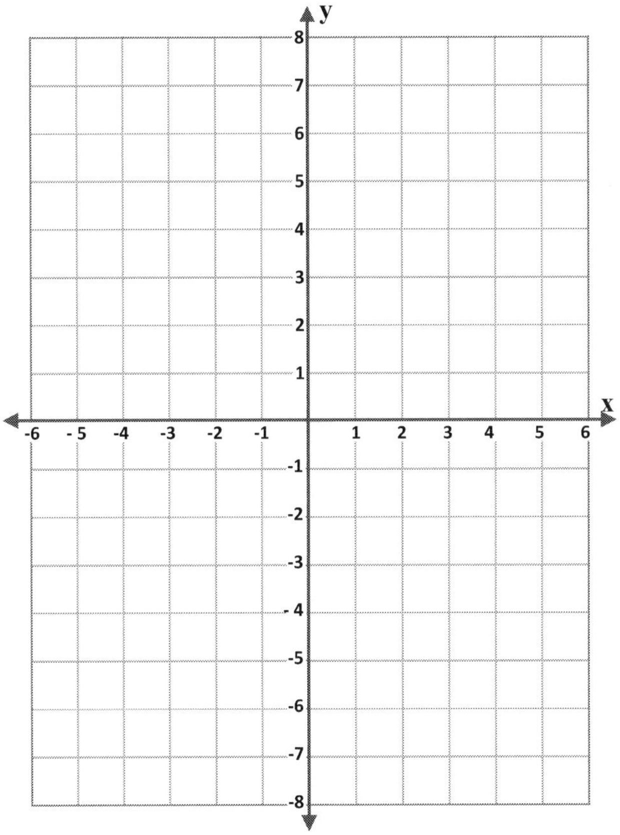
y
x
8 7 6 5 4 3 2 1 -1 -2 -3 -4 -5 -6 -7 -8
-6 -5 -4 -3 -2 -1 1 2 3 4 5 6

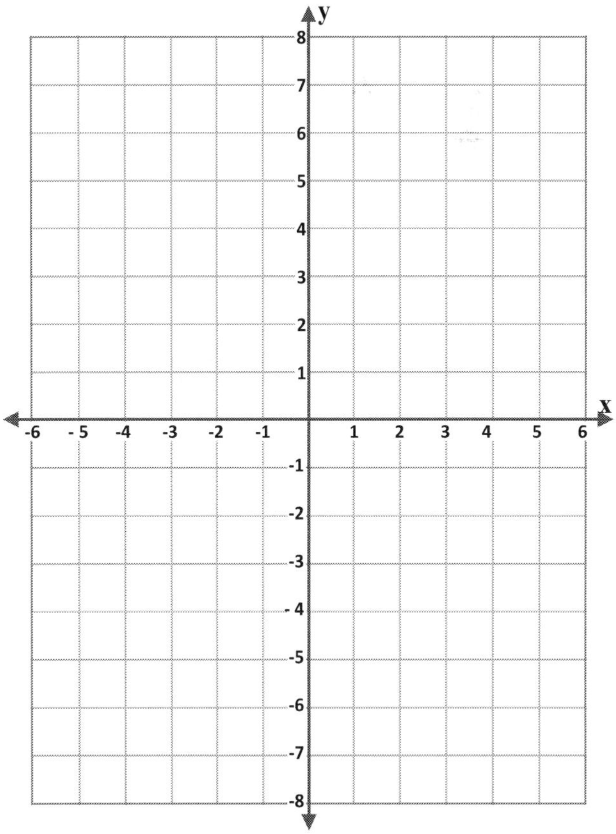
y
x
8 7 6 5 4 3 2 1 -1 -2 -3 -4 -5 -6 -7 -8
-6 -5 -4 -3 -2 -1 1 2 3 4 5 6

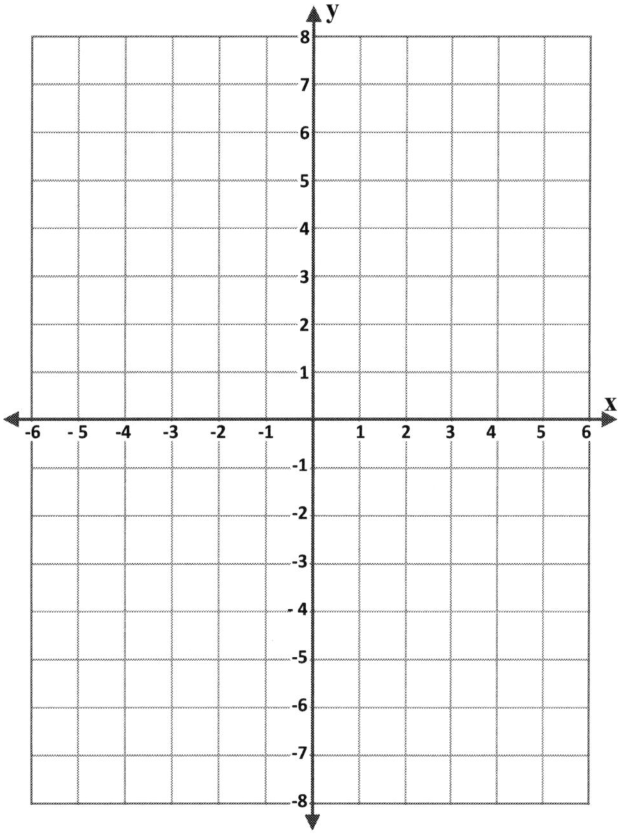
y
x
8 7 6 5 4 3 2 1 -1 -2 -3 -4 -5 -6 -7 -8
-6 -5 -4 -3 -2 -1 1 2 3 4 5 6

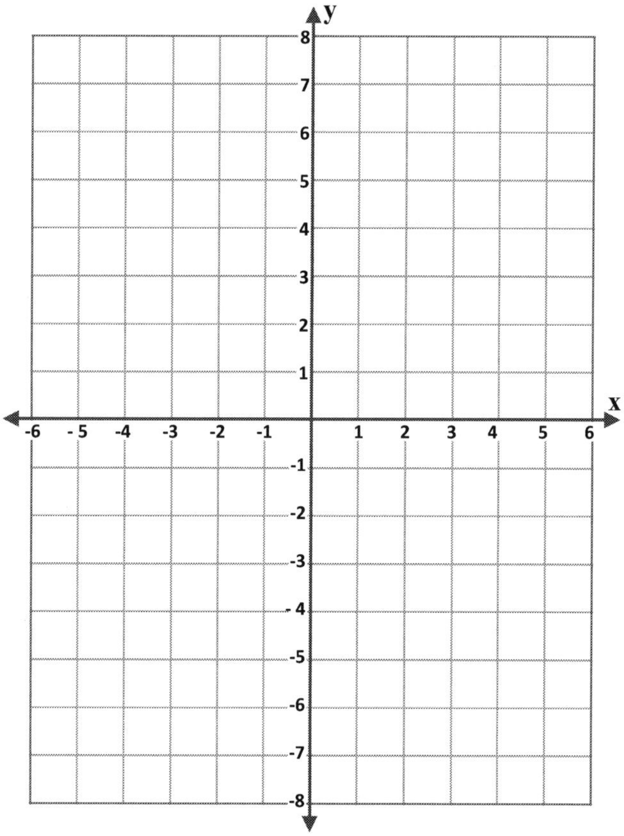
y
x
8 7 6 5 4 3 2 1 -1 -2 -3 -4 -5 -6 -7 -8
-6 -5 -4 -3 -2 -1 1 2 3 4 5 6

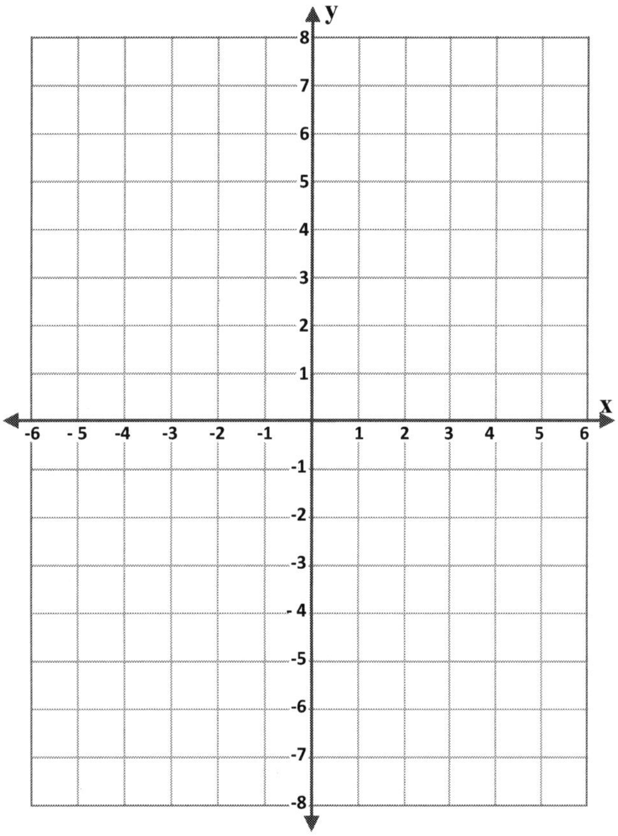
y
x
8 7 6 5 4 3 2 1 -1 -2 -3 -4 -5 -6 -7 -8
-6 -5 -4 -3 -2 -1 1 2 3 4 5 6

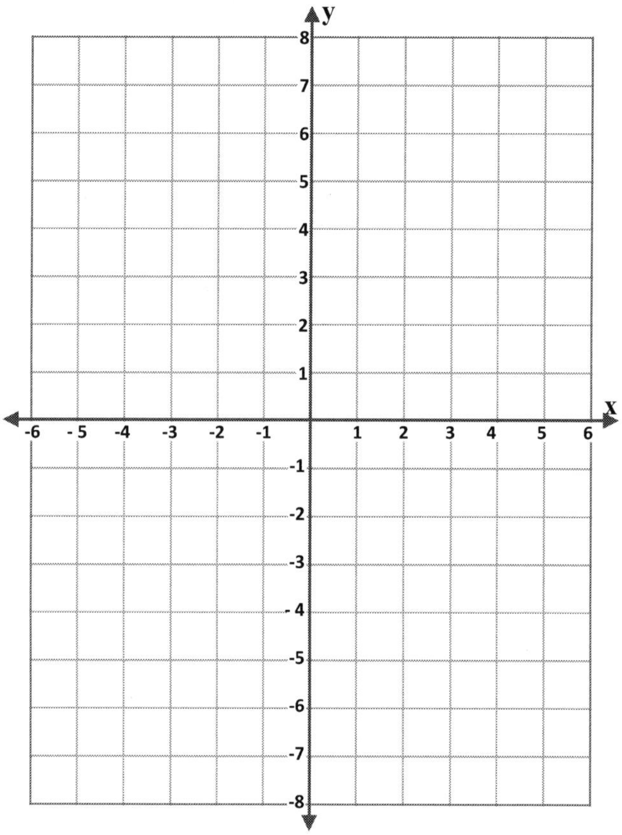
y
x
8 7 6 5 4 3 2 1 -1 -2 -3 -4 -5 -6 -7 -8
-6 -5 -4 -3 -2 -1 1 2 3 4 5 6

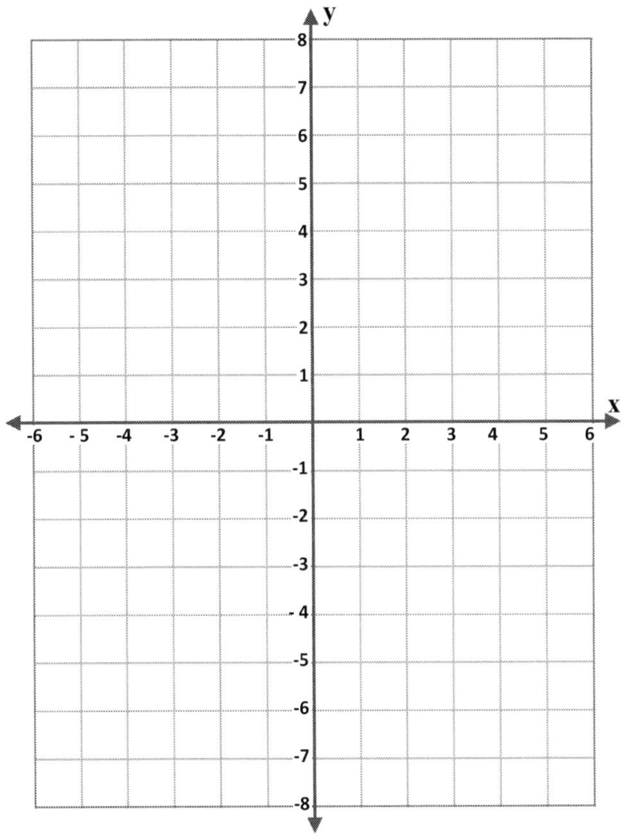
y
x
8 7 6 5 4 3 2 1 -1 -2 -3 -4 -5 -6 -7 -8
-6 -5 -4 -3 -2 -1 1 2 3 4 5 6

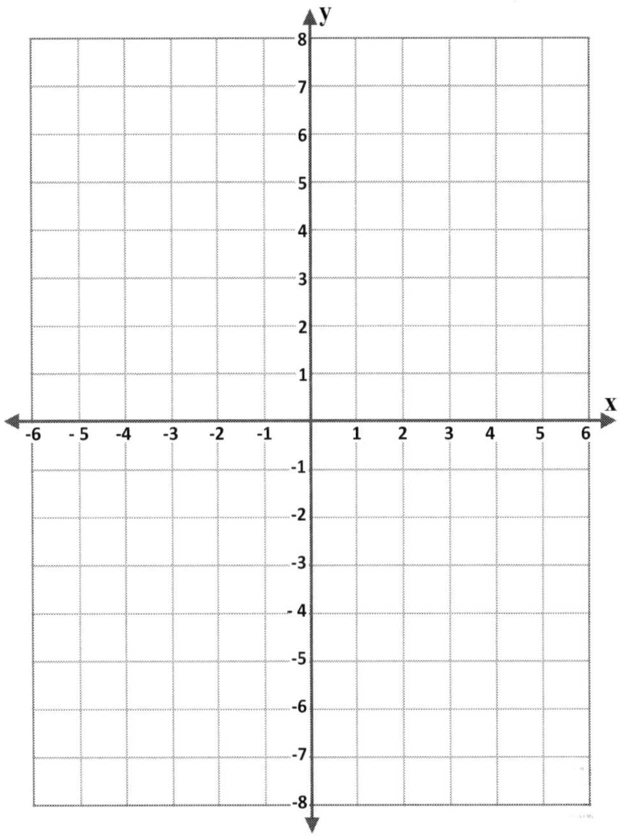
y
x
8 7 6 5 4 3 2 1 -1 -2 -3 -4 -5 -6 -7 -8
-6 -5 -4 -3 -2 -1 1 2 3 4 5 6

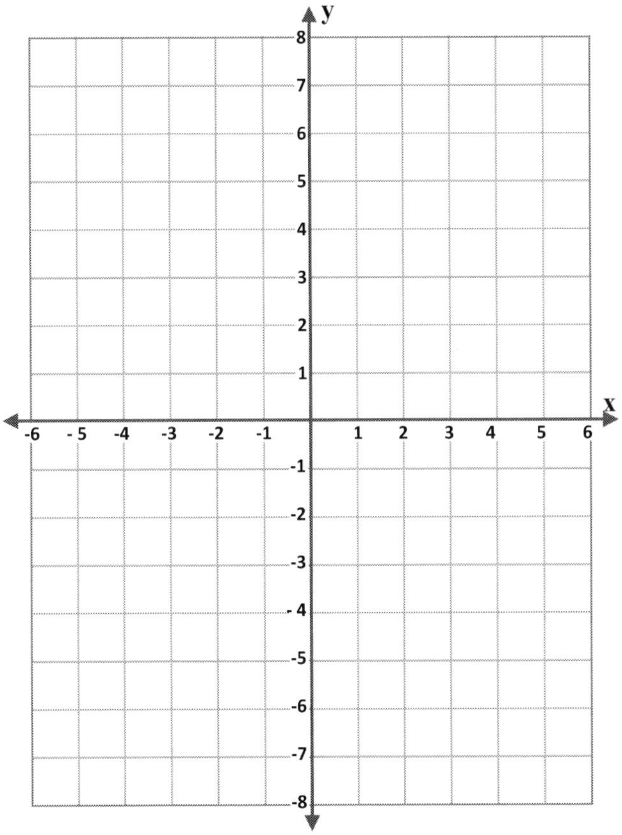
y
x
8 7 6 5 4 3 2 1 -1 -2 -3 -4 -5 -6 -7 -8
-6 -5 -4 -3 -2 -1 1 2 3 4 5 6

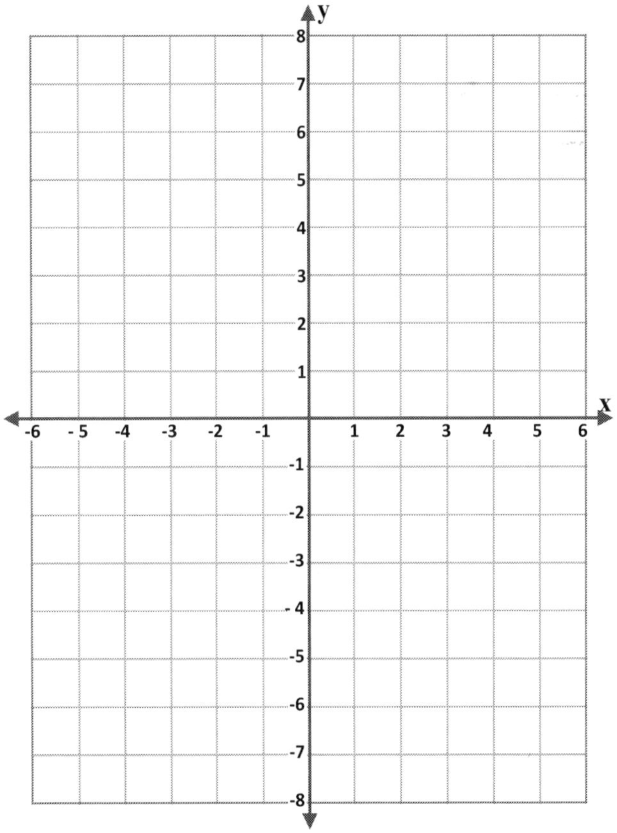
y
x
8 7 6 5 4 3 2 1 -1 -2 -3 -4 -5 -6 -7 -8
-6 -5 -4 -3 -2 -1 1 2 3 4 5 6

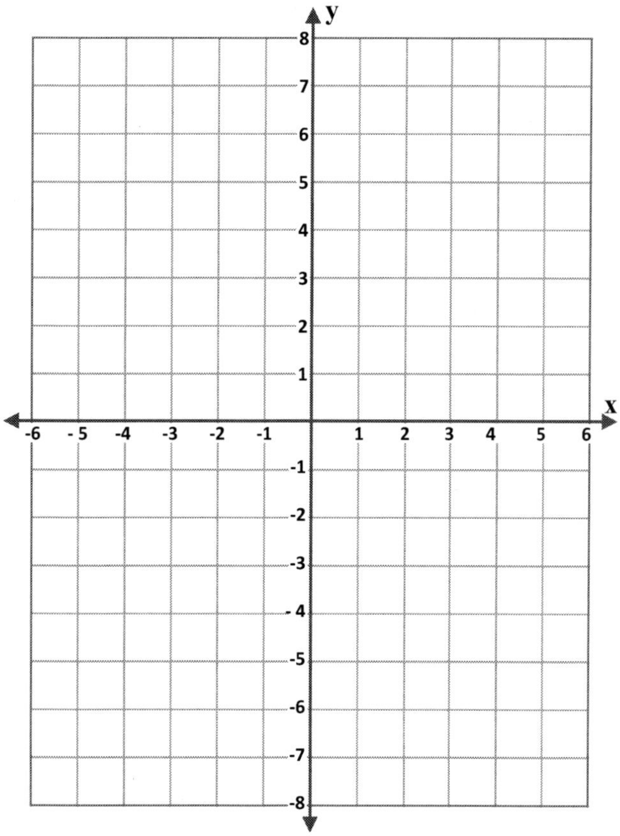
y
x
8 7 6 5 4 3 2 1 -1 -2 -3 -4 -5 -6 -7 -8
-6 -5 -4 -3 -2 -1 1 2 3 4 5 6

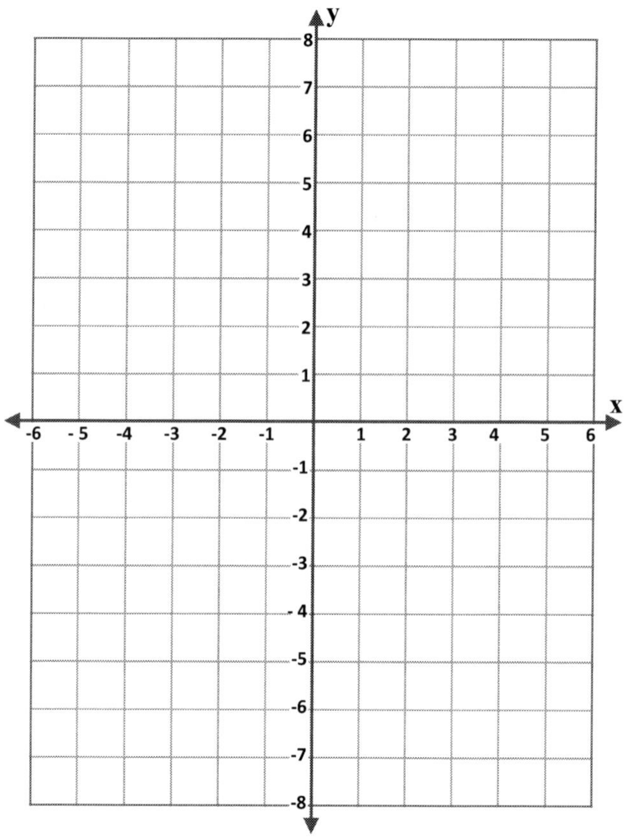
y
x
8 7 6 5 4 3 2 1 -1 -2 -3 -4 -5 -6 -7 -8
-6 -5 -4 -3 -2 -1 1 2 3 4 5 6

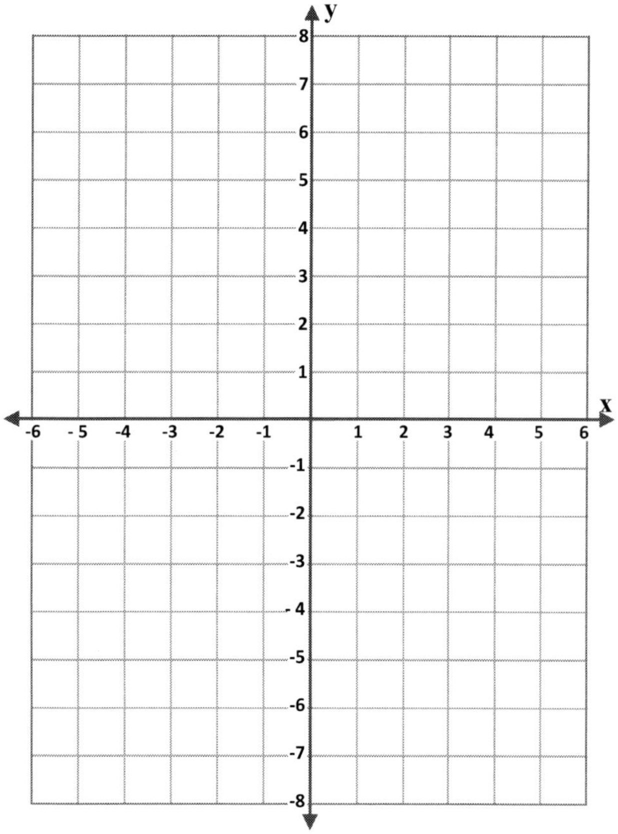
y
x
8 7 6 5 4 3 2 1 -1 -2 -3 -4 -5 -6 -7 -8
-6 -5 -4 -3 -2 -1 1 2 3 4 5 6

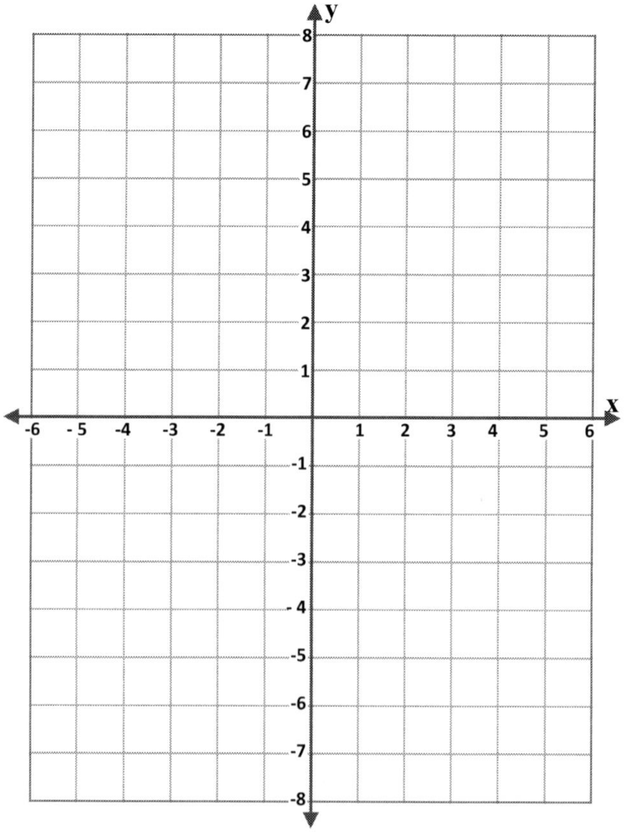
y
x
8 7 6 5 4 3 2 1 -1 -2 -3 -4 -5 -6 -7 -8
-6 -5 -4 -3 -2 -1 1 2 3 4 5 6

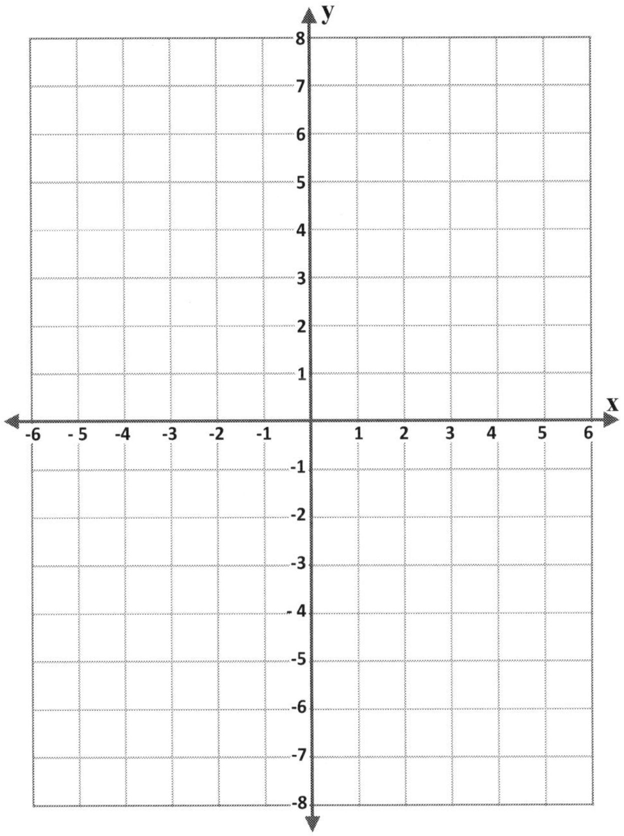
y
x
8 7 6 5 4 3 2 1 -1 -2 -3 -4 -5 -6 -7 -8
-6 -5 -4 -3 -2 -1 1 2 3 4 5 6

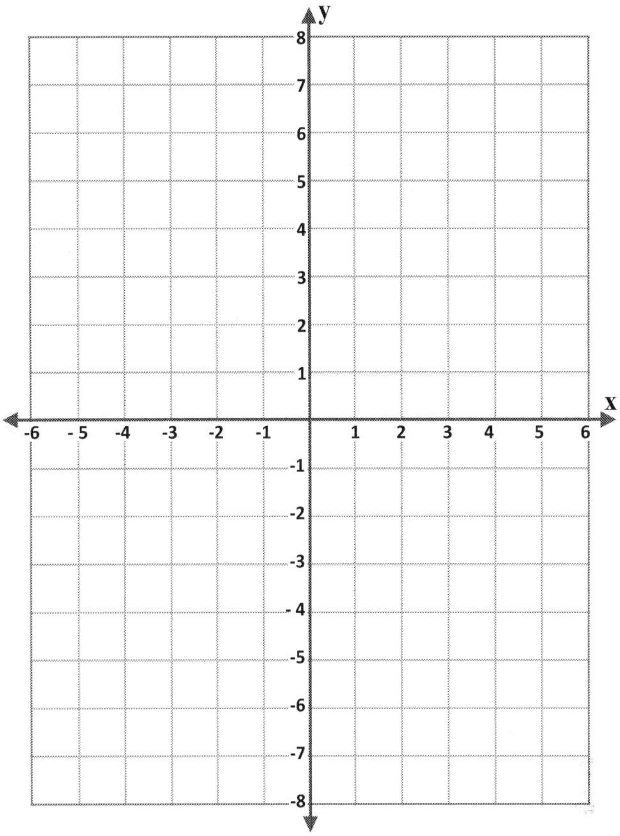
y
x
8 7 6 5 4 3 2 1 -1 -2 -3 -4 -5 -6 -7 -8
-6 -5 -4 -3 -2 -1 1 2 3 4 5 6

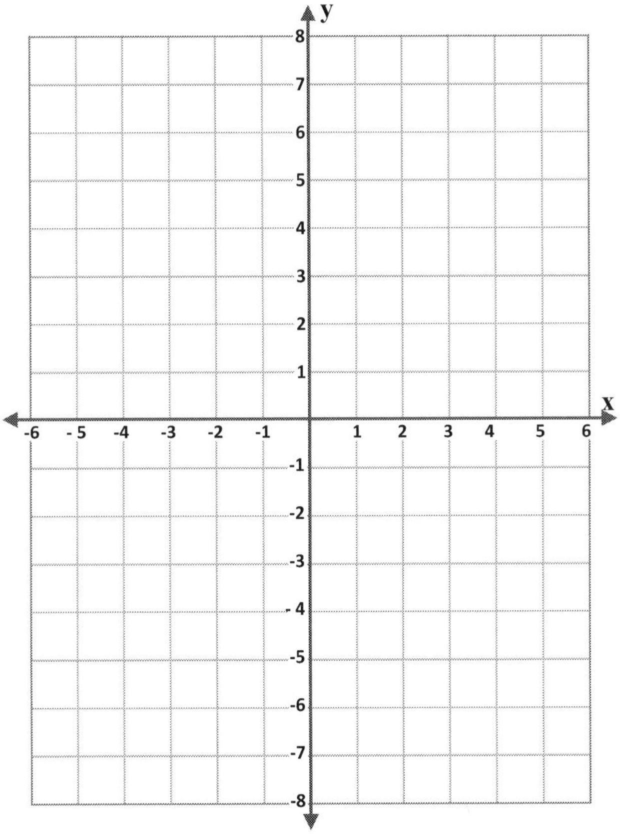
y
x
8 7 6 5 4 3 2 1 -1 -2 -3 -4 -5 -6 -7 -8
-6 -5 -4 -3 -2 -1 1 2 3 4 5 6

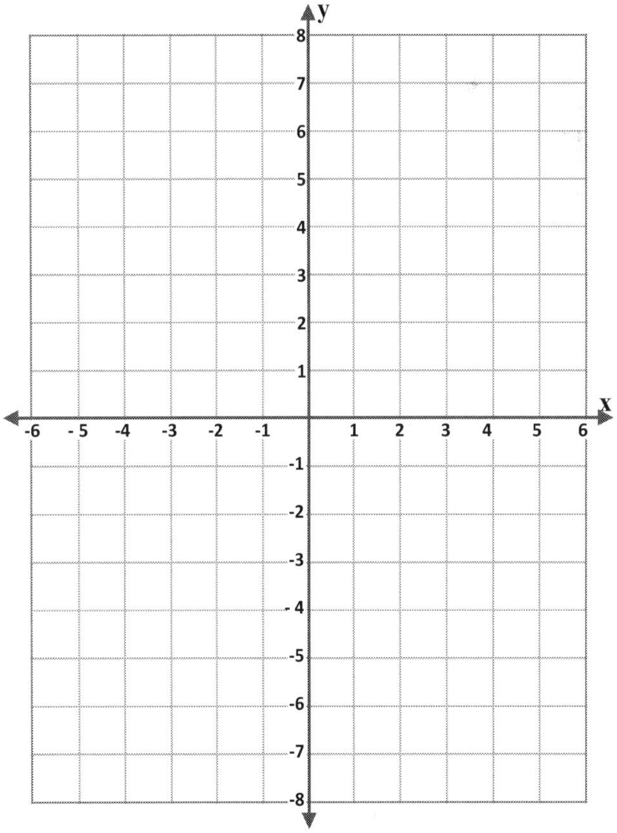
y
x
8 7 6 5 4 3 2 1 -1 -2 -3 -4 -5 -6 -7 -8
-6 -5 -4 -3 -2 -1 1 2 3 4 5 6

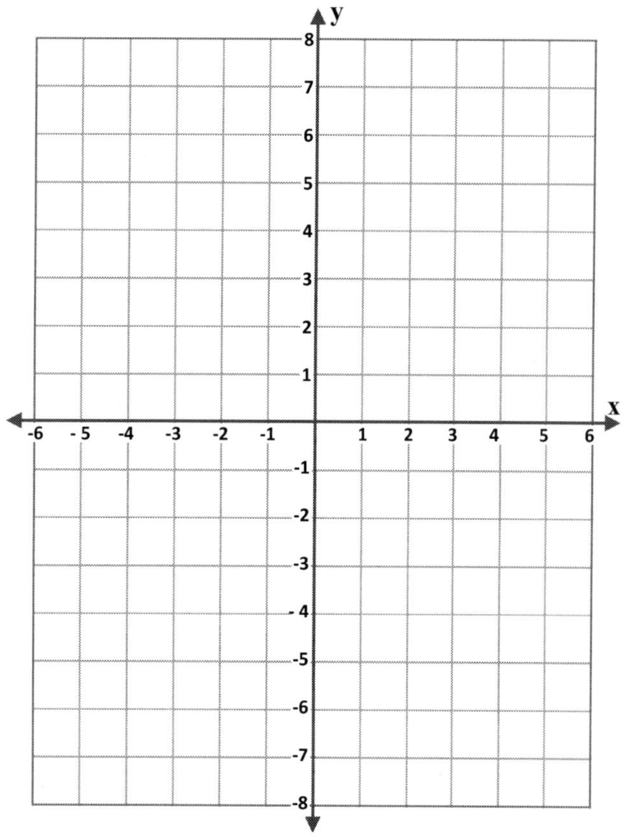
y
x
8 7 6 5 4 3 2 1 -1 -2 -3 - 4 -5 -6 -7 -8
-6 - 5 -4 -3 -2 -1 1 2 3 4 5 6

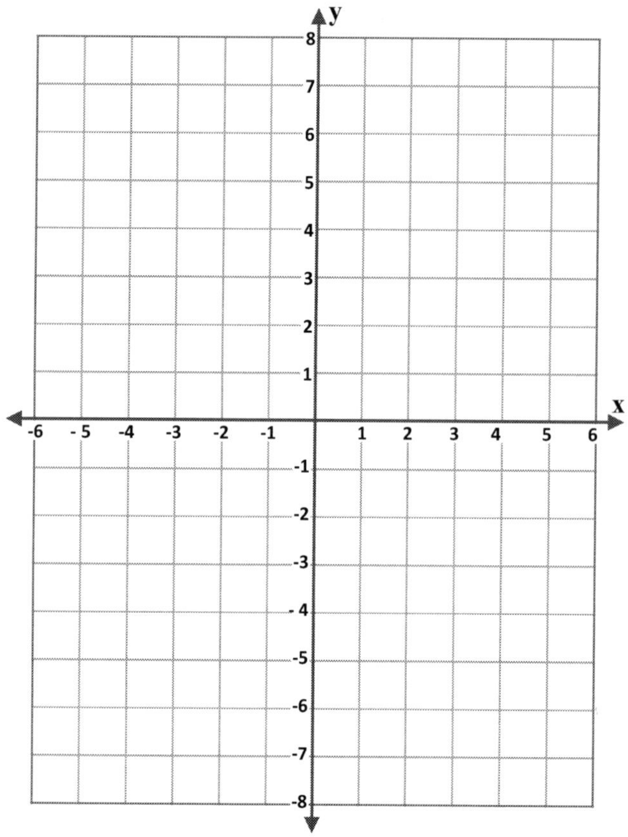
y
x
8 7 6 5 4 3 2 1 -1 -2 -3 - 4 -5 -6 -7 -8
-6 - 5 -4 -3 -2 -1 1 2 3 4 5 6

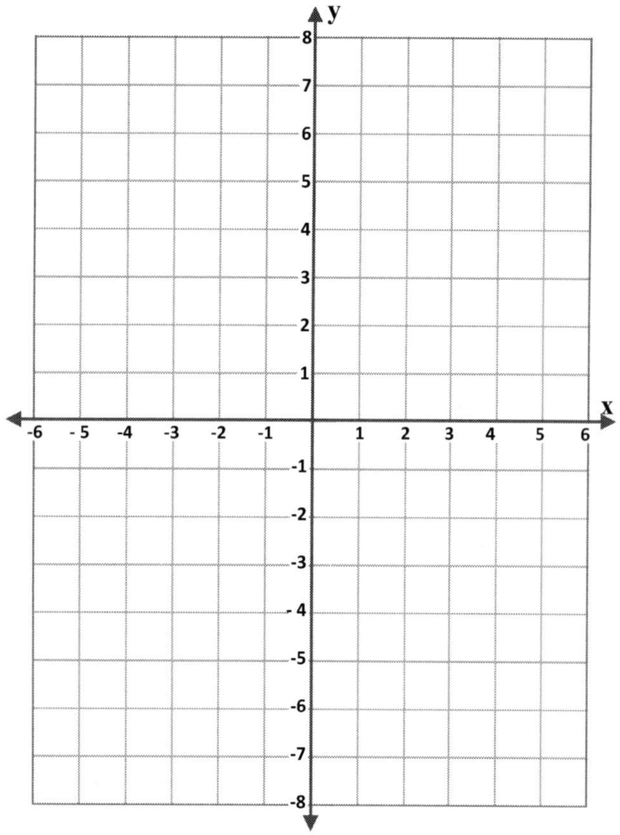
y
x
8 7 6 5 4 3 2 1 -1 -2 -3 - 4 -5 -6 -7 -8
-6 - 5 -4 -3 -2 -1 1 2 3 4 5 6

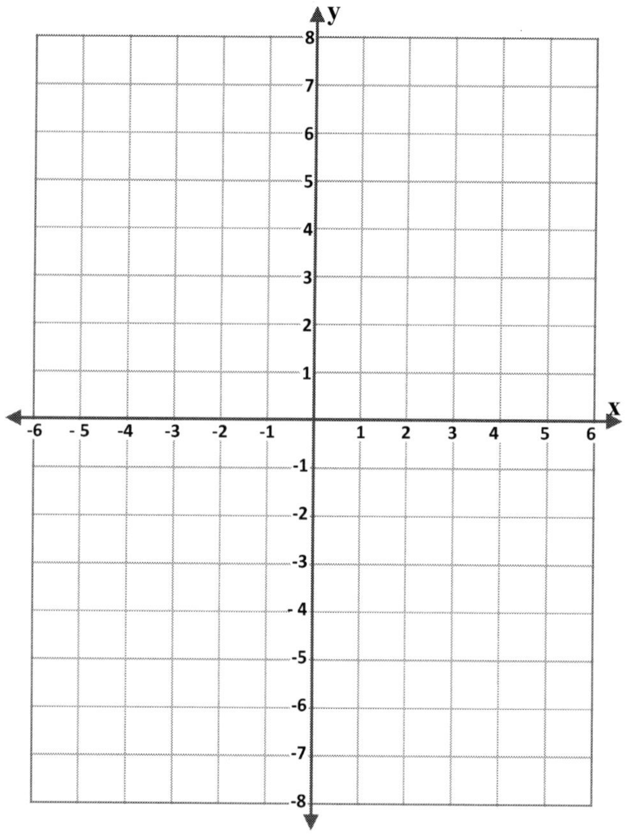
y
x
8 7 6 5 4 3 2 1 -1 -2 -3 - 4 -5 -6 -7 -8
-6 - 5 -4 -3 -2 -1 1 2 3 4 5 6

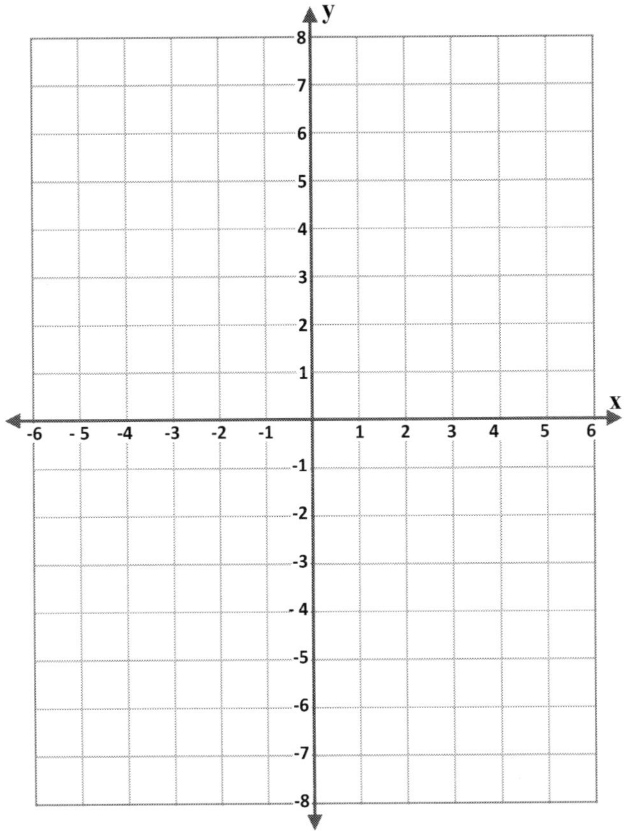
y
x
8 7 6 5 4 3 2 1 -1 -2 -3 -4 -5 -6 -7 -8
-6 -5 -4 -3 -2 -1 1 2 3 4 5 6
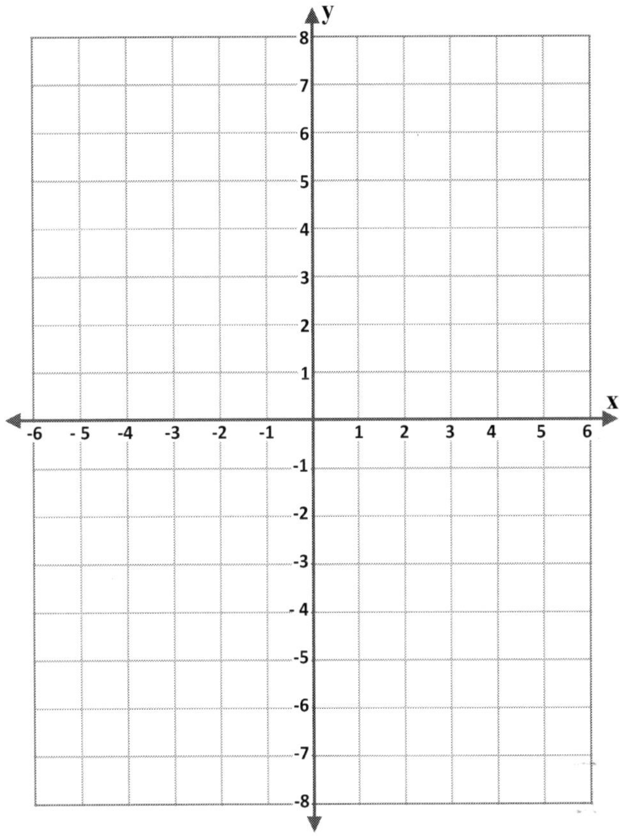
y
x
8 7 6 5 4 3 2 1 -1 -2 -3 -4 -5 -6 -7 -8
-6 -5 -4 -3 -2 -1 1 2 3 4 5 6
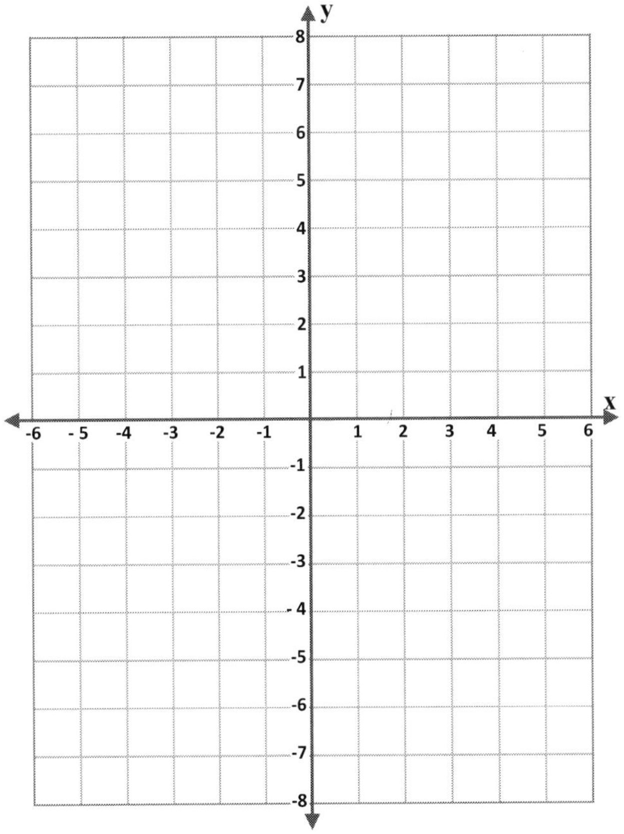
y
x
8 7 6 5 4 3 2 1 -1 -2 -3 -4 -5 -6 -7 -8
-6 -5 -4 -3 -2 -1 1 2 3 4 5 6
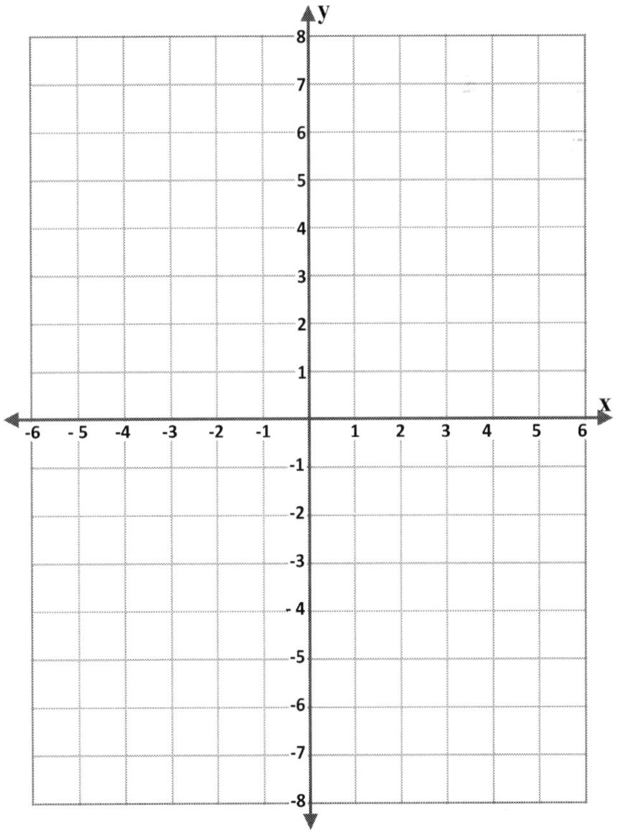
y
x
8 7 6 5 4 3 2 1 -1 -2 -3 -4 -5 -6 -7 -8
-6 -5 -4 -3 -2 -1 1 2 3 4 5 6

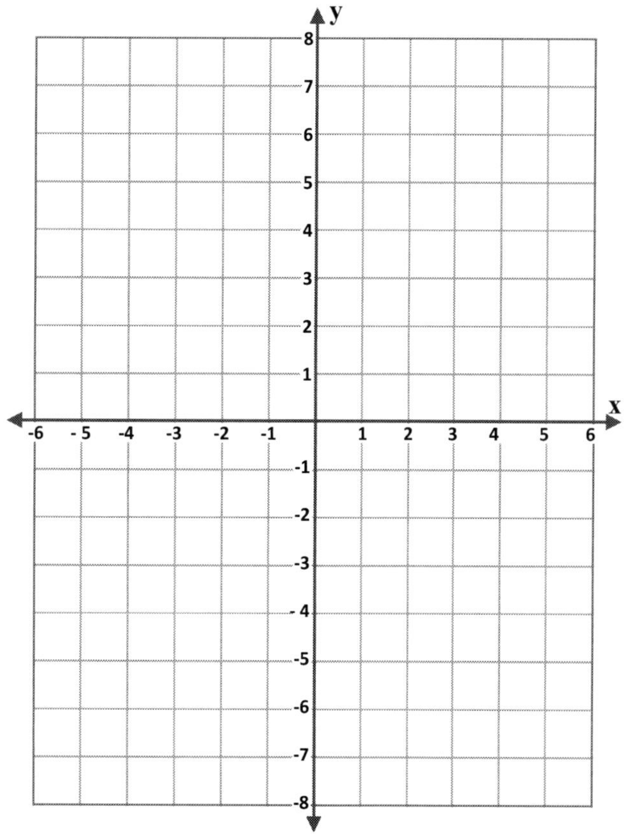
y
x
8
7
6
5
4
3
2
1
-1
-2
-3
-4
-5
-6
-7
-8
-6
-5
-4
-3
-2
-1
1
2
3
4
5
6
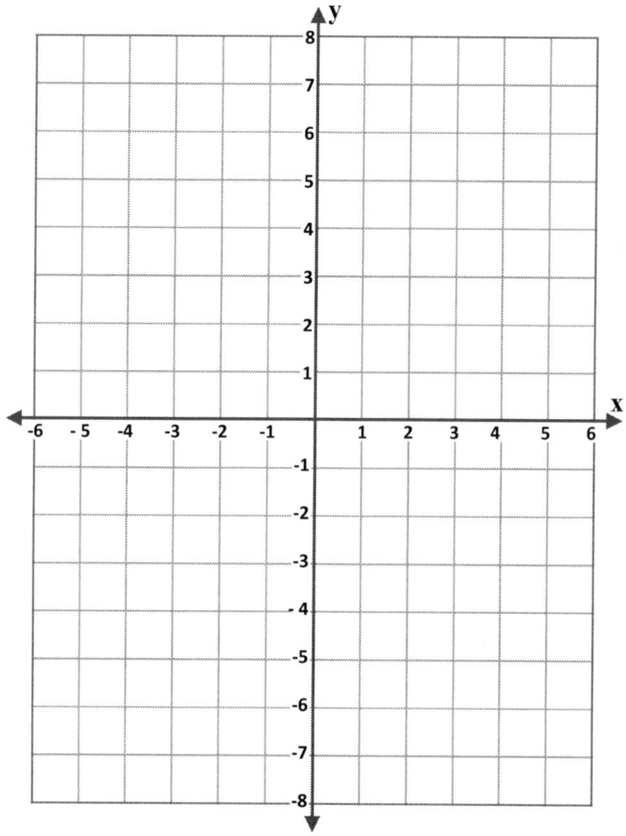
y
x
8
7
6
5
4
3
2
1
-1
-2
-3
-4
-5
-6
-7
-8
-6
-5
-4
-3
-2
-1
1
2
3
4
5
6
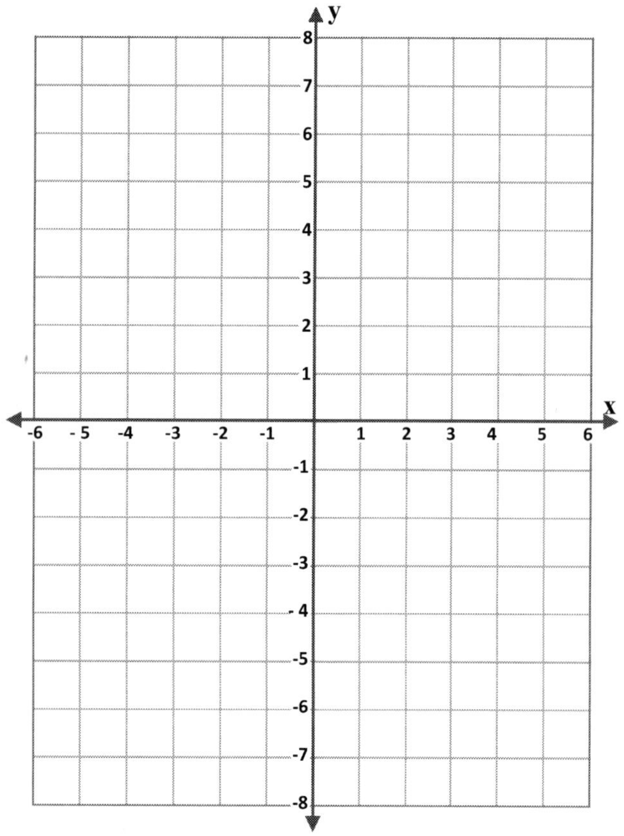
y
x
8
7
6
5
4
3
2
1
-1
-2
-3
-4
-5
-6
-7
-8
-6
-5
-4
-3
-2
-1
1
2
3
4
5
6
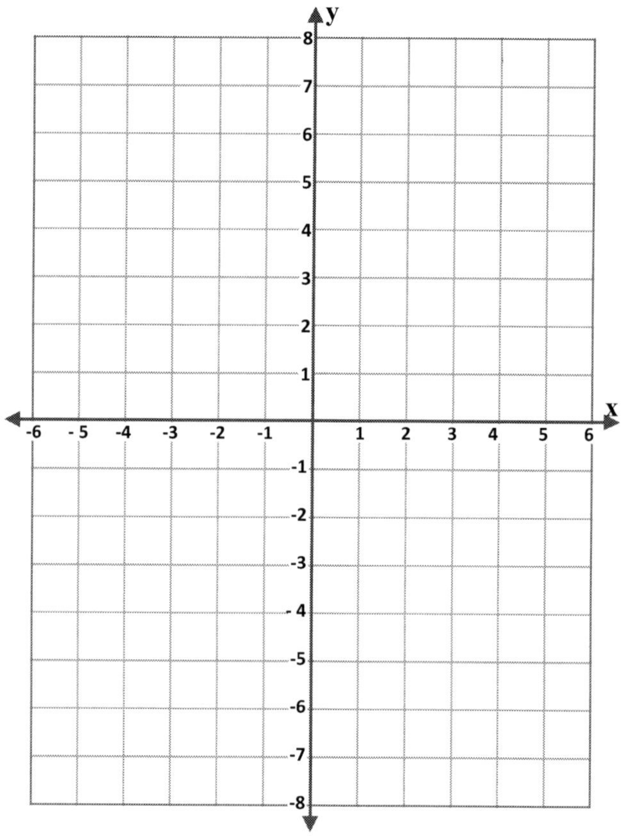
y
x
8
7
6
5
4
3
2
1
-1
-2
-3
-4
-5
-6
-7
-8
-6
-5
-4
-3
-2
-1
1
2
3
4
5
6

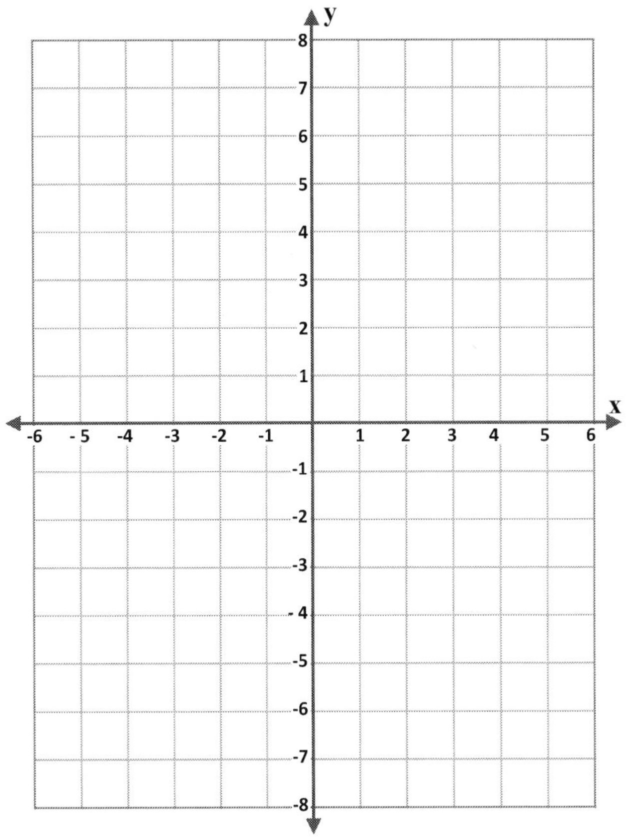
y
x
8 7 6 5 4 3 2 1 -1 -2 -3 -4 -5 -6 -7 -8
-6 -5 -4 -3 -2 -1 1 2 3 4 5 6

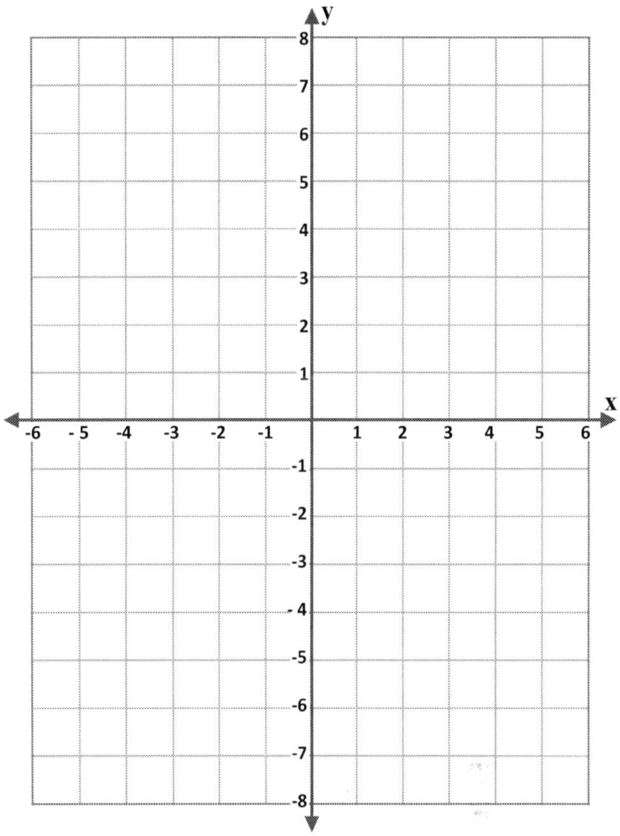
y
x
8 7 6 5 4 3 2 1 -1 -2 -3 -4 -5 -6 -7 -8
-6 -5 -4 -3 -2 -1 1 2 3 4 5 6

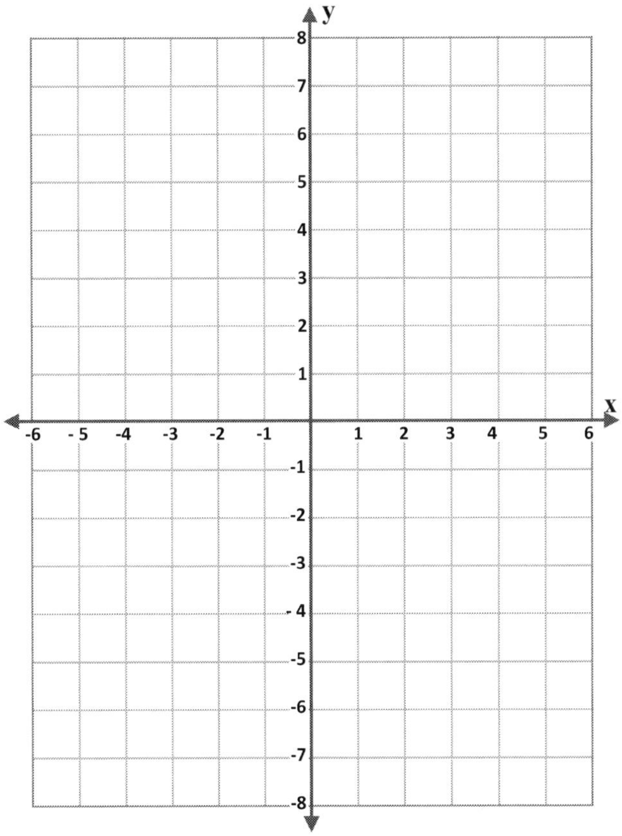
y
x
8 7 6 5 4 3 2 1 -1 -2 -3 -4 -5 -6 -7 -8
-6 -5 -4 -3 -2 -1 1 2 3 4 5 6

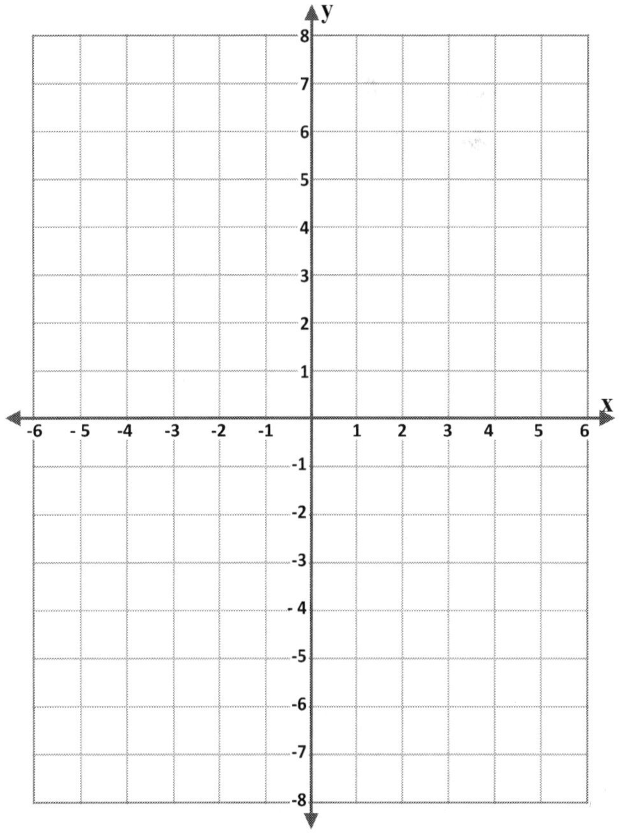
y
x
8 7 6 5 4 3 2 1 -1 -2 -3 -4 -5 -6 -7 -8
-6 -5 -4 -3 -2 -1 1 2 3 4 5 6

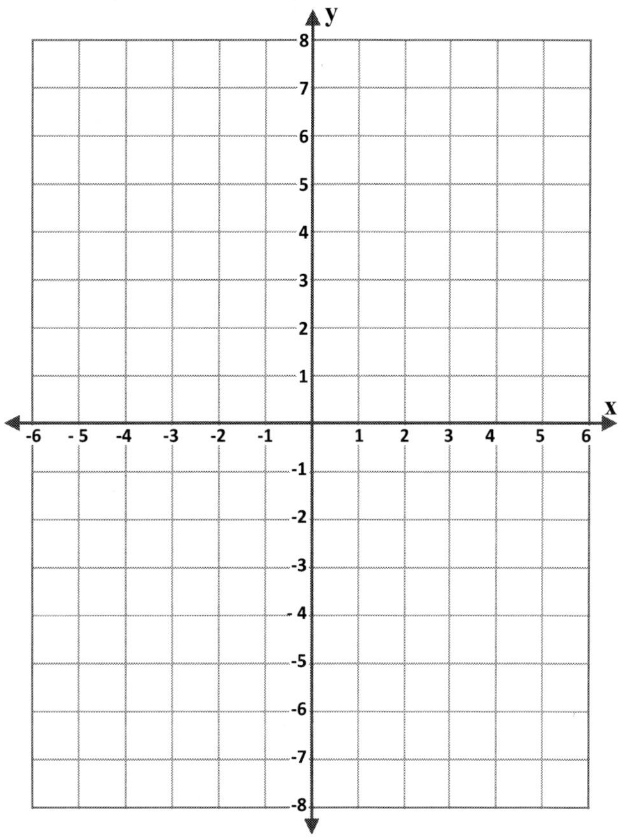
y
x
-6 -5 -4 -3 -2 -1 1 2 3 4 5 6
8 7 6 5 4 3 2 1 -1 -2 -3 -4 -5 -6 -7 -8
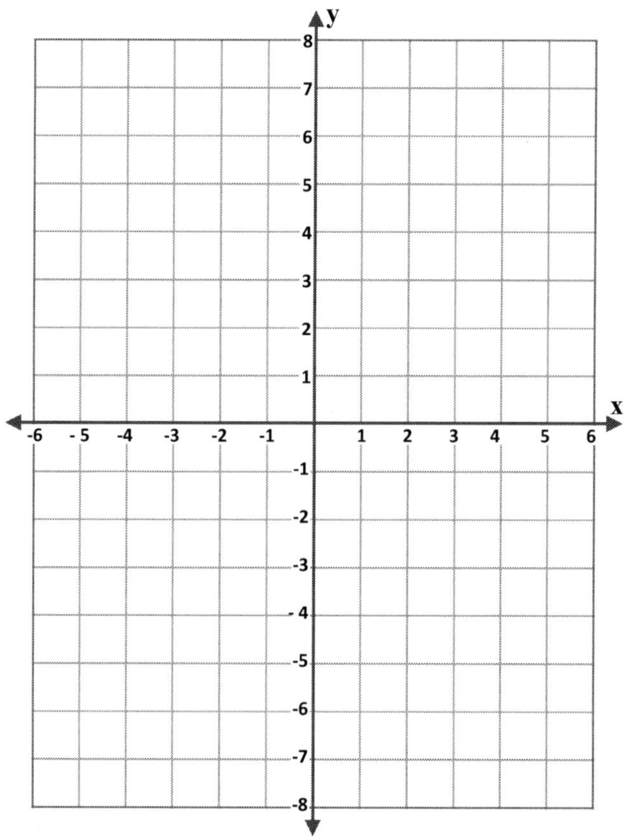
y
x
-6 -5 -4 -3 -2 -1 1 2 3 4 5 6
8 7 6 5 4 3 2 1 -1 -2 -3 -4 -5 -6 -7 -8
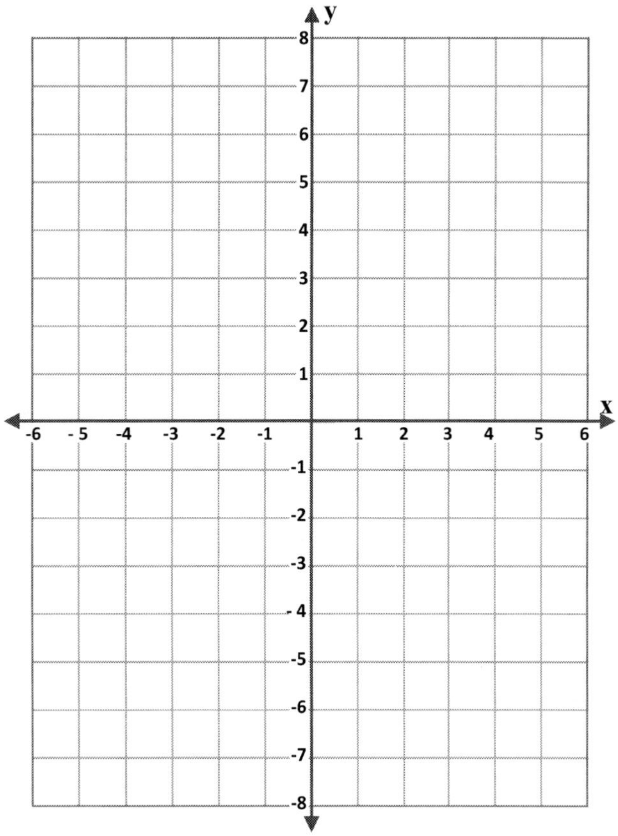
y
x
-6 -5 -4 -3 -2 -1 1 2 3 4 5 6
8 7 6 5 4 3 2 1 -1 -2 -3 -4 -5 -6 -7 -8
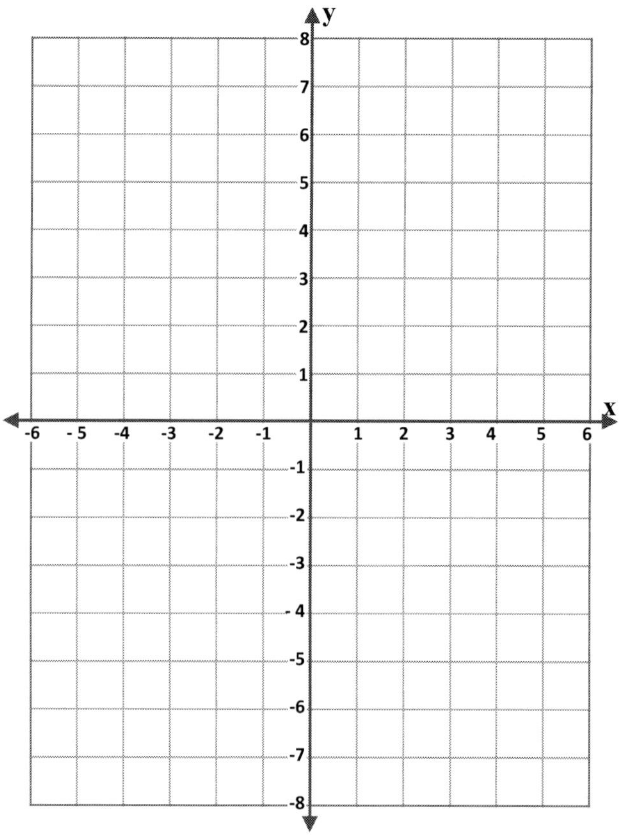
y
x
-6 -5 -4 -3 -2 -1 1 2 3 4 5 6
8 7 6 5 4 3 2 1 -1 -2 -3 -4 -5 -6 -7 -8

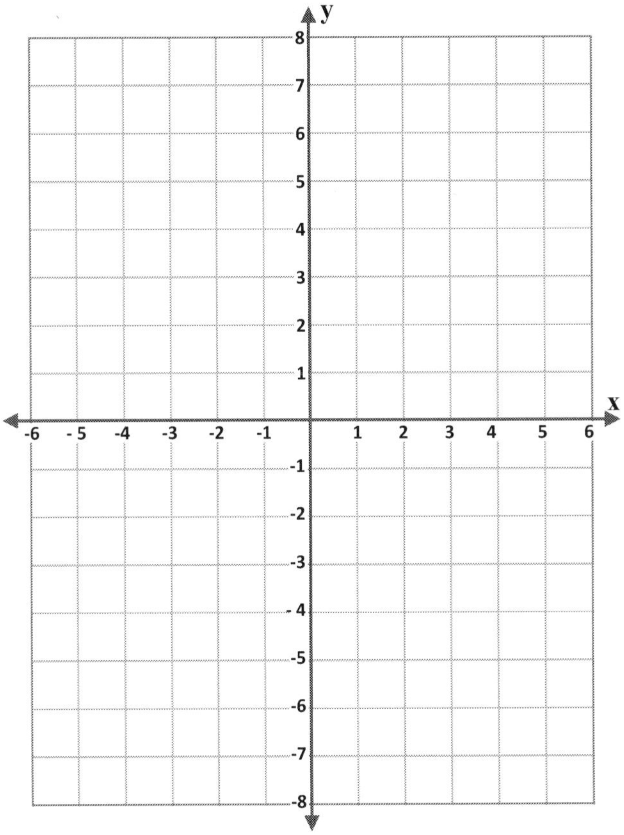
y
x
8 7 6 5 4 3 2 1 -1 -2 -3 -4 -5 -6 -7 -8
-6 -5 -4 -3 -2 -1 1 2 3 4 5 6
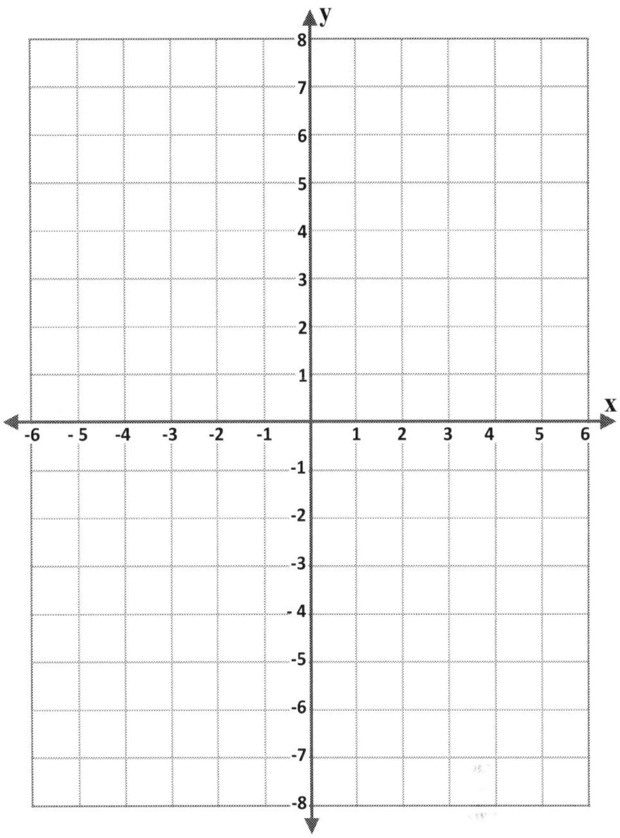
y
x
8 7 6 5 4 3 2 1 -1 -2 -3 -4 -5 -6 -7 -8
-6 -5 -4 -3 -2 -1 1 2 3 4 5 6
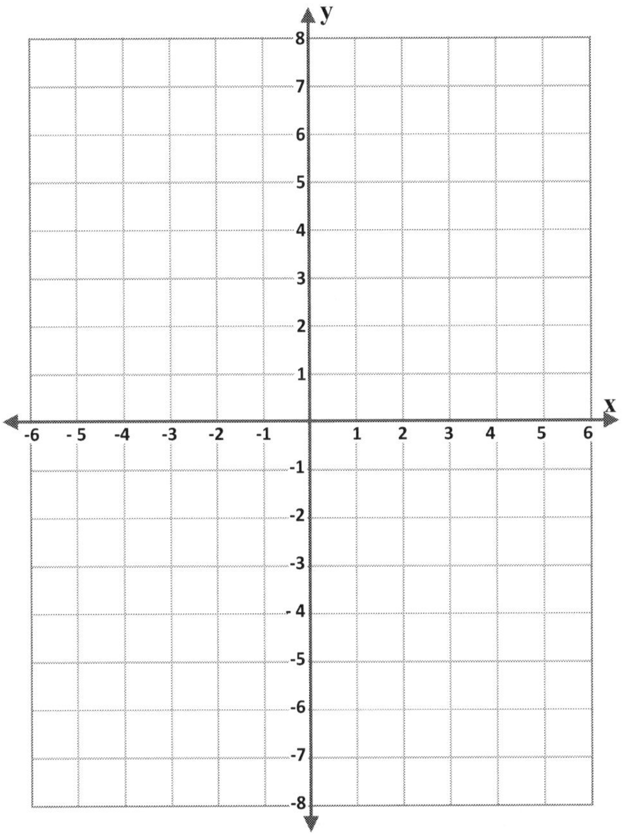
y
x
8 7 6 5 4 3 2 1 -1 -2 -3 -4 -5 -6 -7 -8
-6 -5 -4 -3 -2 -1 1 2 3 4 5 6
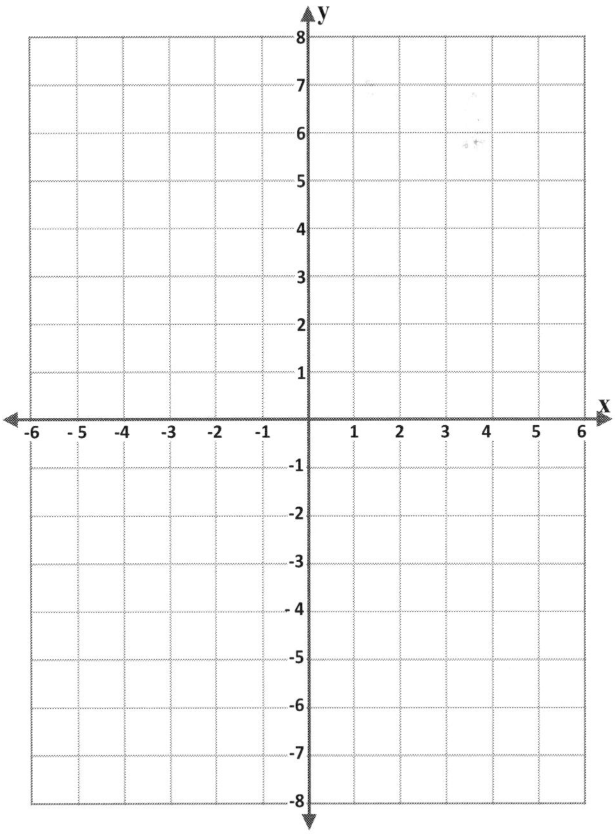
y
x
8 7 6 5 4 3 2 1 -1 -2 -3 -4 -5 -6 -7 -8
-6 -5 -4 -3 -2 -1 1 2 3 4 5 6

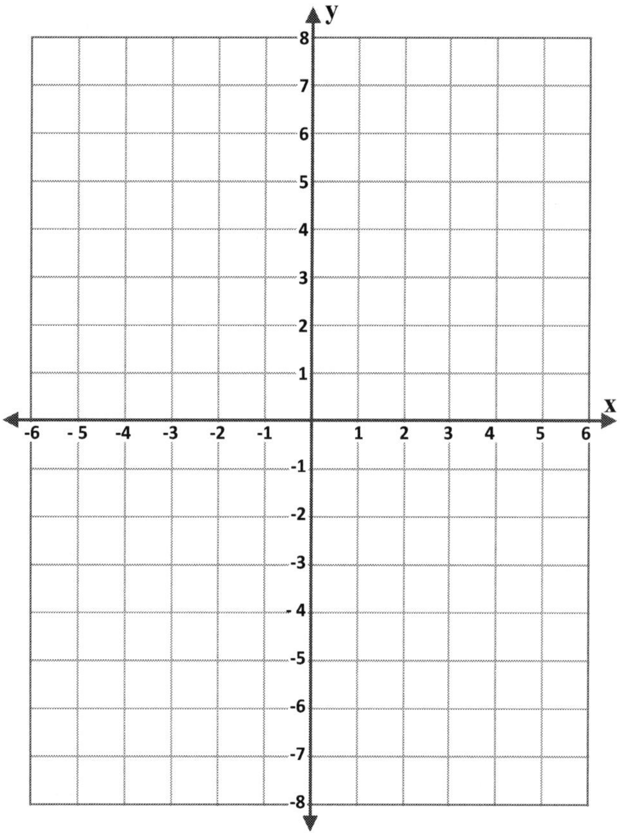
y
x
8 7 6 5 4 3 2 1 -1 -2 -3 -4 -5 -6 -7 -8
-6 -5 -4 -3 -2 -1 1 2 3 4 5 6

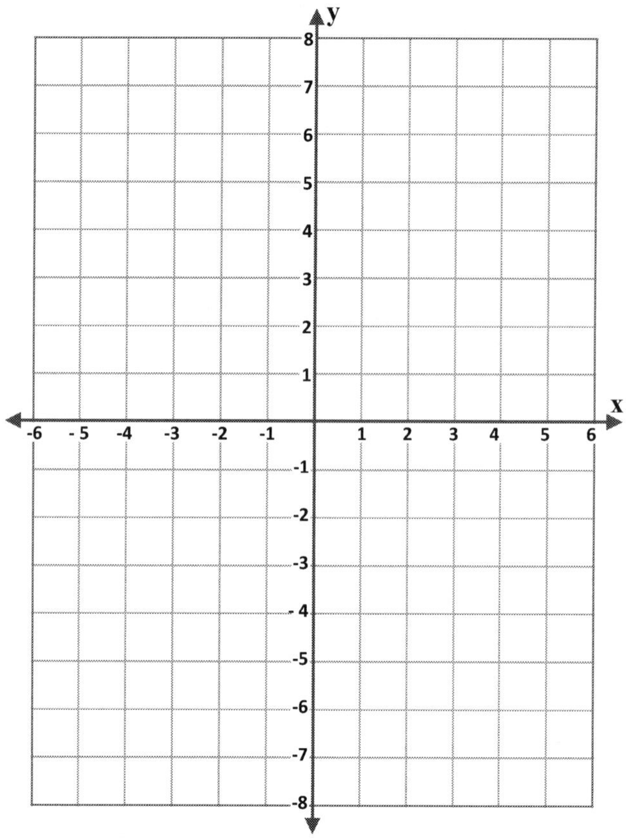
y
x
8 7 6 5 4 3 2 1 -1 -2 -3 -4 -5 -6 -7 -8
-6 -5 -4 -3 -2 -1 1 2 3 4 5 6

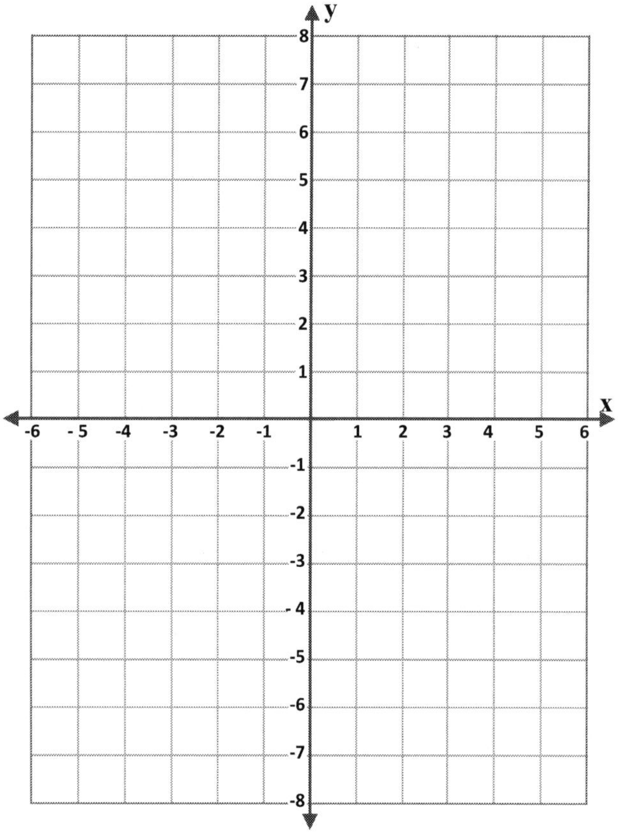
y
x
8 7 6 5 4 3 2 1 -1 -2 -3 -4 -5 -6 -7 -8
-6 -5 -4 -3 -2 -1 1 2 3 4 5 6

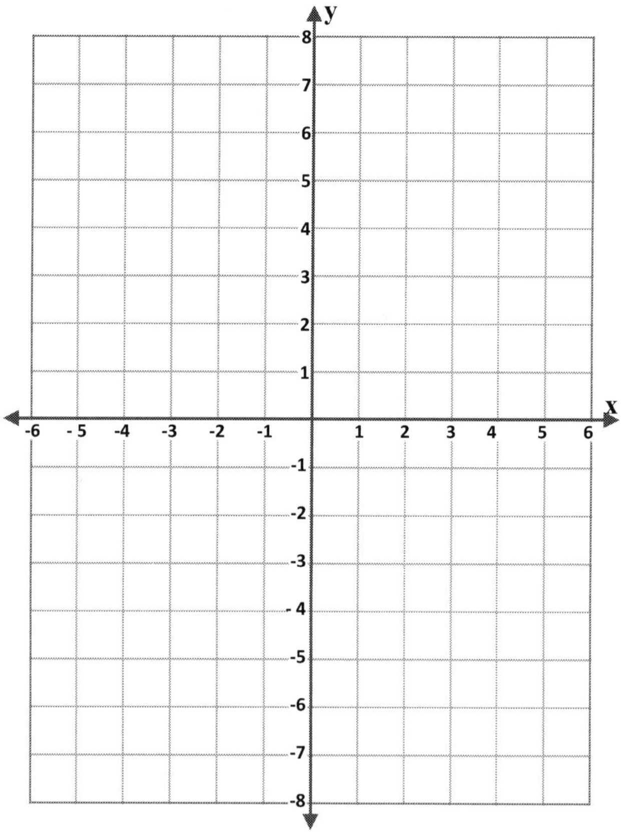
y
x
8 7 6 5 4 3 2 1 -1 -2 -3 -4 -5 -6 -7 -8
-6 -5 -4 -3 -2 -1 1 2 3 4 5 6

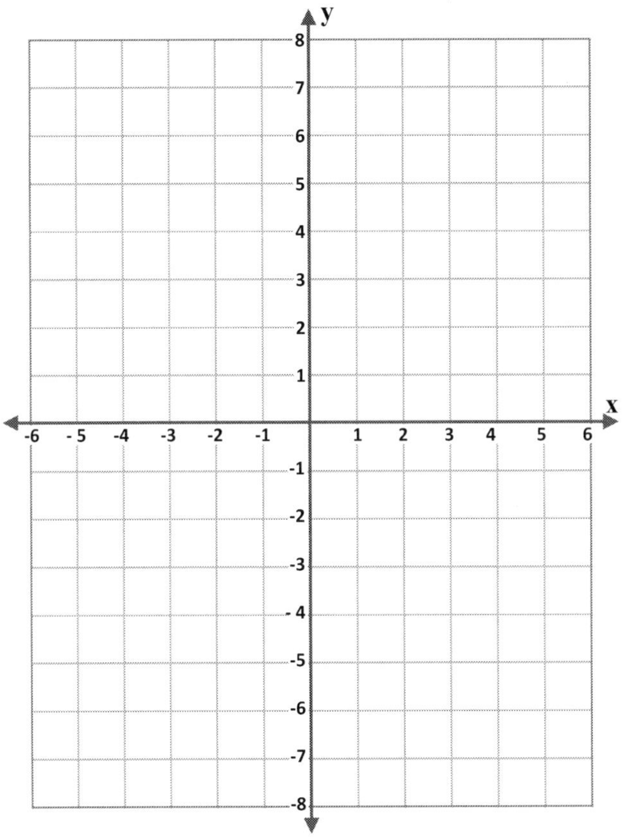
y
8
7
6
5
4
3
2
1
x
-6
- 5
-4
-3
-2
-1
1
2
3
4
5
6
-1
-2
-3
- 4
-5
-6
-7
-8

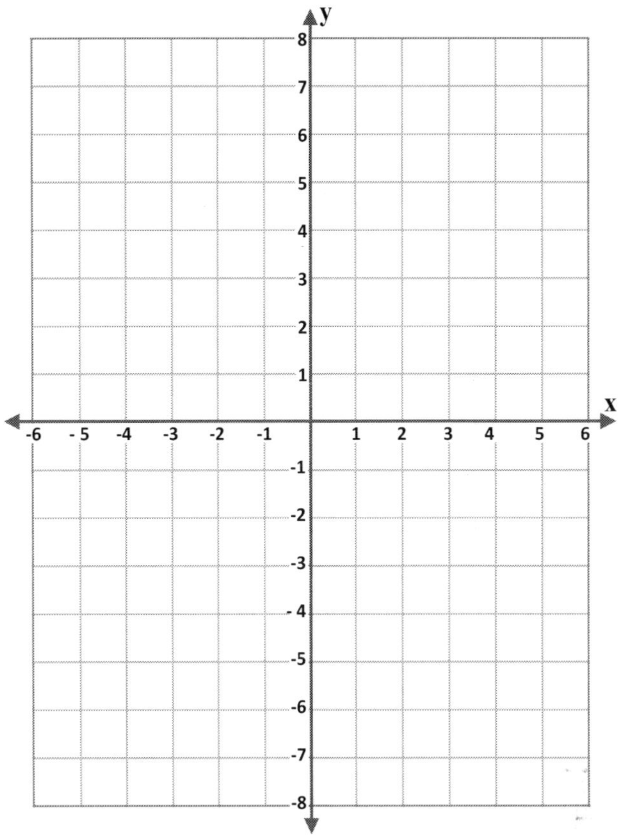
y
8
7
6
5
4
3
2
1
x
-6
- 5
-4
-3
-2
-1
1
2
3
4
5
6
-1
-2
-3
- 4
-5
-6
-7
-8

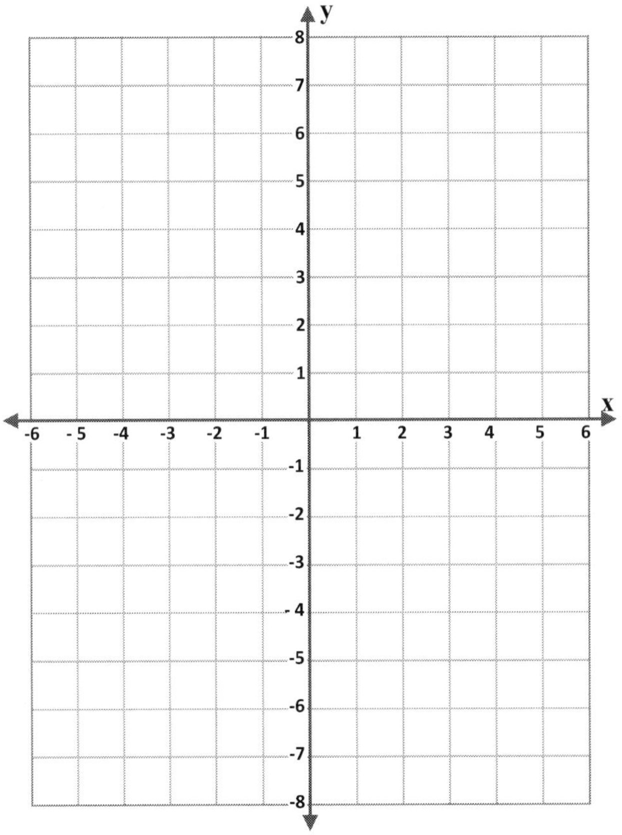
y
8
7
6
5
4
3
2
1
x
-6
- 5
-4
-3
-2
-1
1
2
3
4
5
6
-1
-2
-3
- 4
-5
-6
-7
-8

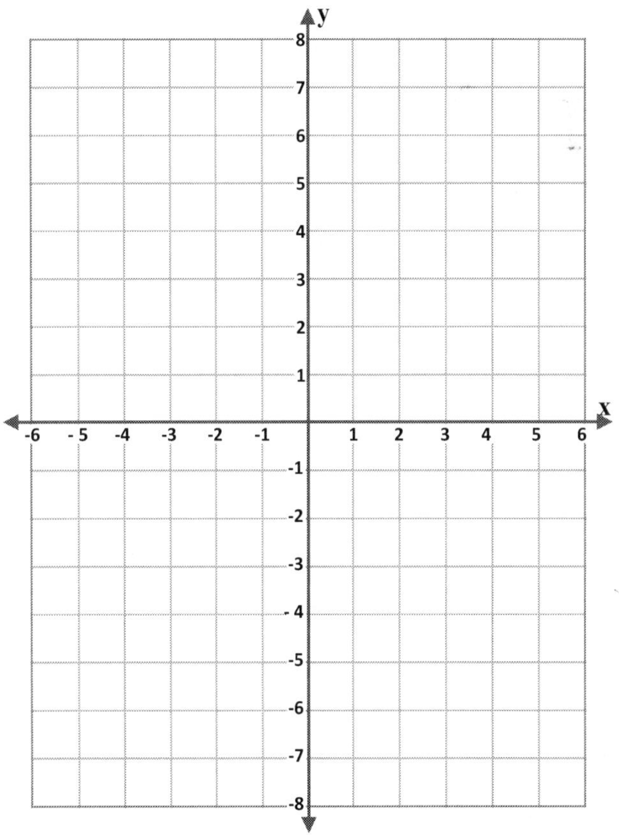
y
8
7
6
5
4
3
2
1
x
-6
- 5
-4
-3
-2
-1
1
2
3
4
5
6
-1
-2
-3
- 4
-5
-6
-7
-8

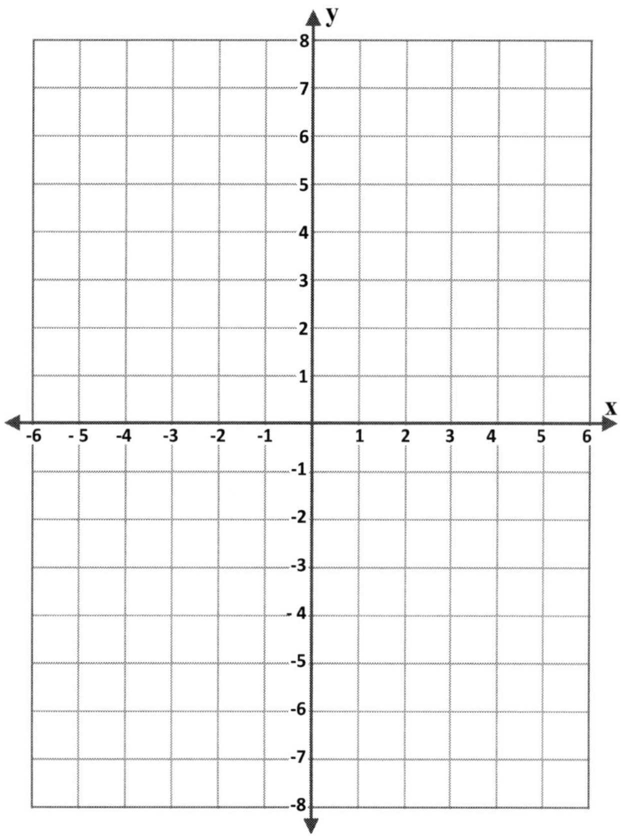
y
x
8 7 6 5 4 3 2 1 -1 -2 -3 -4 -5 -6 -7 -8
-6 -5 -4 -3 -2 -1 1 2 3 4 5 6

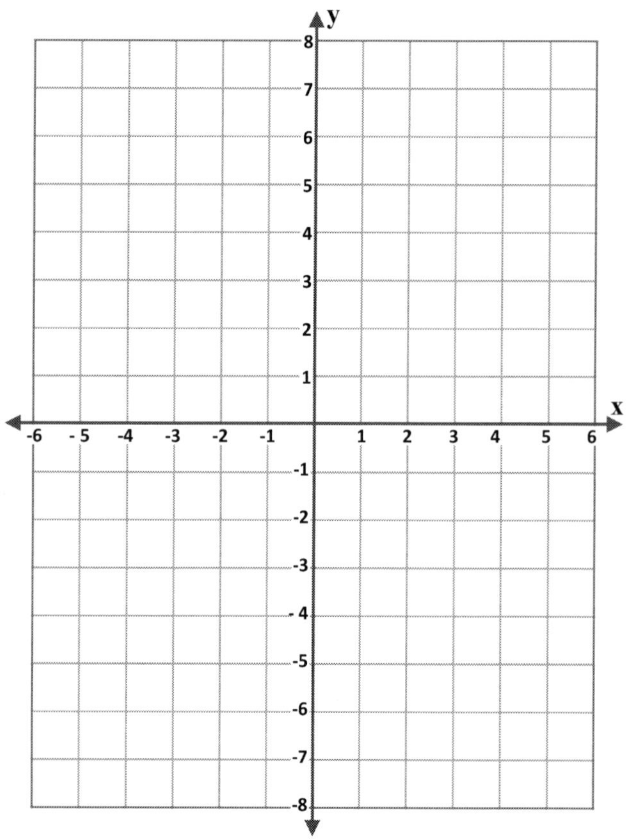
y
x
8 7 6 5 4 3 2 1 -1 -2 -3 -4 -5 -6 -7 -8
-6 -5 -4 -3 -2 -1 1 2 3 4 5 6

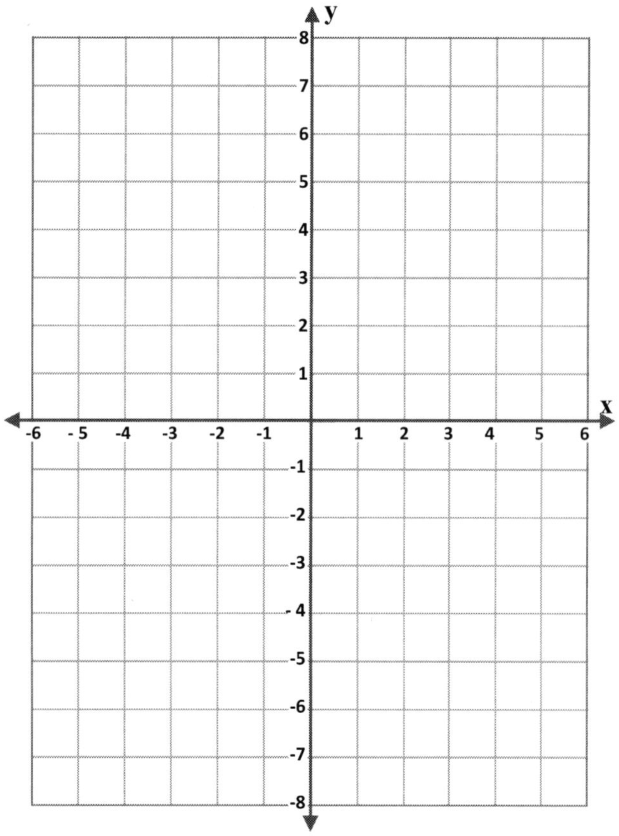
y
x
8 7 6 5 4 3 2 1 -1 -2 -3 -4 -5 -6 -7 -8
-6 -5 -4 -3 -2 -1 1 2 3 4 5 6

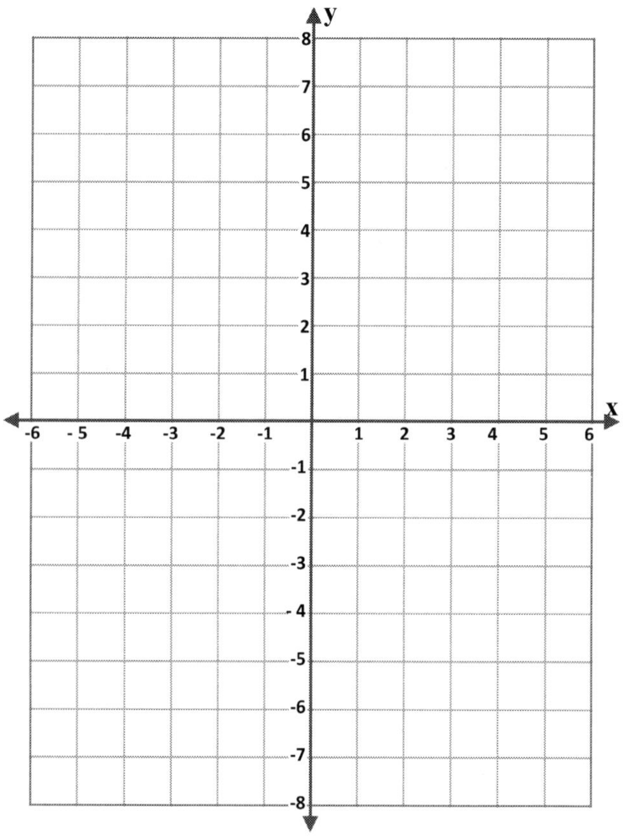
y
x
8 7 6 5 4 3 2 1 -1 -2 -3 -4 -5 -6 -7 -8
-6 -5 -4 -3 -2 -1 1 2 3 4 5 6

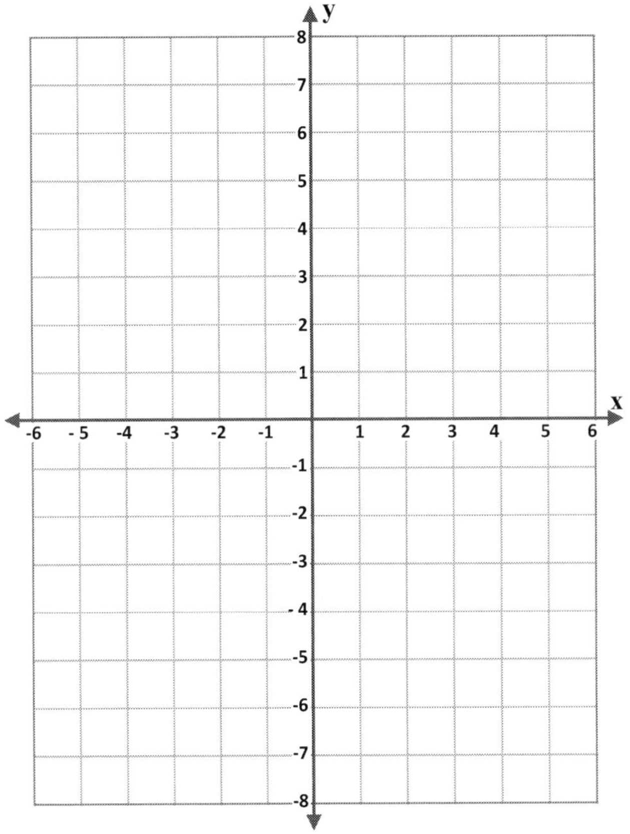
y
x
8 7 6 5 4 3 2 1 -1 -2 -3 -4 -5 -6 -7 -8
-6 -5 -4 -3 -2 -1 1 2 3 4 5 6

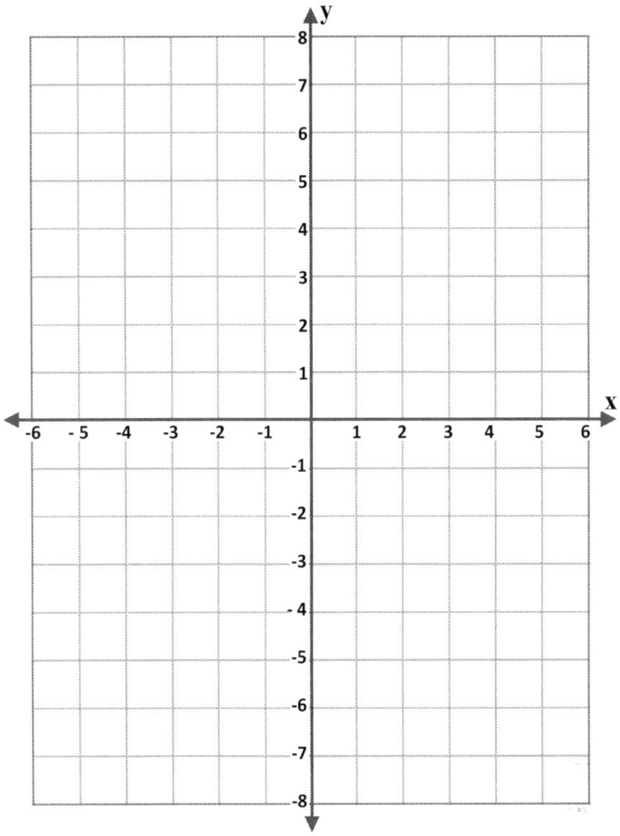
y
x
8 7 6 5 4 3 2 1 -1 -2 -3 -4 -5 -6 -7 -8
-6 -5 -4 -3 -2 -1 1 2 3 4 5 6

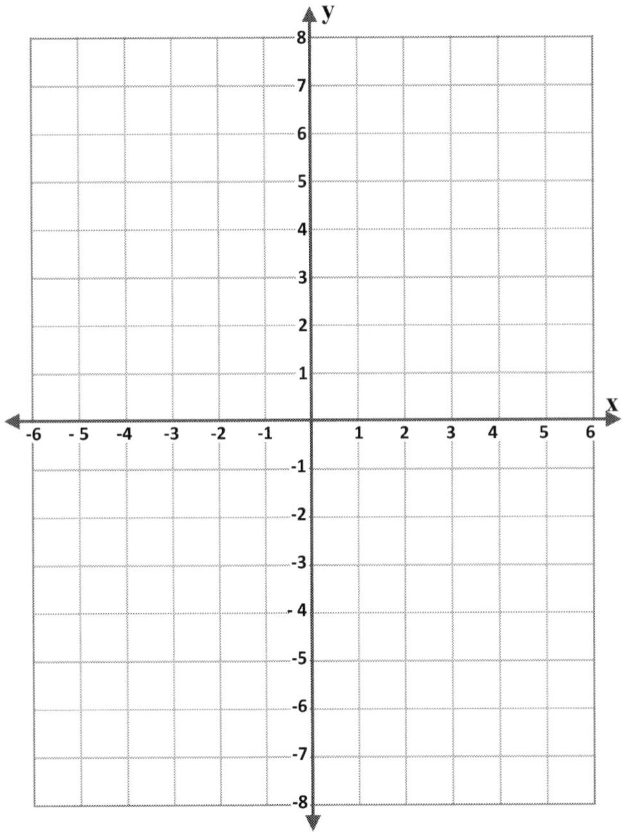
y
x
8 7 6 5 4 3 2 1 -1 -2 -3 -4 -5 -6 -7 -8
-6 -5 -4 -3 -2 -1 1 2 3 4 5 6

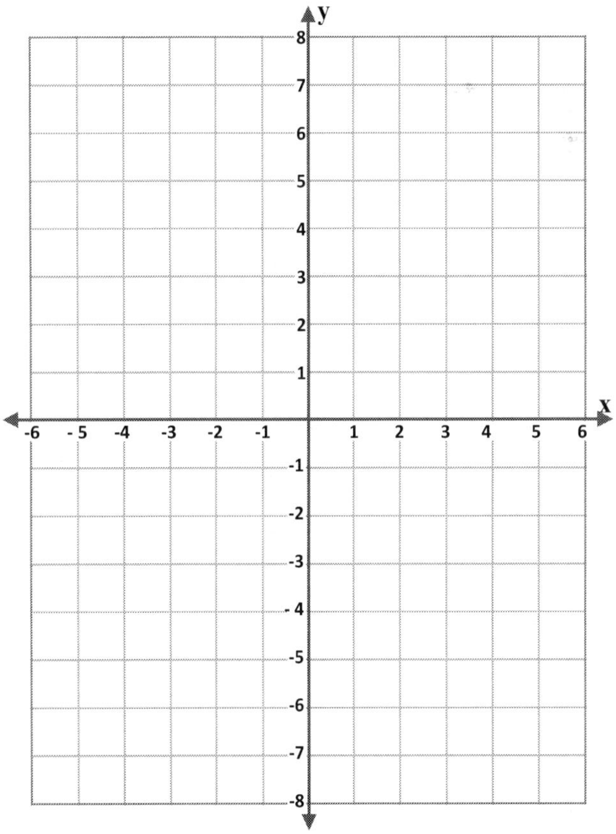
y
x
8 7 6 5 4 3 2 1 -1 -2 -3 -4 -5 -6 -7 -8
-6 -5 -4 -3 -2 -1 1 2 3 4 5 6

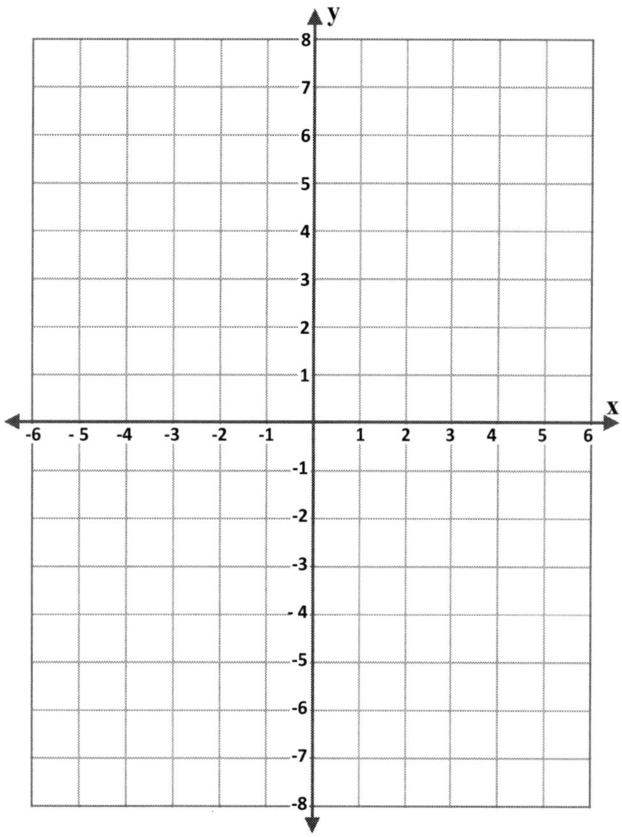
y
x
8 7 6 5 4 3 2 1 -1 -2 -3 -4 -5 -6 -7 -8
-6 -5 -4 -3 -2 -1 1 2 3 4 5 6
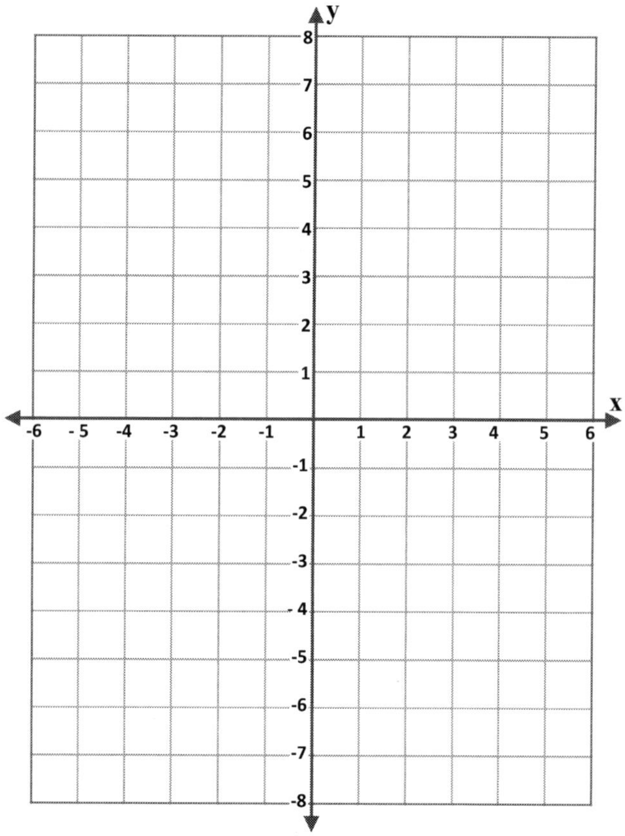
y
x
8 7 6 5 4 3 2 1 -1 -2 -3 -4 -5 -6 -7 -8
-6 -5 -4 -3 -2 -1 1 2 3 4 5 6
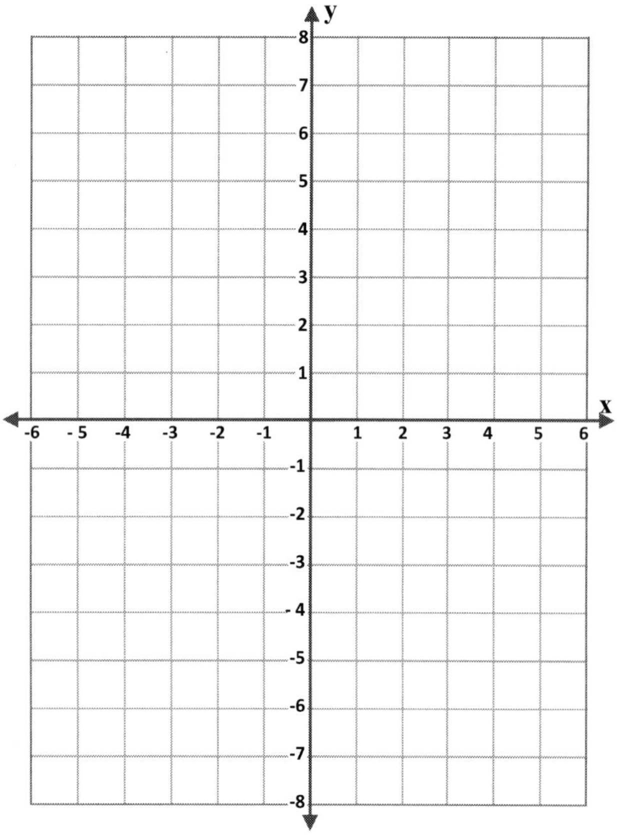
y
x
8 7 6 5 4 3 2 1 -1 -2 -3 -4 -5 -6 -7 -8
-6 -5 -4 -3 -2 -1 1 2 3 4 5 6
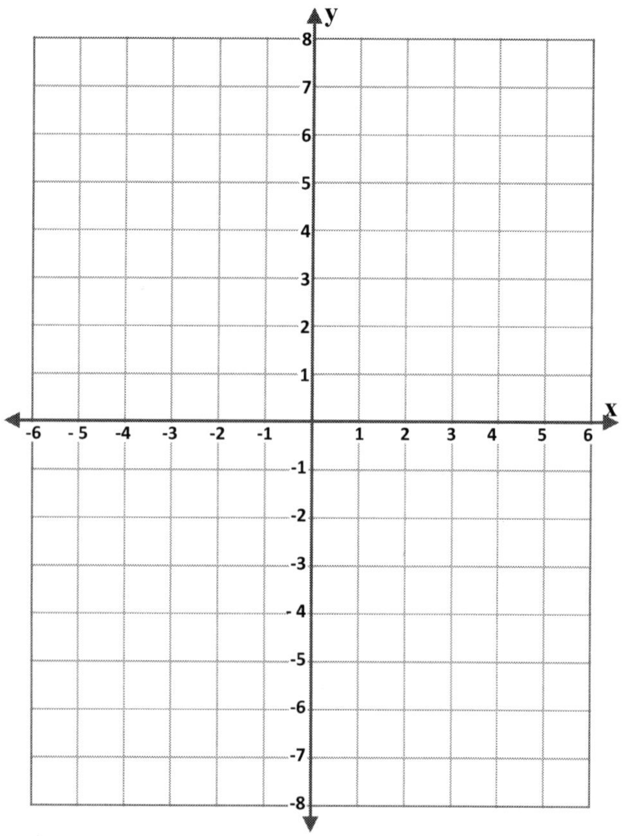
y
x
8 7 6 5 4 3 2 1 -1 -2 -3 -4 -5 -6 -7 -8
-6 -5 -4 -3 -2 -1 1 2 3 4 5 6

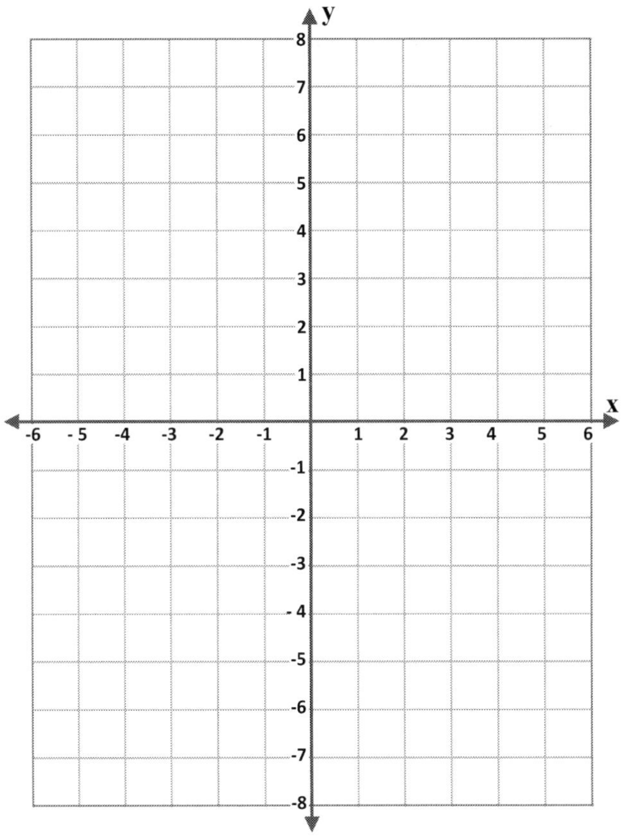
y
x
8 7 6 5 4 3 2 1 -1 -2 -3 -4 -5 -6 -7 -8
-6 -5 -4 -3 -2 -1 1 2 3 4 5 6

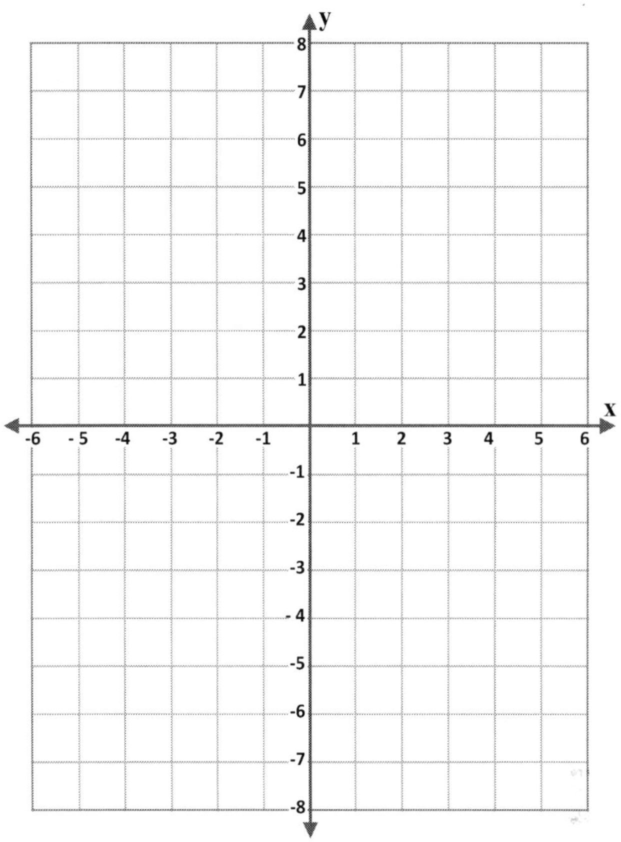
y
x
8 7 6 5 4 3 2 1 -1 -2 -3 -4 -5 -6 -7 -8
-6 -5 -4 -3 -2 -1 1 2 3 4 5 6

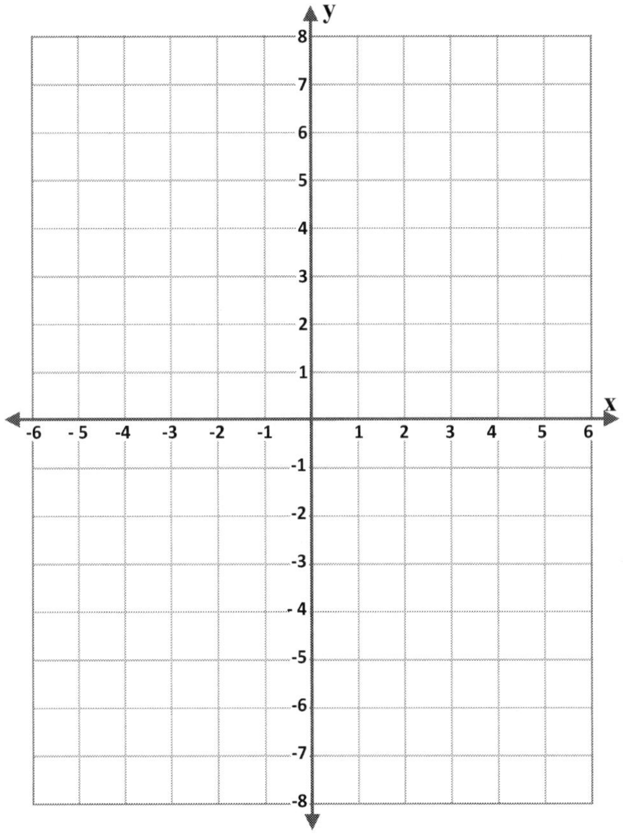
y
x
8 7 6 5 4 3 2 1 -1 -2 -3 -4 -5 -6 -7 -8
-6 -5 -4 -3 -2 -1 1 2 3 4 5 6

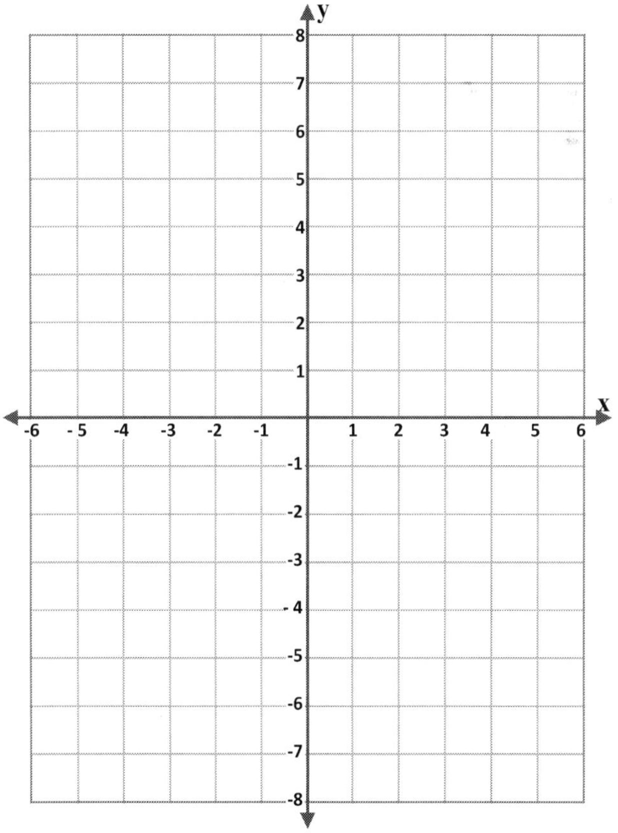
y
x
8 7 6 5 4 3 2 1 -1 -2 -3 -4 -5 -6 -7 -8
-6 -5 -4 -3 -2 -1 1 2 3 4 5 6

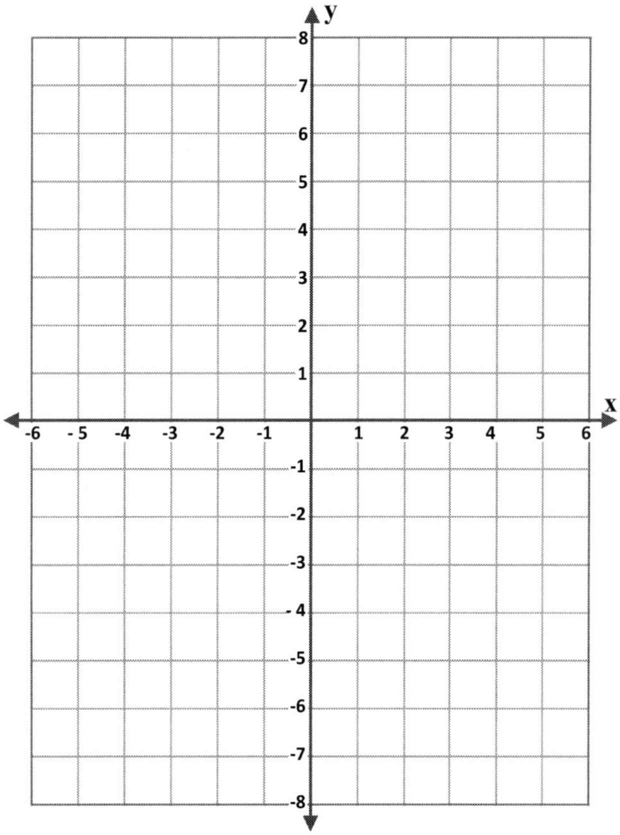
y
x
8 7 6 5 4 3 2 1 -1 -2 -3 -4 -5 -6 -7 -8
-6 - 5 -4 -3 -2 -1 1 2 3 4 5 6
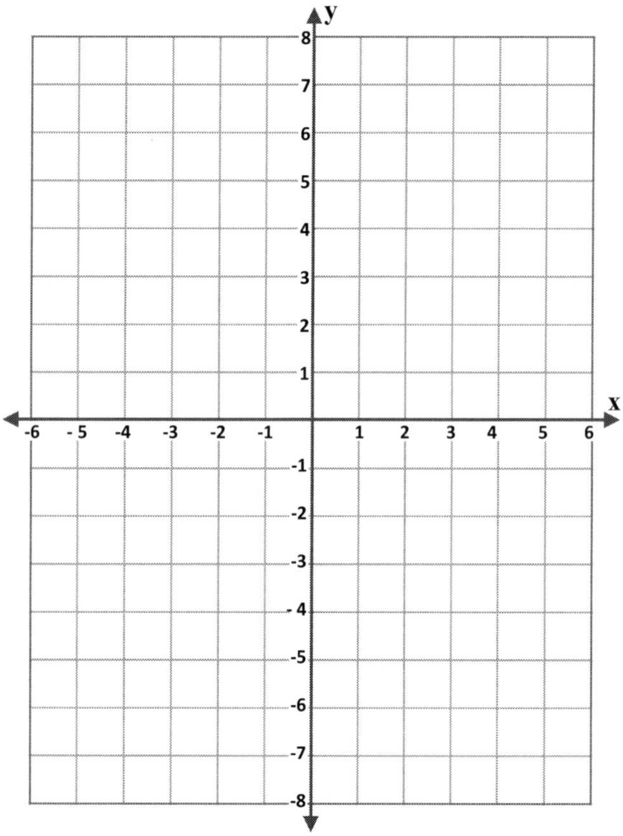
y
x
8 7 6 5 4 3 2 1 -1 -2 -3 - 4 -5 -6 -7 -8
-6 - 5 -4 -3 -2 -1 1 2 3 4 5 6
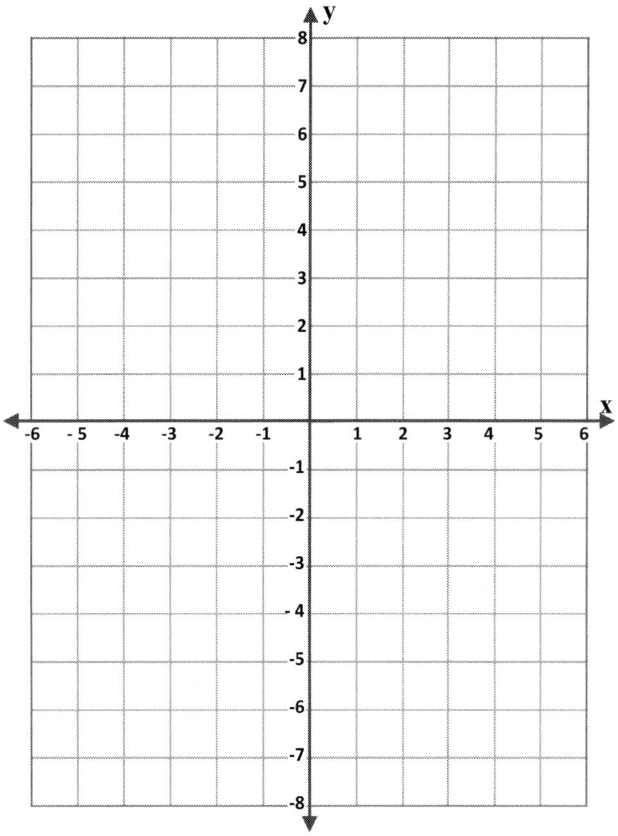
y
x
8 7 6 5 4 3 2 1 -1 -2 -3 - 4 -5 -6 -7 -8
-6 - 5 -4 -3 -2 -1 1 2 3 4 5 6
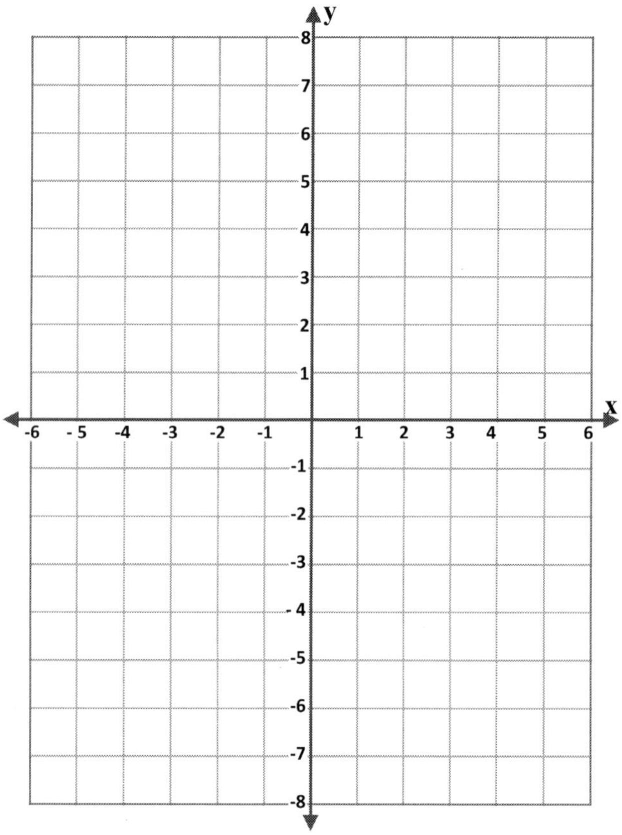
y
x
8 7 6 5 4 3 2 1 -1 -2 -3 - 4 -5 -6 -7 -8
-6 - 5 -4 -3 -2 -1 1 2 3 4 5 6

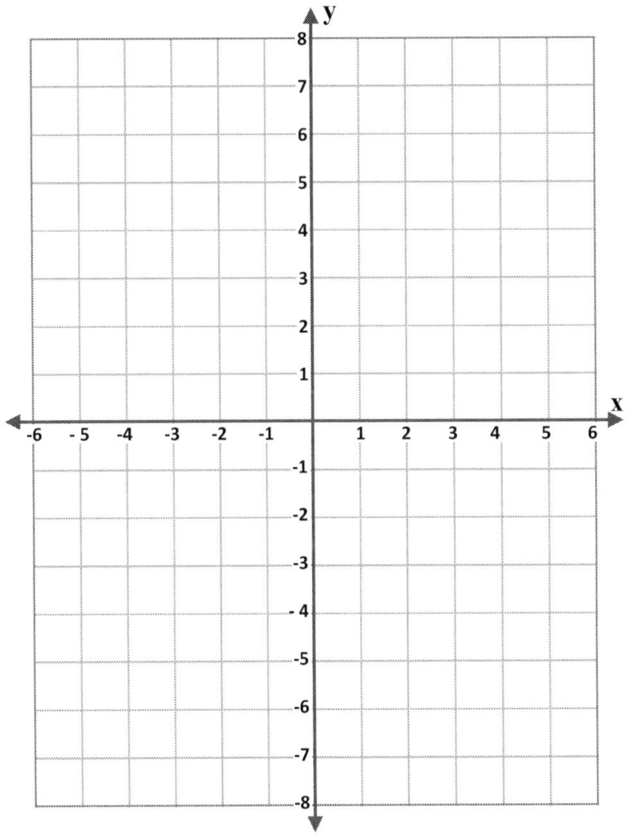
y
x
8 7 6 5 4 3 2 1 -1 -2 -3 -4 -5 -6 -7 -8
-6 -5 -4 -3 -2 -1 1 2 3 4 5 6

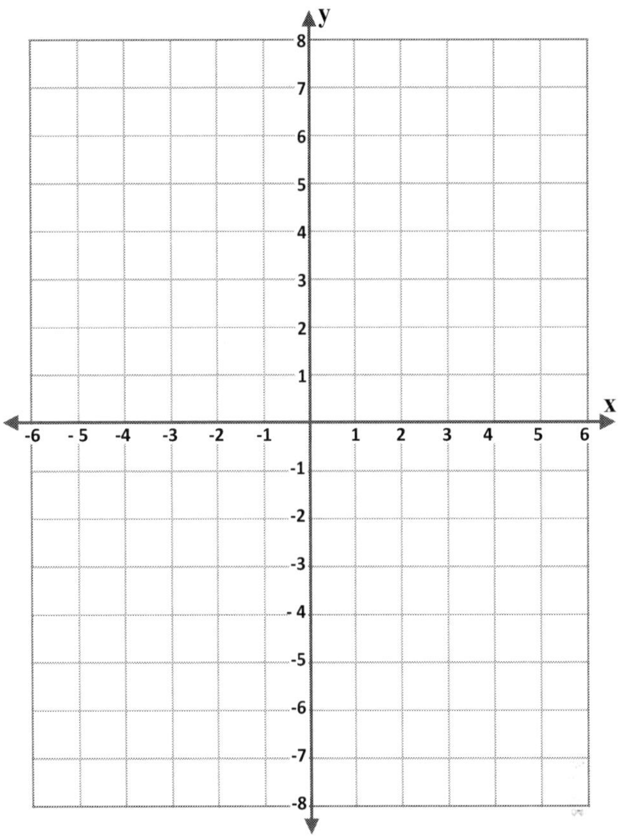
y
x
8 7 6 5 4 3 2 1 -1 -2 -3 -4 -5 -6 -7 -8
-6 -5 -4 -3 -2 -1 1 2 3 4 5 6

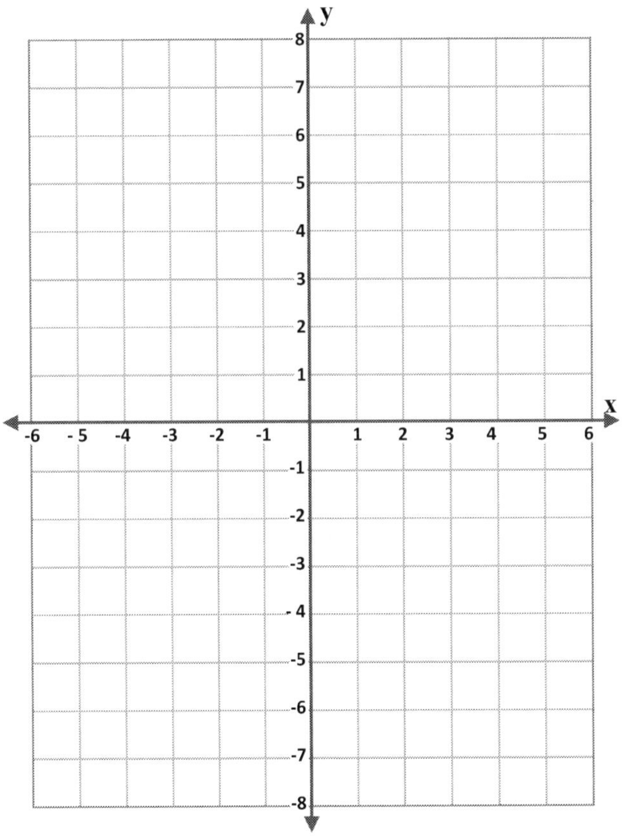
y
x
8 7 6 5 4 3 2 1 -1 -2 -3 -4 -5 -6 -7 -8
-6 -5 -4 -3 -2 -1 1 2 3 4 5 6

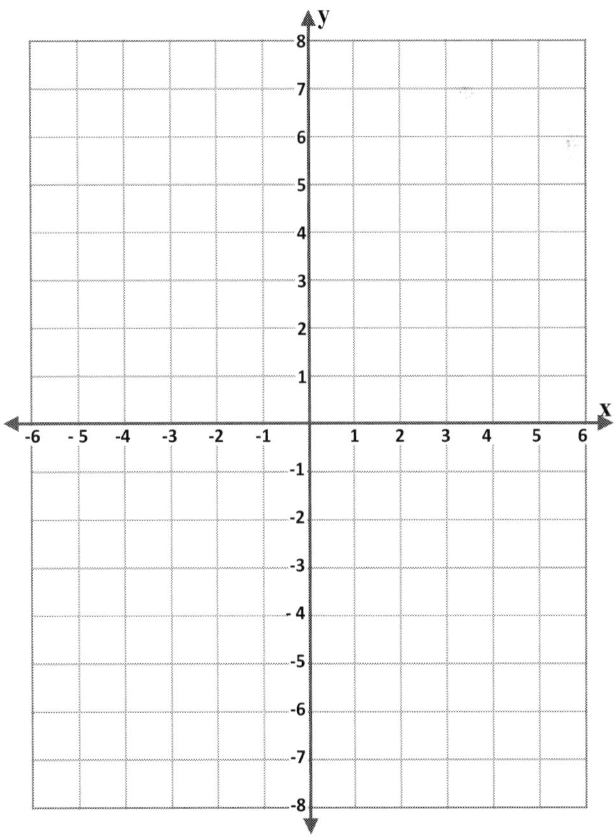
y
x
8 7 6 5 4 3 2 1 -1 -2 -3 -4 -5 -6 -7 -8
-6 -5 -4 -3 -2 -1 1 2 3 4 5 6

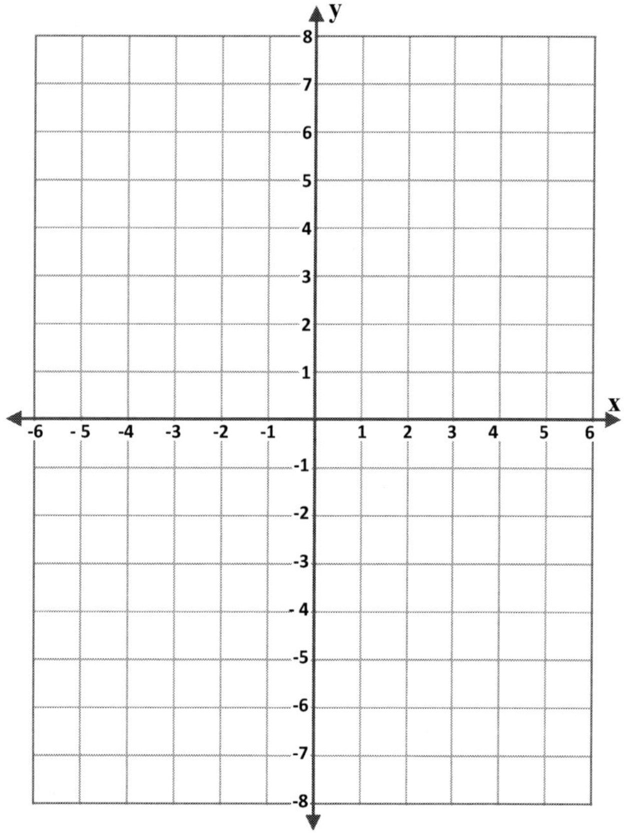
y
x
8 7 6 5 4 3 2 1 -1 -2 -3 -4 -5 -6 -7 -8
-6 - 5 -4 -3 -2 -1 1 2 3 4 5 6
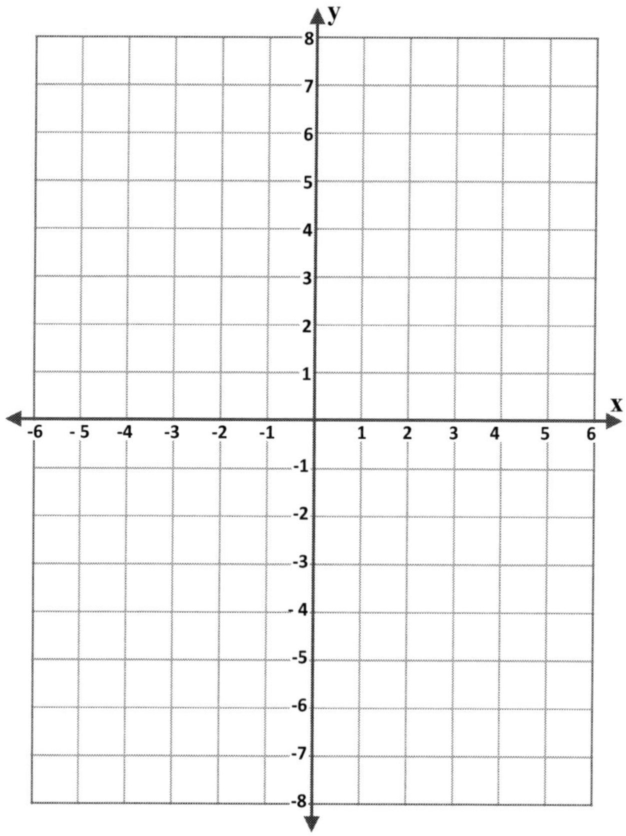
y
x
8 7 6 5 4 3 2 1 -1 -2 -3 - 4 -5 -6 -7 -8
-6 - 5 -4 -3 -2 -1 1 2 3 4 5 6
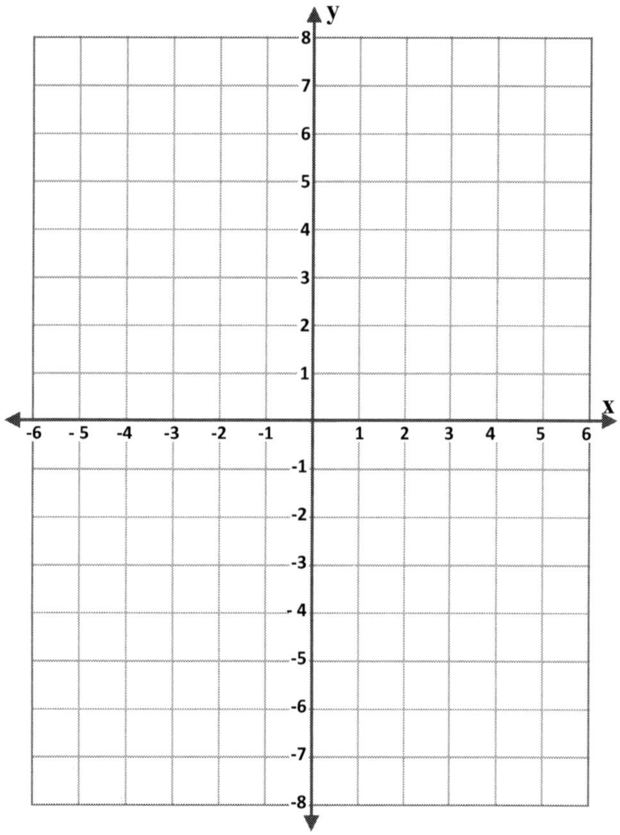
y
x
8 7 6 5 4 3 2 1 -1 -2 -3 - 4 -5 -6 -7 -8
-6 - 5 -4 -3 -2 -1 1 2 3 4 5 6
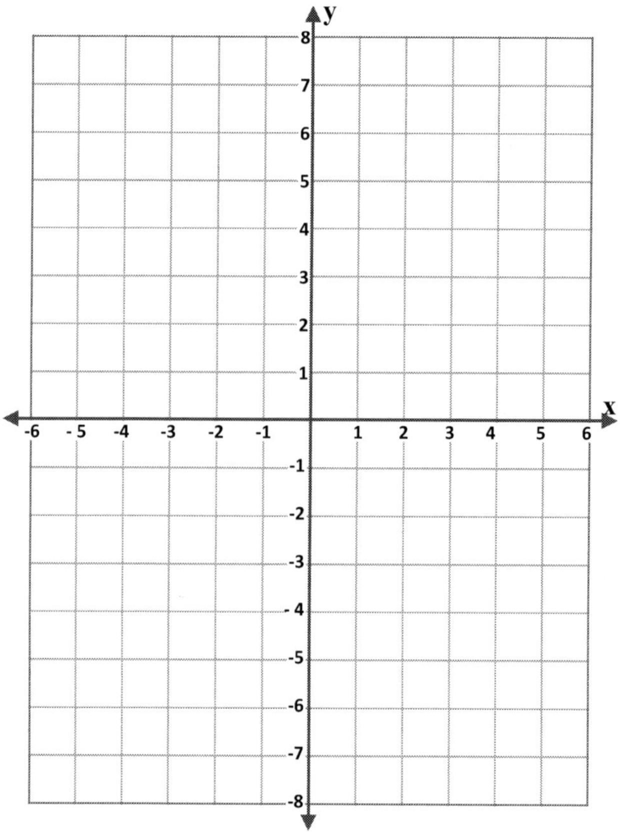
y
x
8 7 6 5 4 3 2 1 -1 -2 -3 - 4 -5 -6 -7 -8
-6 - 5 -4 -3 -2 -1 1 2 3 4 5 6

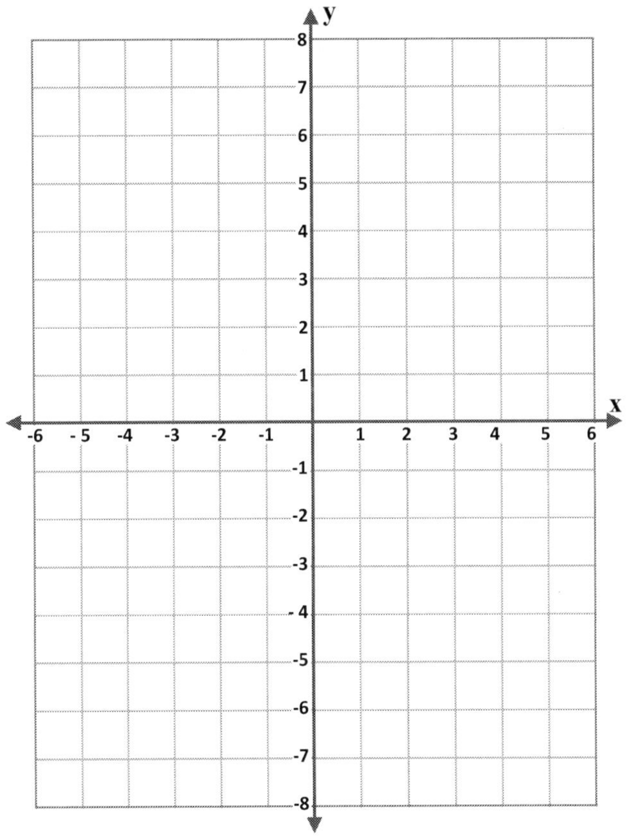
y
x
8 7 6 5 4 3 2 1 -1 -2 -3 -4 -5 -6 -7 -8
-6 -5 -4 -3 -2 -1 1 2 3 4 5 6

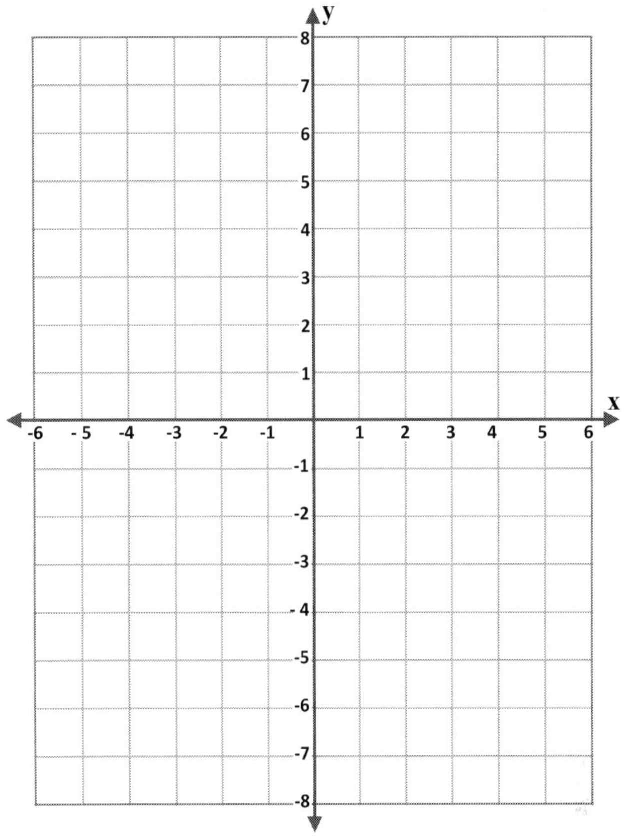
y
x
8 7 6 5 4 3 2 1 -1 -2 -3 -4 -5 -6 -7 -8
-6 -5 -4 -3 -2 -1 1 2 3 4 5 6

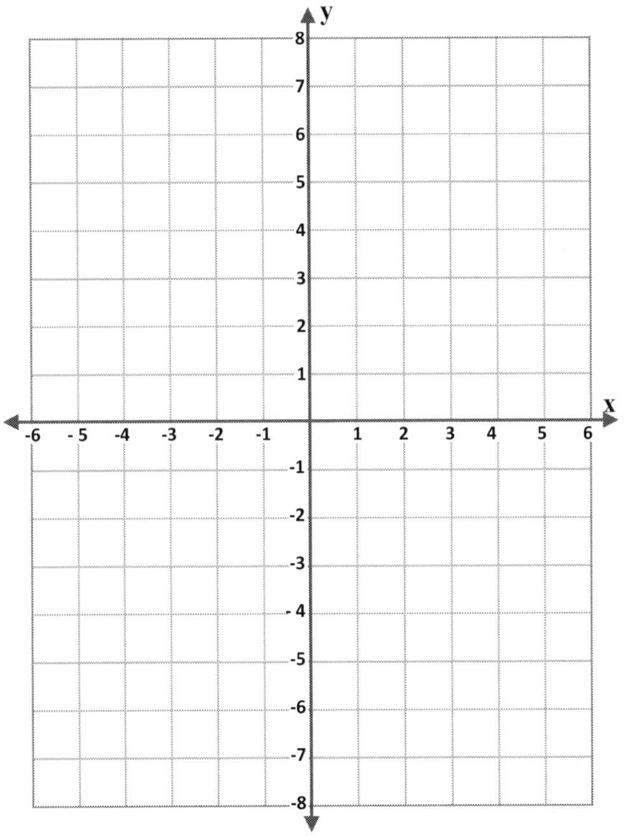
y
x
8 7 6 5 4 3 2 1 -1 -2 -3 -4 -5 -6 -7 -8
-6 -5 -4 -3 -2 -1 1 2 3 4 5 6

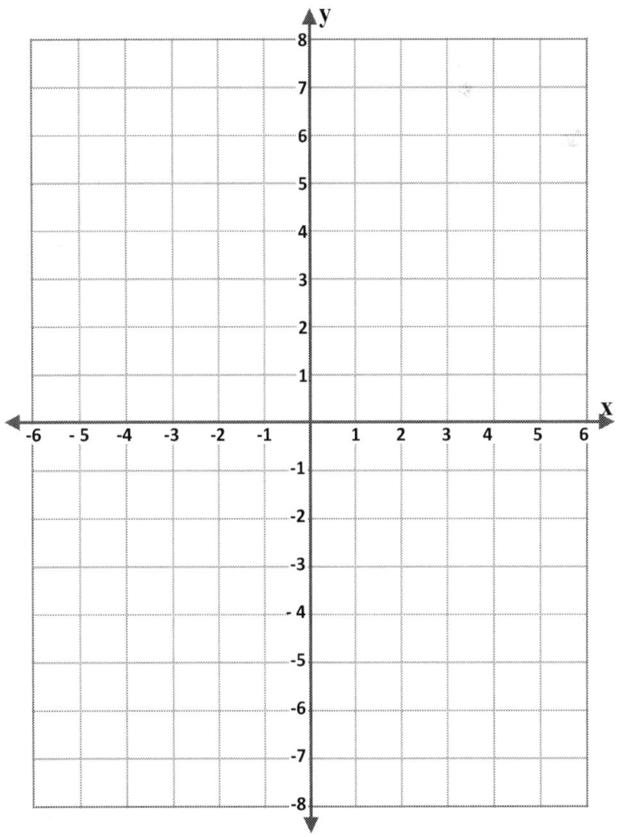
y
x
8 7 6 5 4 3 2 1 -1 -2 -3 -4 -5 -6 -7 -8
-6 -5 -4 -3 -2 -1 1 2 3 4 5 6

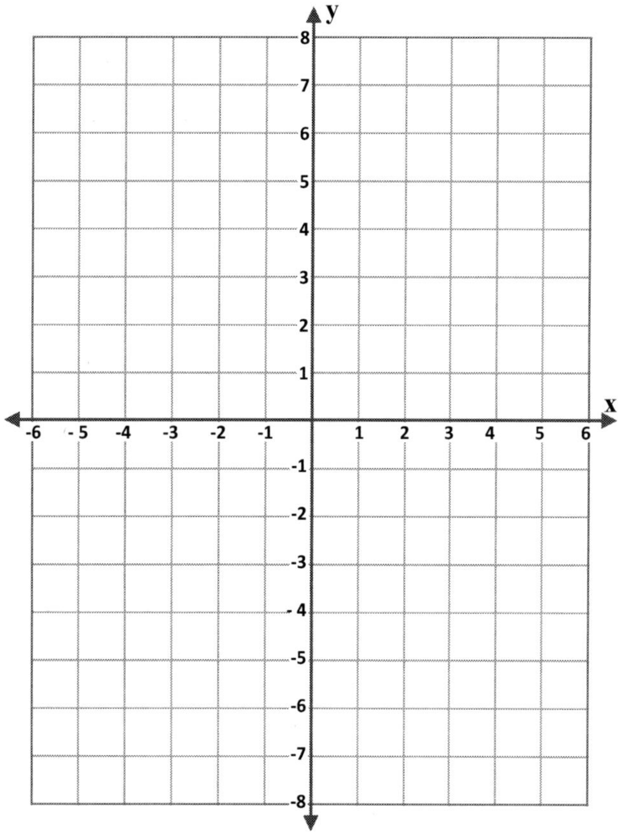
y
8 7 6 5 4 3 2 1 -1 -2 -3 -4 -5 -6 -7 -8
x
-6 -5 -4 -3 -2 -1 1 2 3 4 5 6
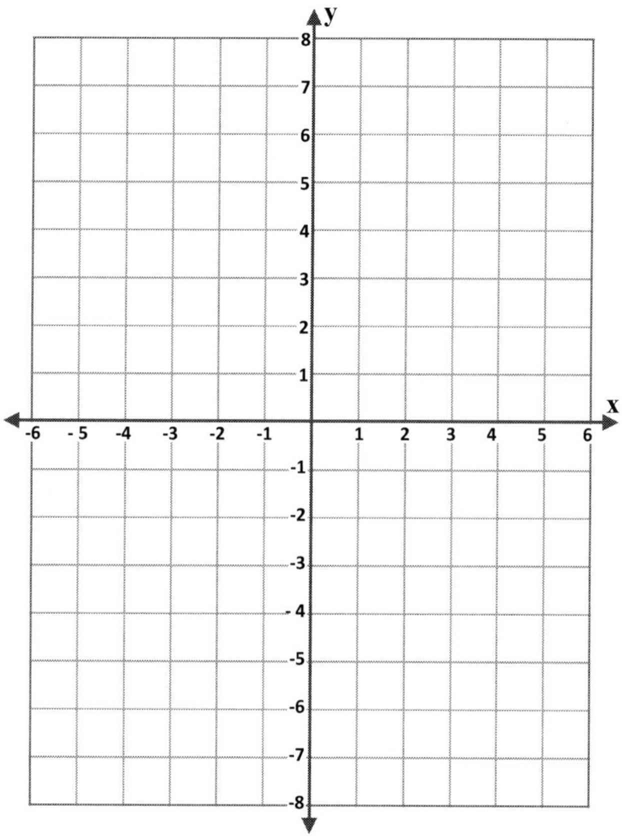
y
8 7 6 5 4 3 2 1 -1 -2 -3 -4 -5 -6 -7 -8
x
-6 -5 -4 -3 -2 -1 1 2 3 4 5 6
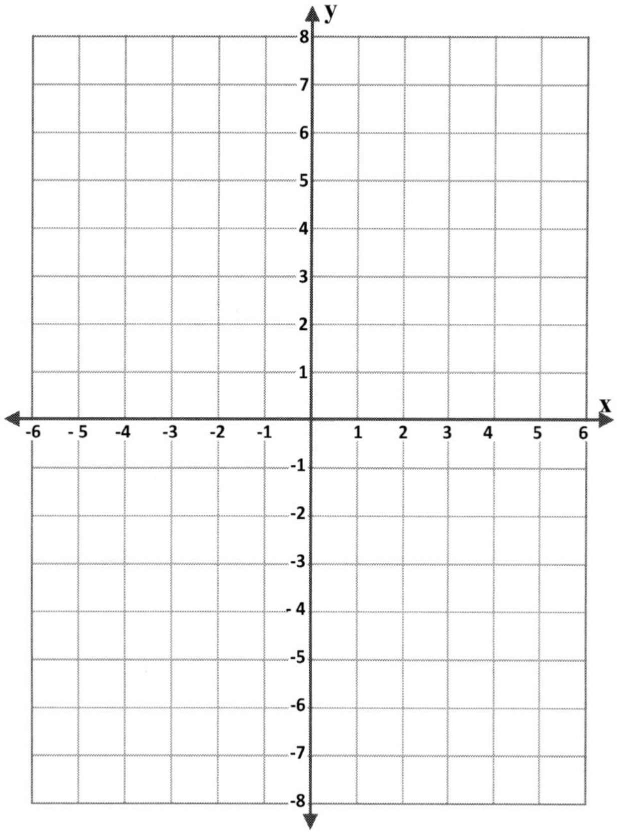
y
8 7 6 5 4 3 2 1 -1 -2 -3 -4 -5 -6 -7 -8
x
-6 -5 -4 -3 -2 -1 1 2 3 4 5 6
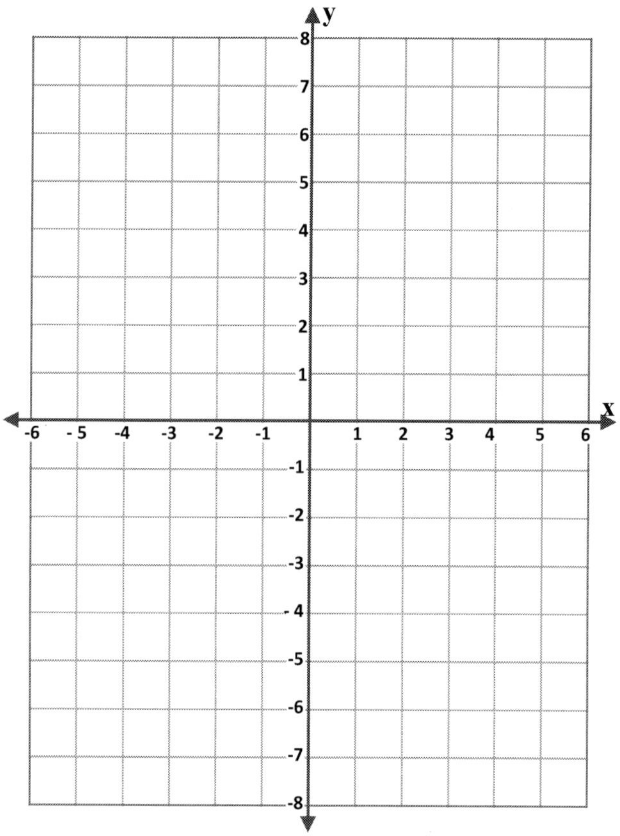
y
8 7 6 5 4 3 2 1 -1 -2 -3 -4 -5 -6 -7 -8
x
-6 -5 -4 -3 -2 -1 1 2 3 4 5 6

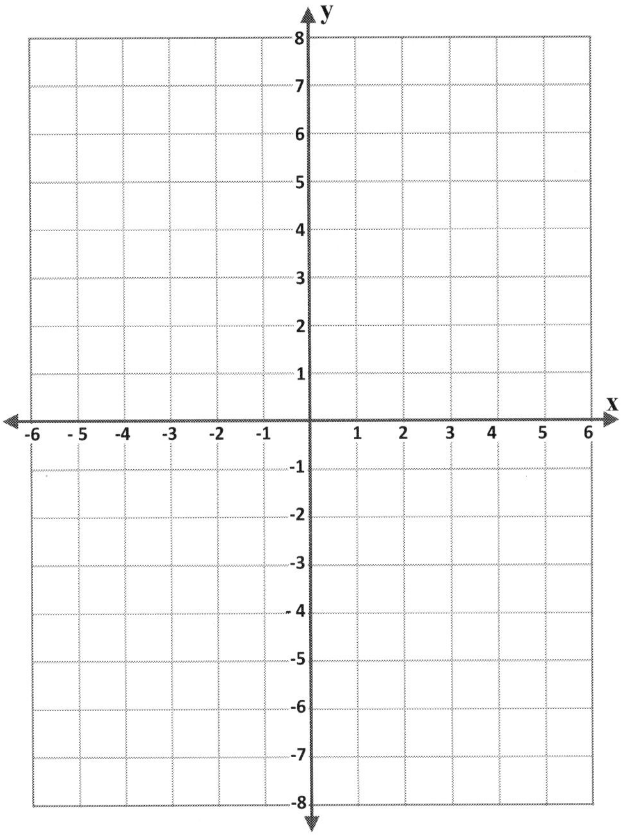
y
x
8
7
6
5
4
3
2
1
-1
-2
-3
- 4
-5
-6
-7
-8
-6
- 5
-4
-3
-2
-1
1
2
3
4
5
6

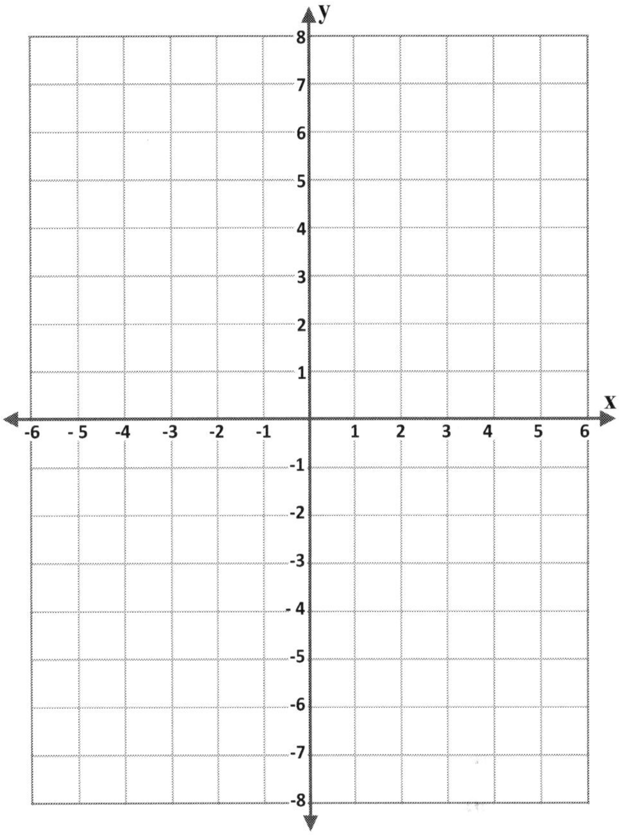
y
x
8
7
6
5
4
3
2
1
-1
-2
-3
- 4
-5
-6
-7
-8
-6
- 5
-4
-3
-2
-1
1
2
3
4
5
6

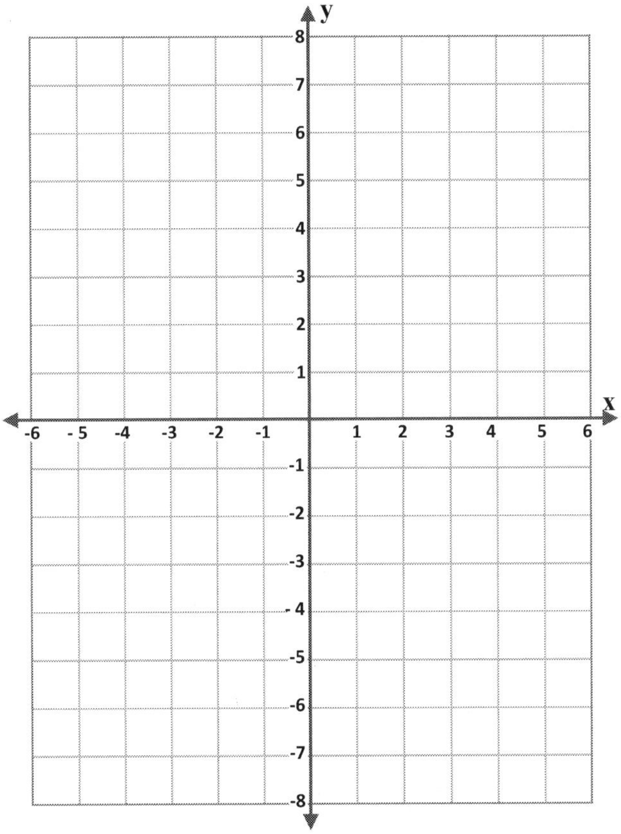
y
x
8
7
6
5
4
3
2
1
-1
-2
-3
- 4
-5
-6
-7
-8
-6
- 5
-4
-3
-2
-1
1
2
3
4
5
6

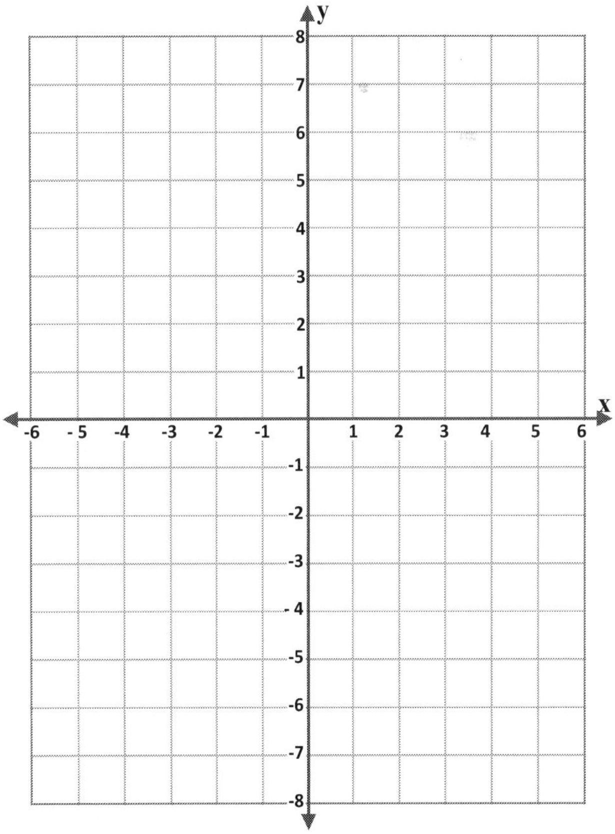
y
x
8
7
6
5
4
3
2
1
-1
-2
-3
- 4
-5
-6
-7
-8
-6
- 5
-4
-3
-2
-1
1
2
3
4
5
6

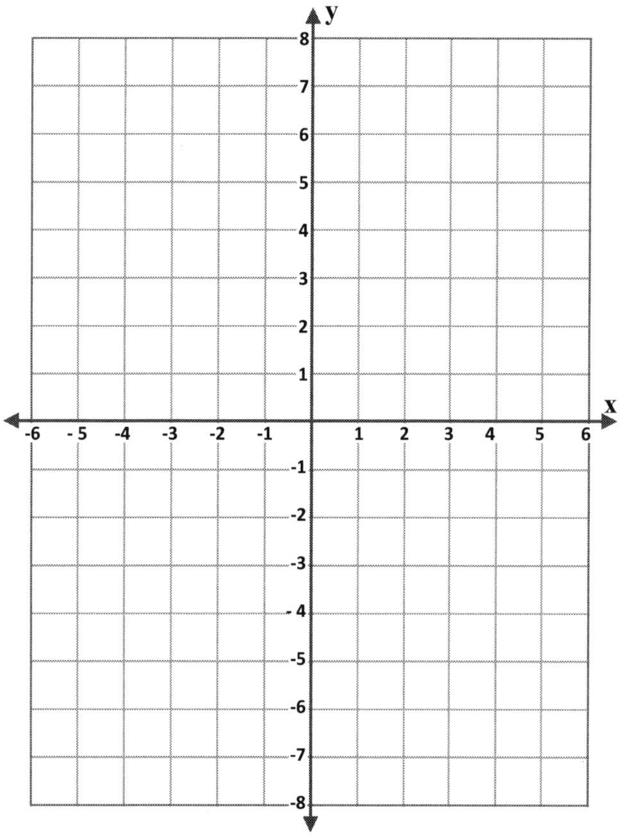
y
x
8
7
6
5
4
3
2
1
-1
-2
-3
-4
-5
-6
-7
-8
-6
-5
-4
-3
-2
-1
1
2
3
4
5
6
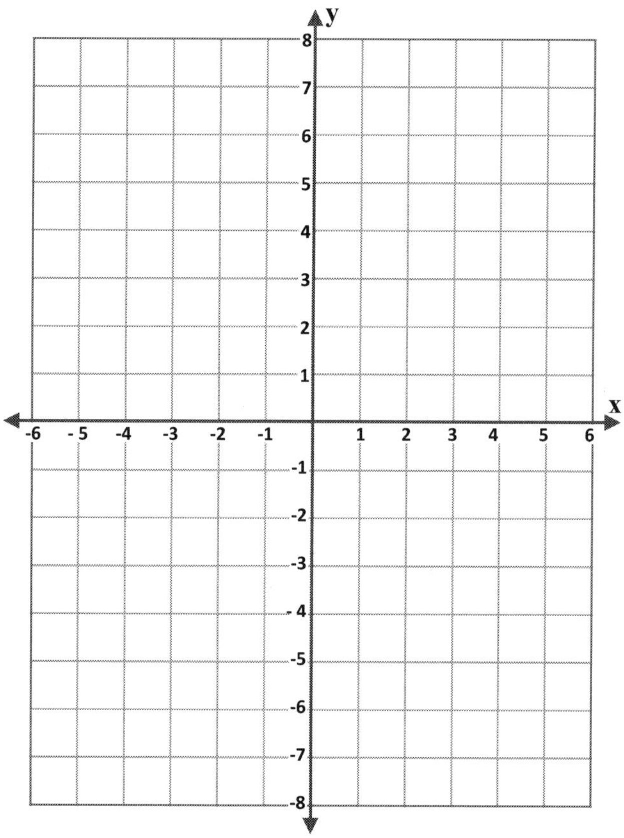
y
x
8
7
6
5
4
3
2
1
-1
-2
-3
-4
-5
-6
-7
-8
-6
-5
-4
-3
-2
-1
1
2
3
4
5
6
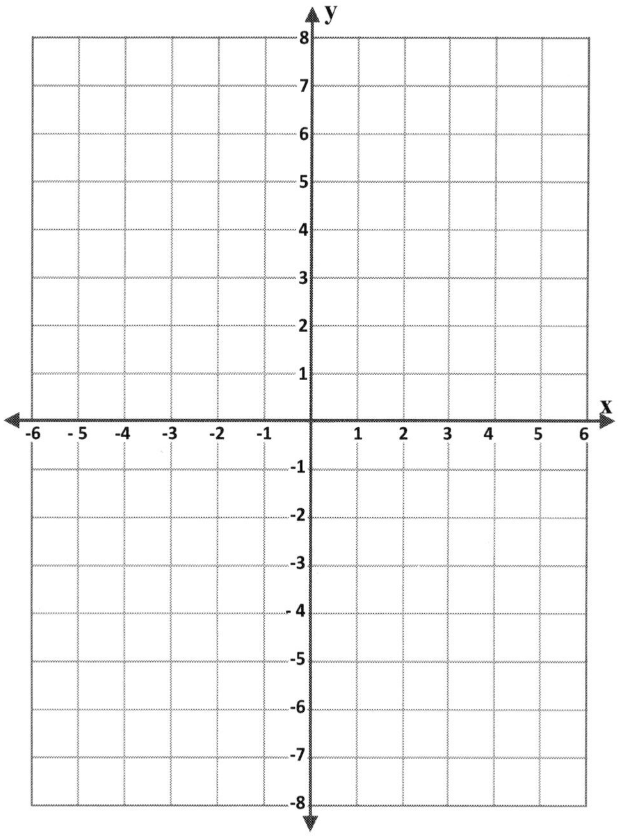
y
x
8
7
6
5
4
3
2
1
-1
-2
-3
-4
-5
-6
-7
-8
-6
-5
-4
-3
-2
-1
1
2
3
4
5
6
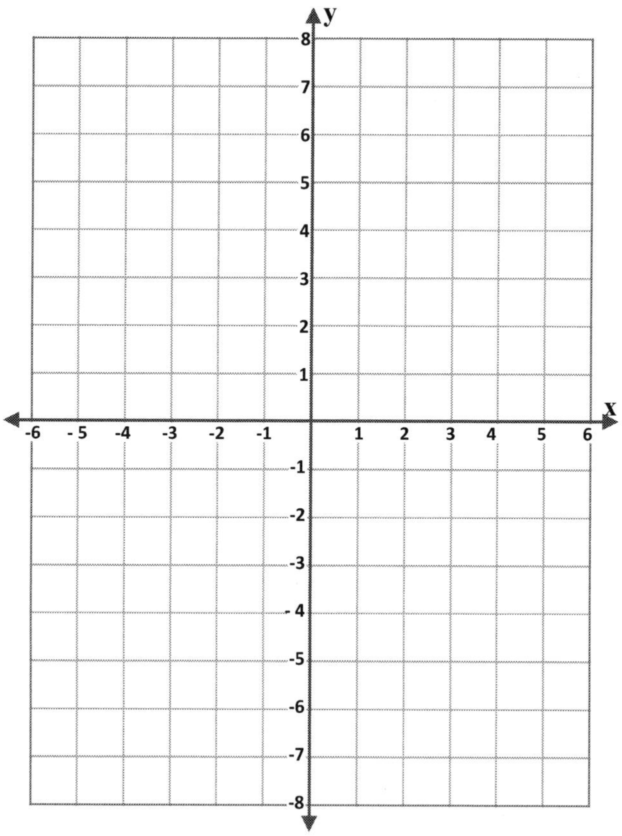
y
x
8
7
6
5
4
3
2
1
-1
-2
-3
-4
-5
-6
-7
-8
-6
-5
-4
-3
-2
-1
1
2
3
4
5
6

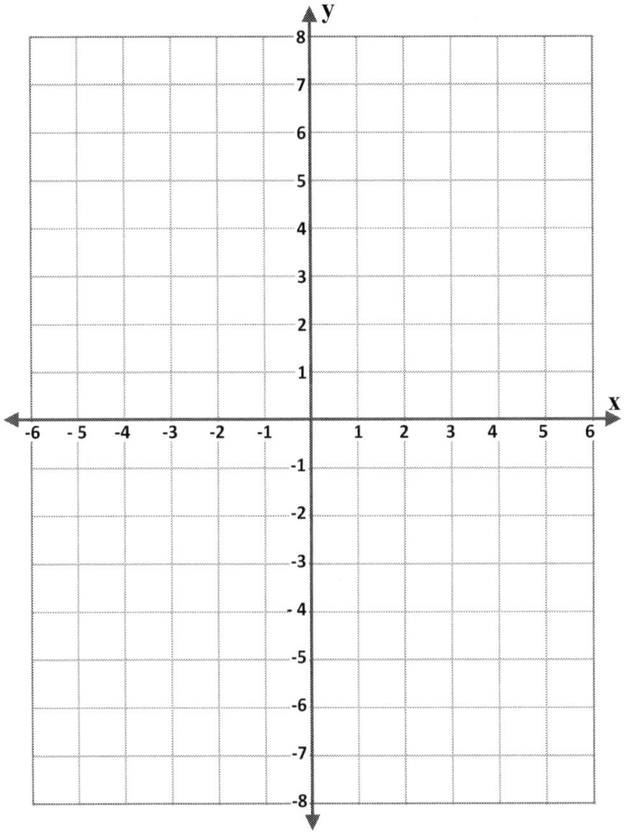
y
8 7 6 5 4 3 2 1 -1 -2 -3 -4 -5 -6 -7 -8
x
-6 -5 -4 -3 -2 -1 1 2 3 4 5 6

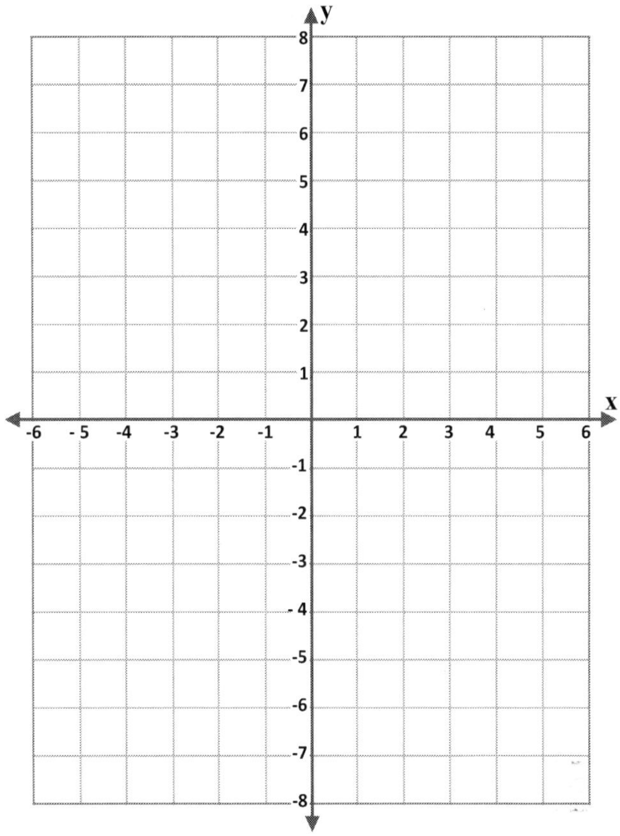
y
8 7 6 5 4 3 2 1 -1 -2 -3 -4 -5 -6 -7 -8
x
-6 -5 -4 -3 -2 -1 1 2 3 4 5 6

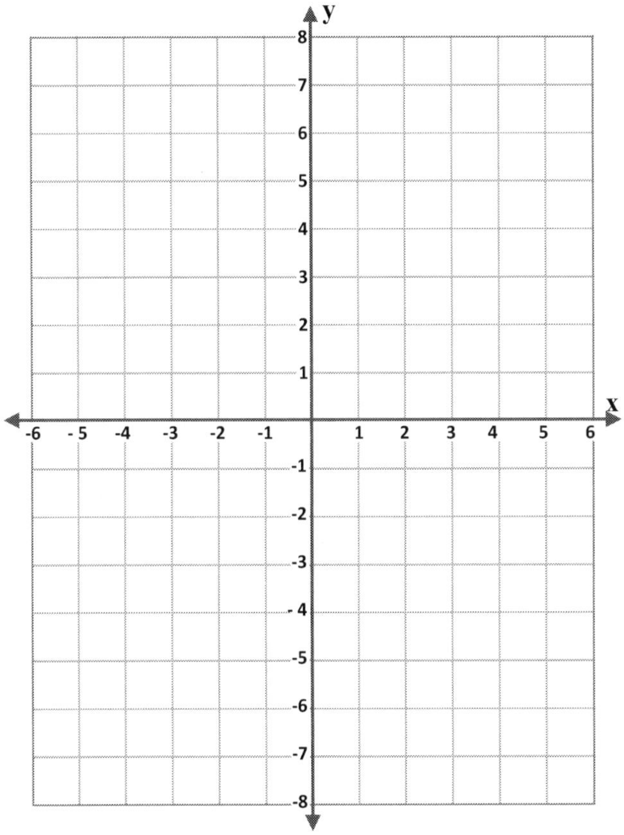
y
8 7 6 5 4 3 2 1 -1 -2 -3 -4 -5 -6 -7 -8
x
-6 -5 -4 -3 -2 -1 1 2 3 4 5 6

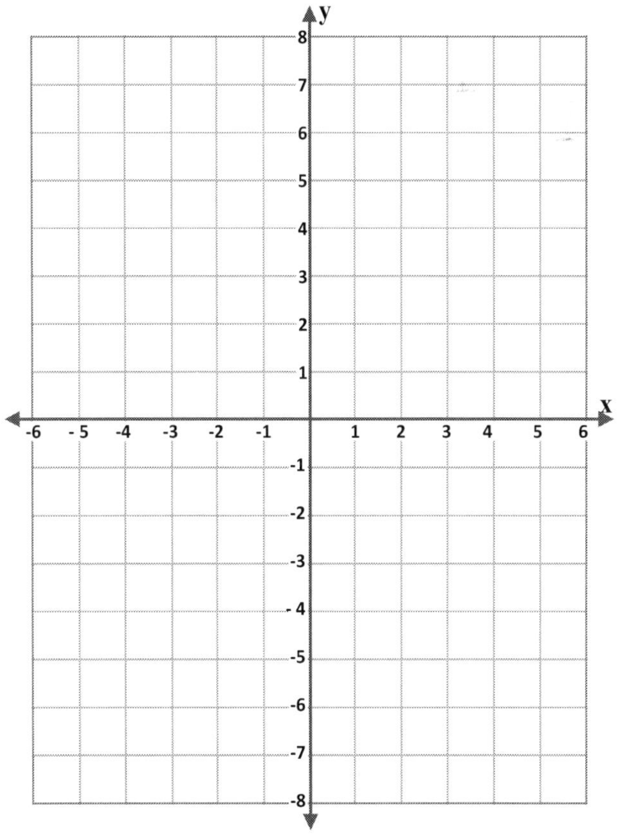
y
8 7 6 5 4 3 2 1 -1 -2 -3 -4 -5 -6 -7 -8
x
-6 -5 -4 -3 -2 -1 1 2 3 4 5 6

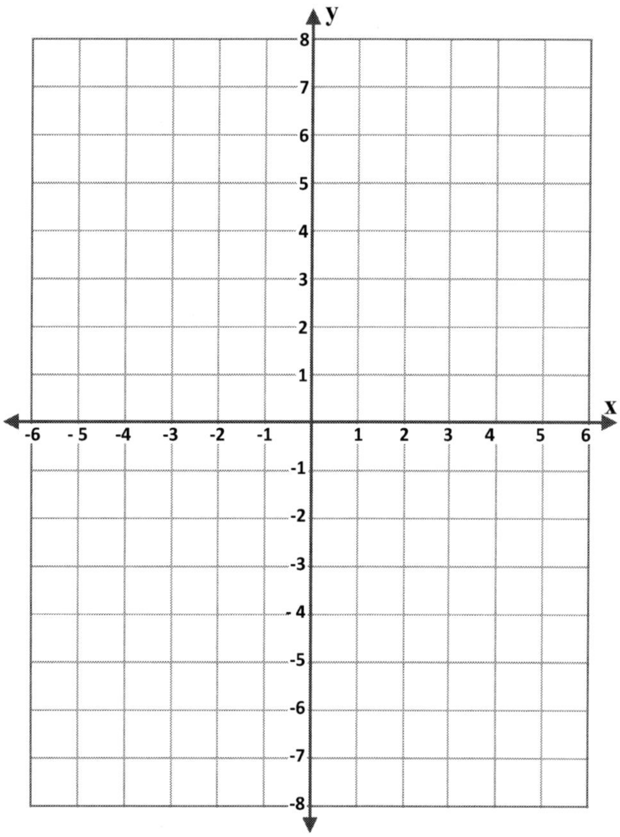
y
8
7
6
5
4
3
2
1
x
-6
- 5
-4
-3
-2
-1
1
2
3
4
5
6
-1
-2
-3
- 4
-5
-6
-7
-8

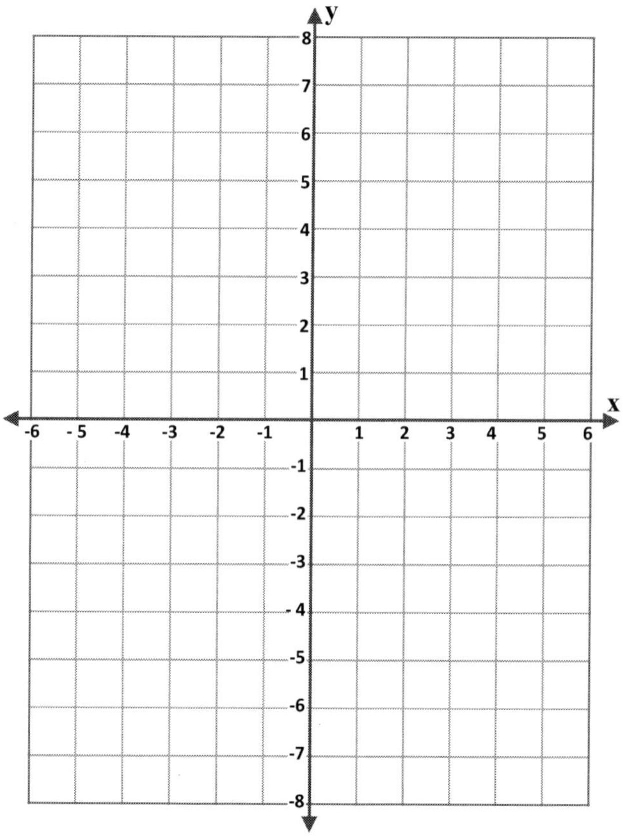
y
8
7
6
5
4
3
2
1
x
-6
- 5
-4
-3
-2
-1
1
2
3
4
5
6
-1
-2
-3
- 4
-5
-6
-7
-8

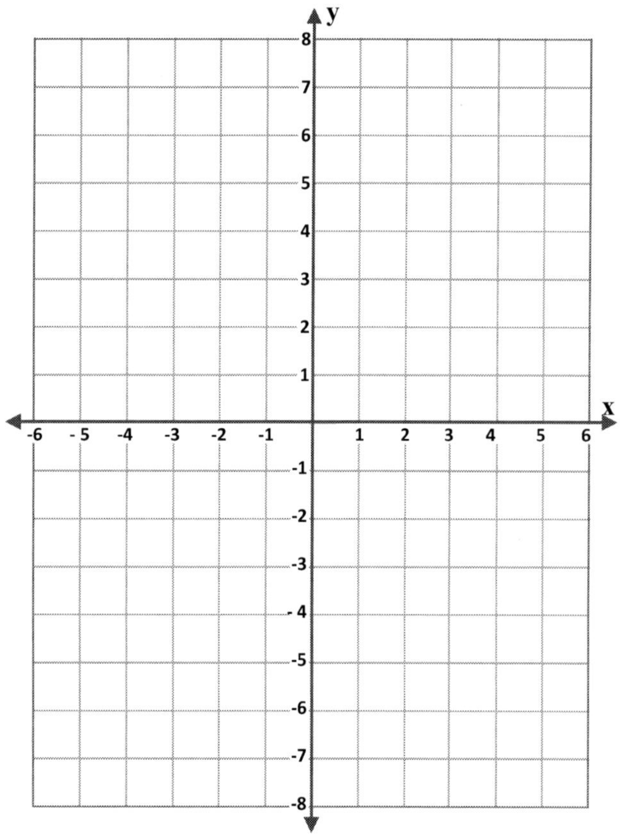
y
8
7
6
5
4
3
2
1
x
-6
- 5
-4
-3
-2
-1
1
2
3
4
5
6
-1
-2
-3
- 4
-5
-6
-7
-8

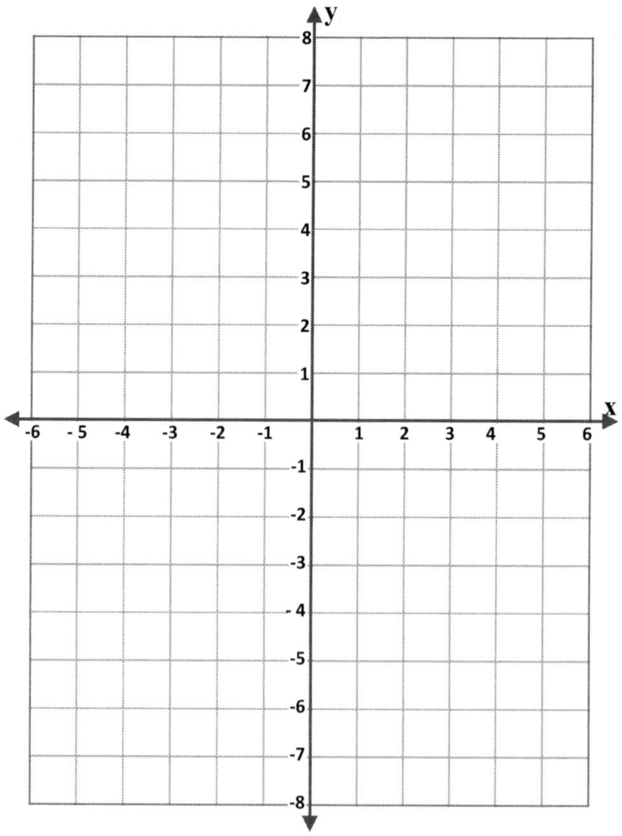
y
8
7
6
5
4
3
2
1
x
-6
- 5
-4
-3
-2
-1
1
2
3
4
5
6
-1
-2
-3
- 4
-5
-6
-7
-8

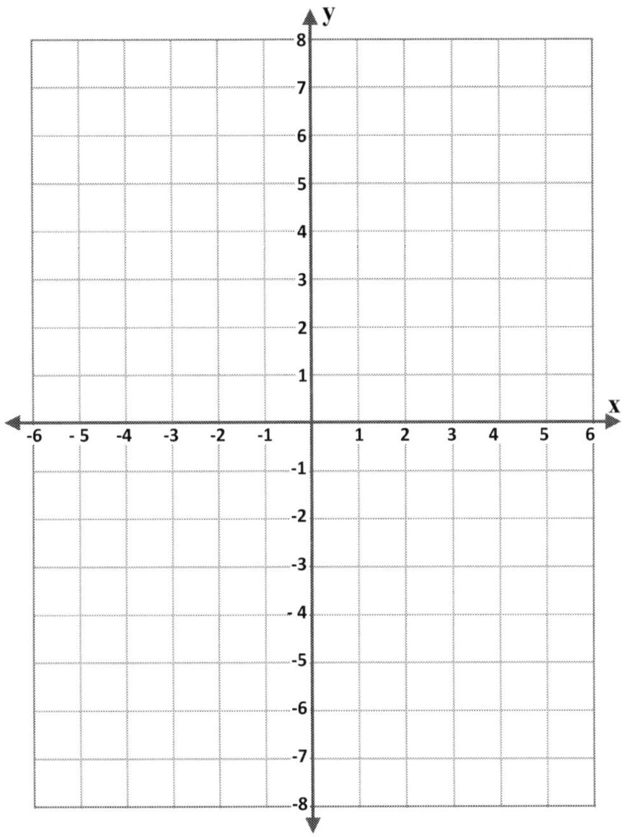
y
x
-6 -5 -4 -3 -2 -1 1 2 3 4 5 6
8 7 6 5 4 3 2 1 -1 -2 -3 -4 -5 -6 -7 -8

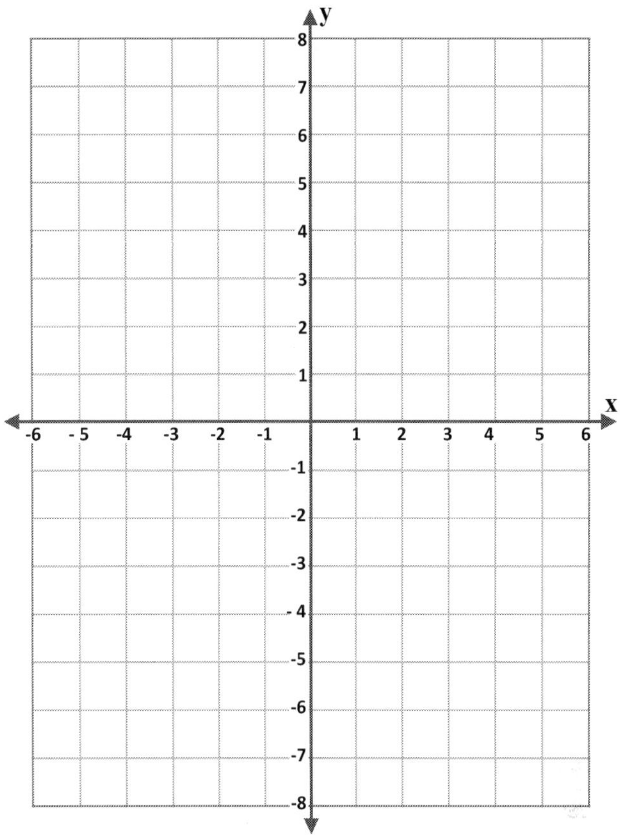
y
x
-6 -5 -4 -3 -2 -1 1 2 3 4 5 6
8 7 6 5 4 3 2 1 -1 -2 -3 -4 -5 -6 -7 -8

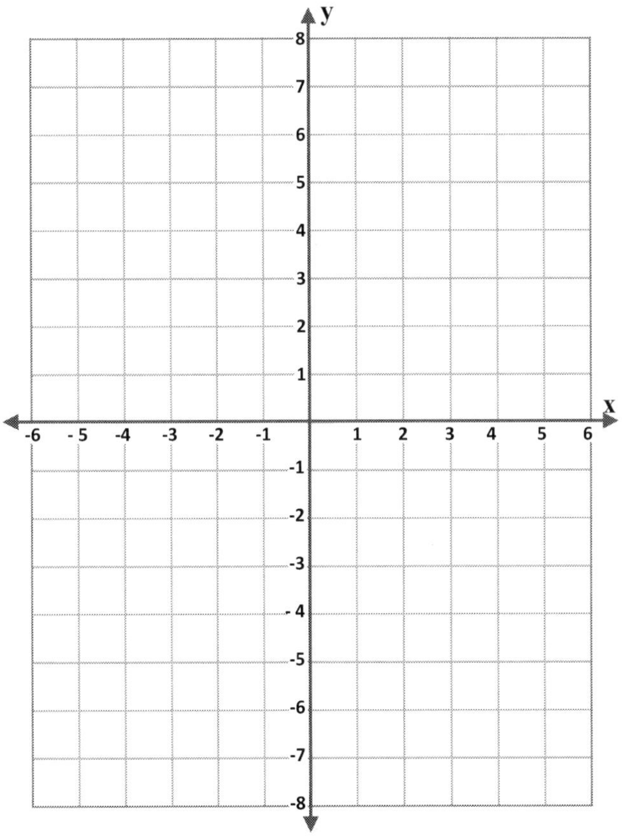
y
x
-6 -5 -4 -3 -2 -1 1 2 3 4 5 6
8 7 6 5 4 3 2 1 -1 -2 -3 -4 -5 -6 -7 -8

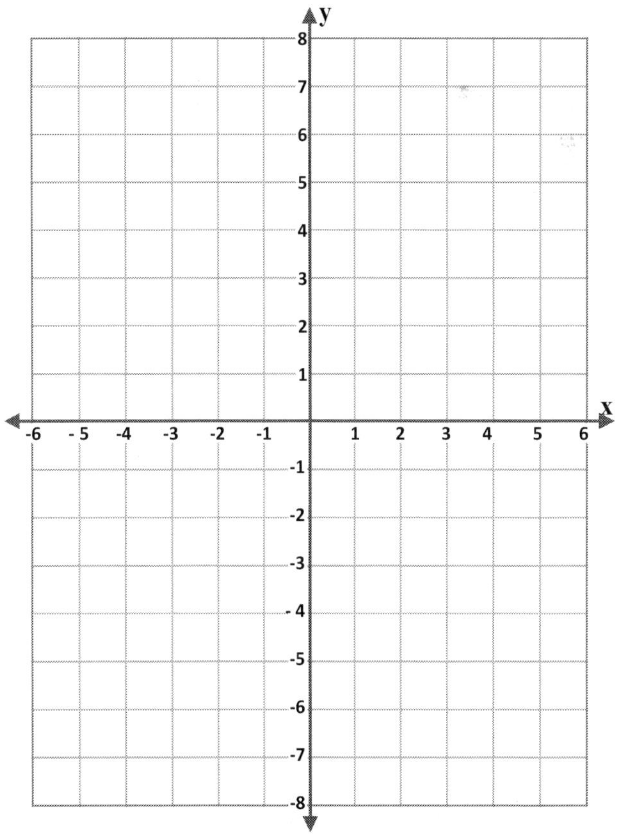
y
x
-6 -5 -4 -3 -2 -1 1 2 3 4 5 6
8 7 6 5 4 3 2 1 -1 -2 -3 -4 -5 -6 -7 -8

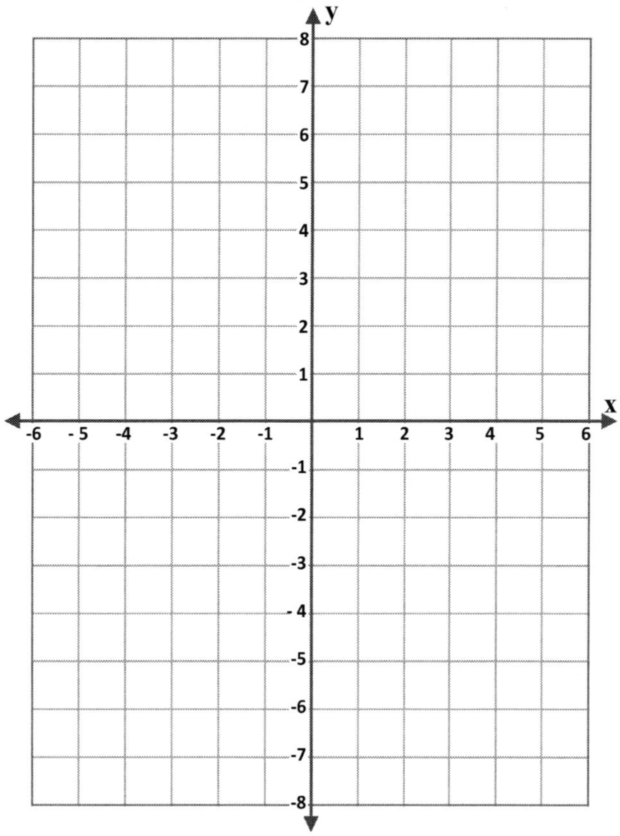
y
8
7
6
5
4
3
2
1
x
-6 -5 -4 -3 -2 -1 1 2 3 4 5 6
-1
-2
-3
-4
-5
-6
-7
-8

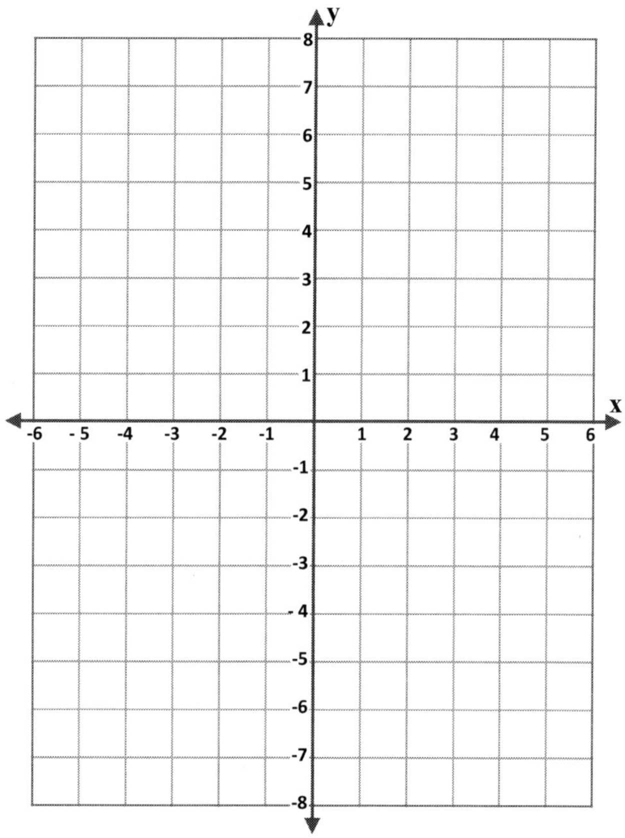
y
8
7
6
5
4
3
2
1
x
-6 -5 -4 -3 -2 -1 1 2 3 4 5 6
-1
-2
-3
-4
-5
-6
-7
-8

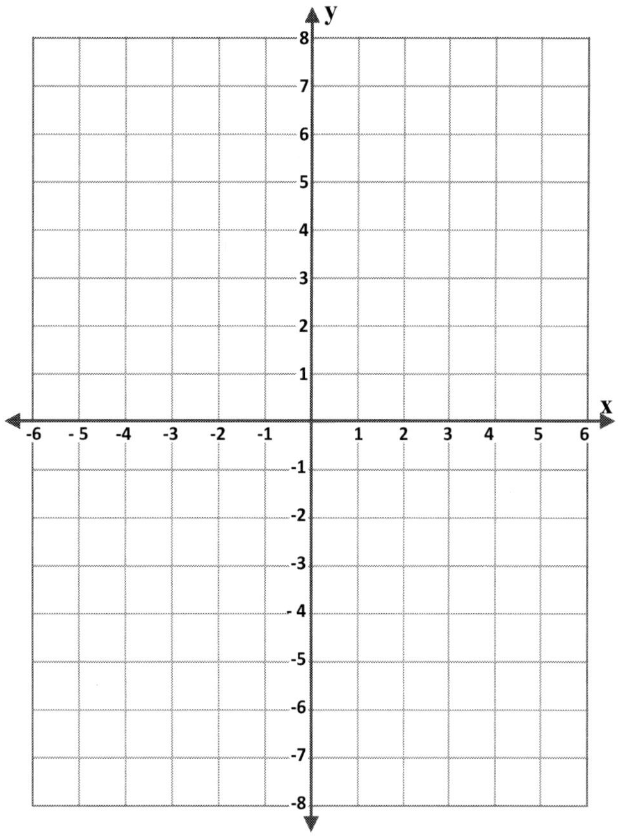
y
8
7
6
5
4
3
2
1
x
-6 -5 -4 -3 -2 -1 1 2 3 4 5 6
-1
-2
-3
-4
-5
-6
-7
-8

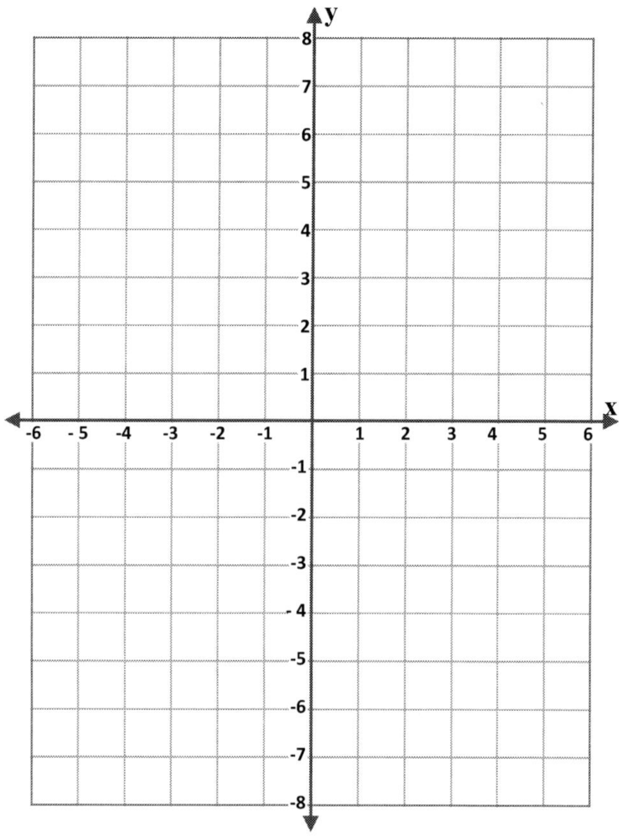
y
8
7
6
5
4
3
2
1
x
-6 -5 -4 -3 -2 -1 1 2 3 4 5 6
-1
-2
-3
-4
-5
-6
-7
-8

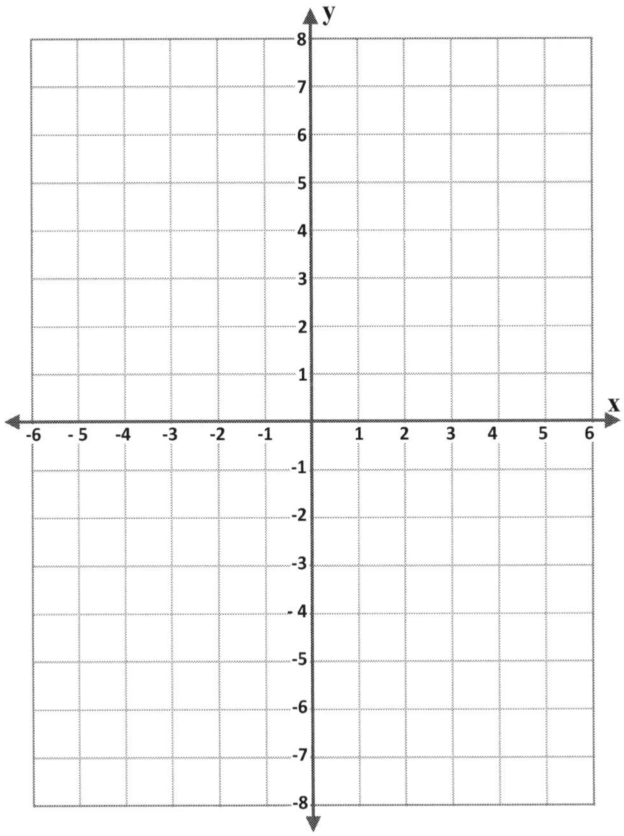
y
8
7
6
5
4
3
2
1
-1
-2
-3
-4
-5
-6
-7
-8
x
-6
-5
-4
-3
-2
-1
1
2
3
4
5
6

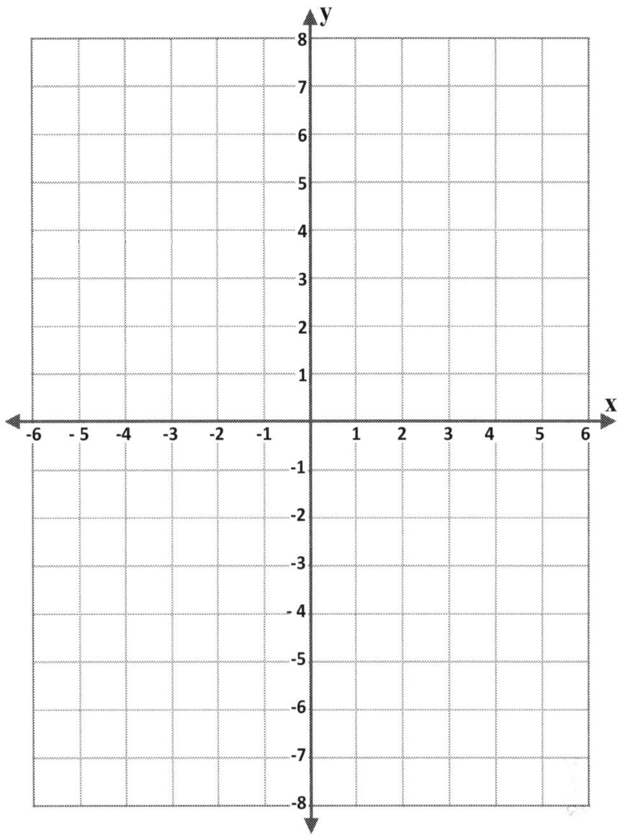
y
8
7
6
5
4
3
2
1
-1
-2
-3
-4
-5
-6
-7
-8
x
-6
-5
-4
-3
-2
-1
1
2
3
4
5
6

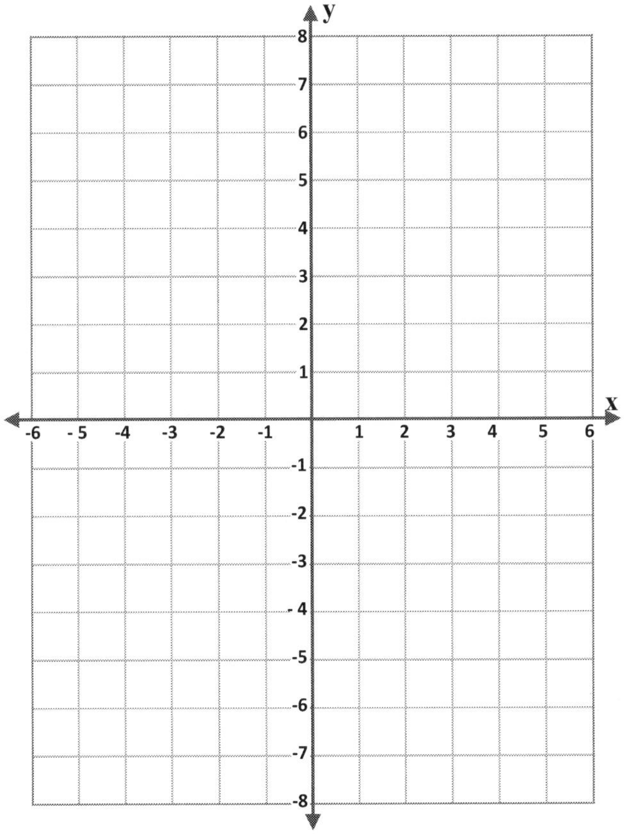
y
8
7
6
5
4
3
2
1
-1
-2
-3
-4
-5
-6
-7
-8
x
-6
-5
-4
-3
-2
-1
1
2
3
4
5
6

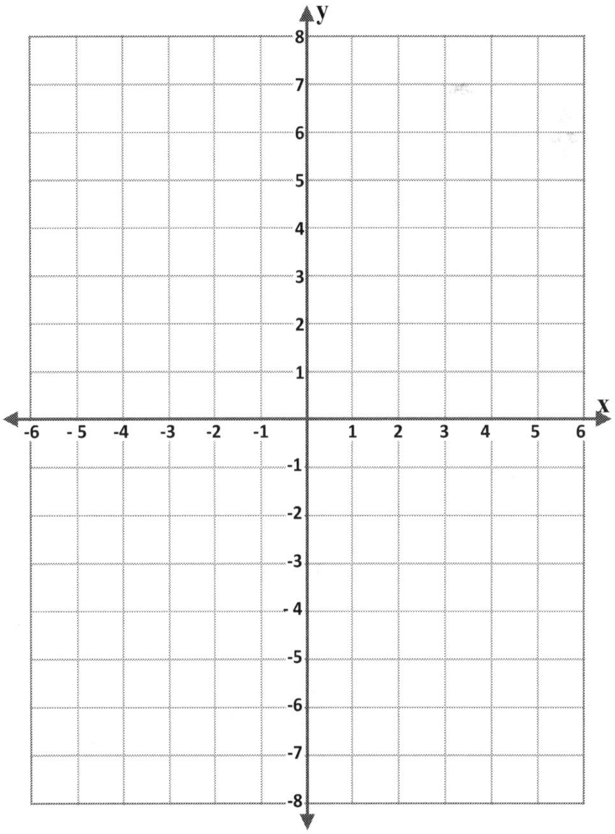
y
8
7
6
5
4
3
2
1
-1
-2
-3
-4
-5
-6
-7
-8
x
-6
-5
-4
-3
-2
-1
1
2
3
4
5
6

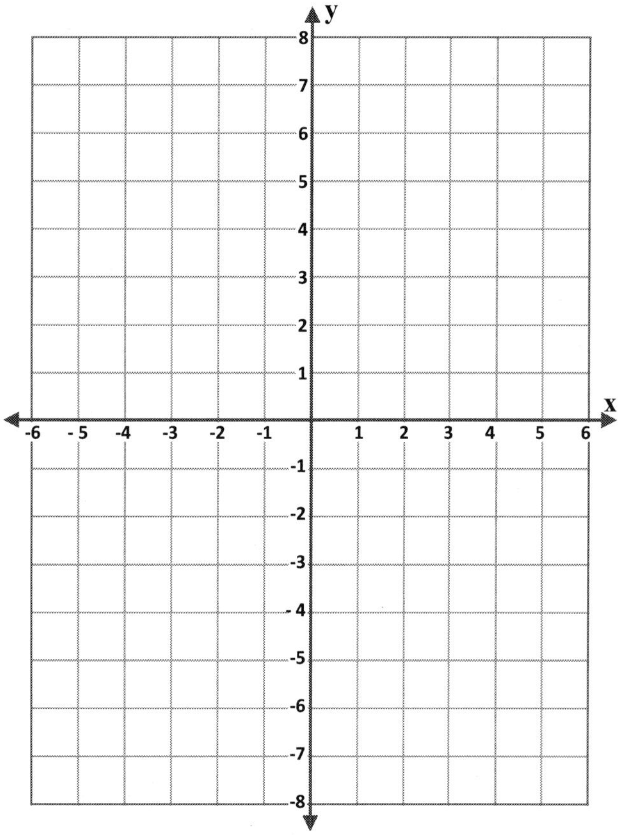
y
x
8 7 6 5 4 3 2 1 -1 -2 -3 -4 -5 -6 -7 -8
-6 -5 -4 -3 -2 -1 1 2 3 4 5 6

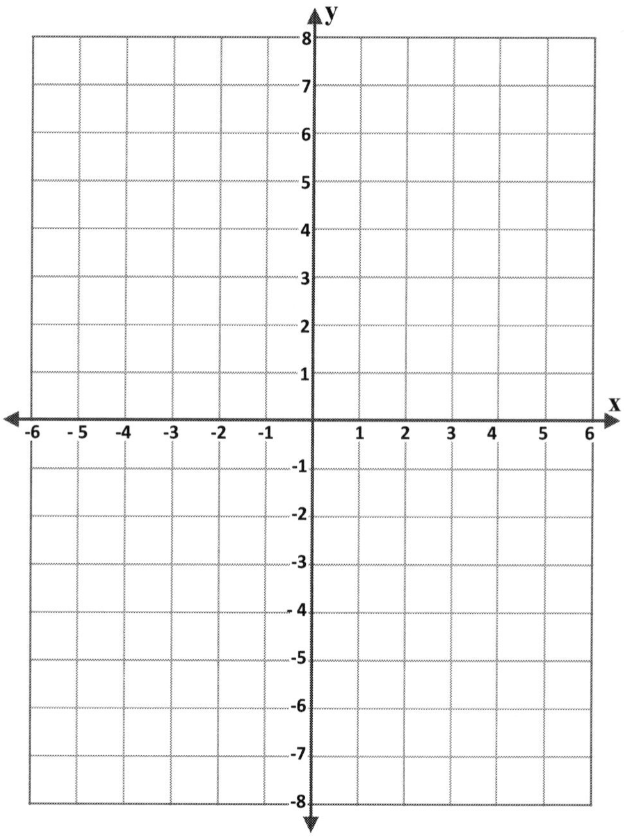
y
x
8 7 6 5 4 3 2 1 -1 -2 -3 -4 -5 -6 -7 -8
-6 -5 -4 -3 -2 -1 1 2 3 4 5 6

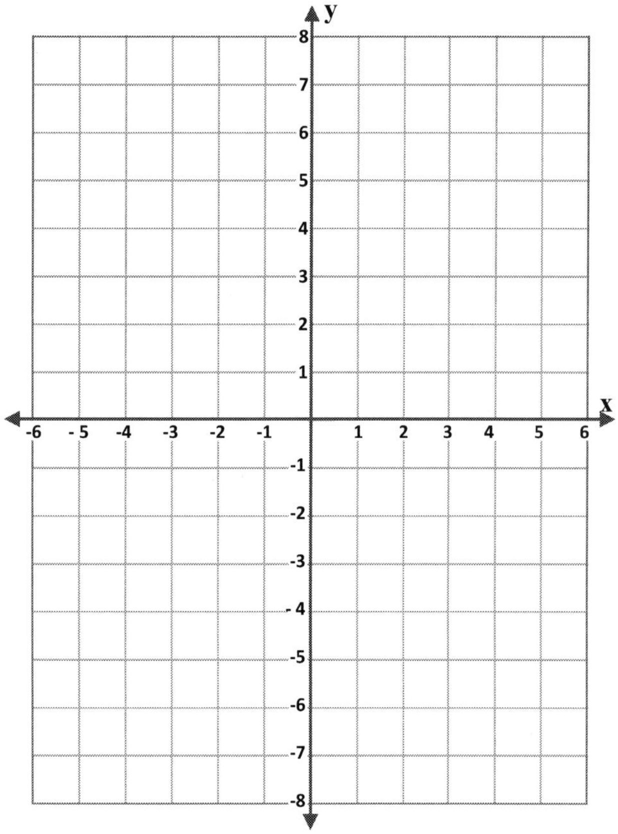
y
x
8 7 6 5 4 3 2 1 -1 -2 -3 -4 -5 -6 -7 -8
-6 -5 -4 -3 -2 -1 1 2 3 4 5 6

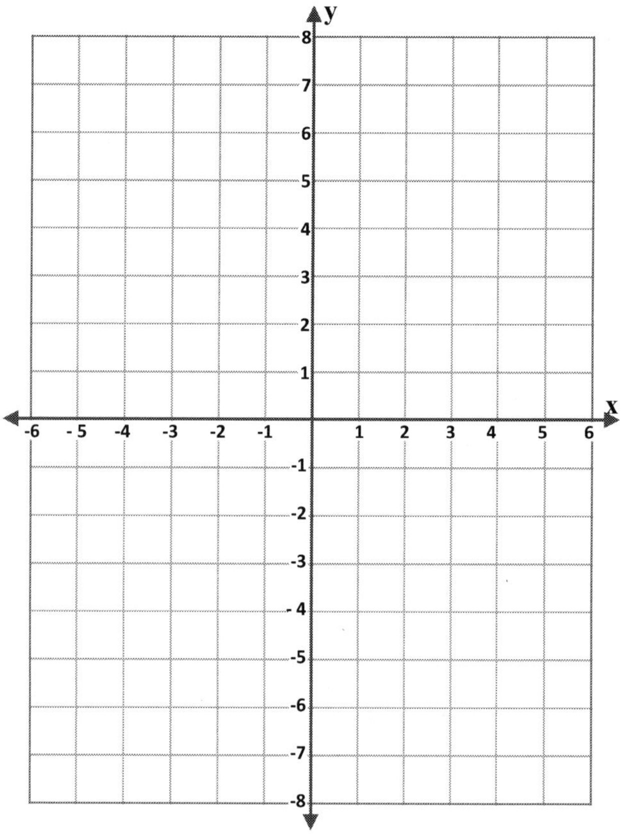
y
x
8 7 6 5 4 3 2 1 -1 -2 -3 -4 -5 -6 -7 -8
-6 -5 -4 -3 -2 -1 1 2 3 4 5 6

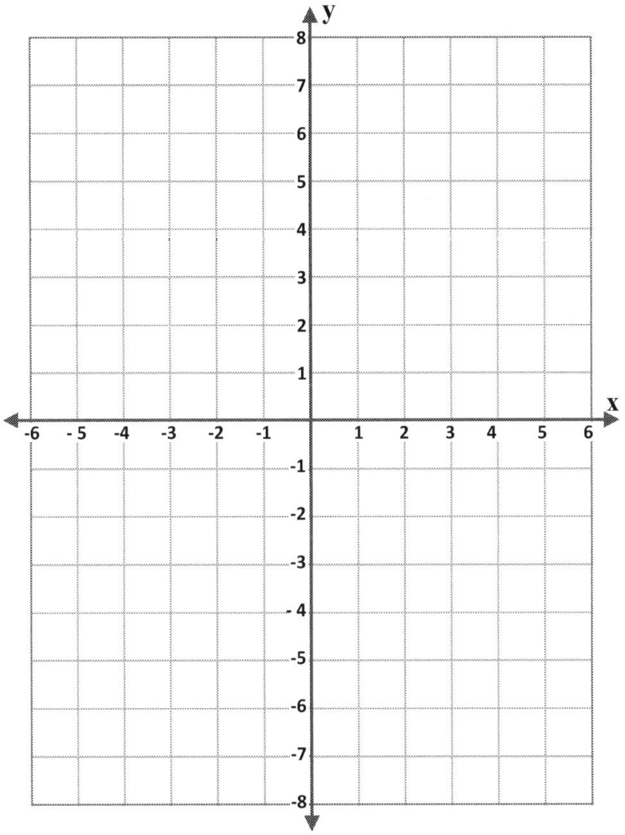
y
x
8 7 6 5 4 3 2 1 -1 -2 -3 -4 -5 -6 -7 -8
-6 -5 -4 -3 -2 -1 1 2 3 4 5 6
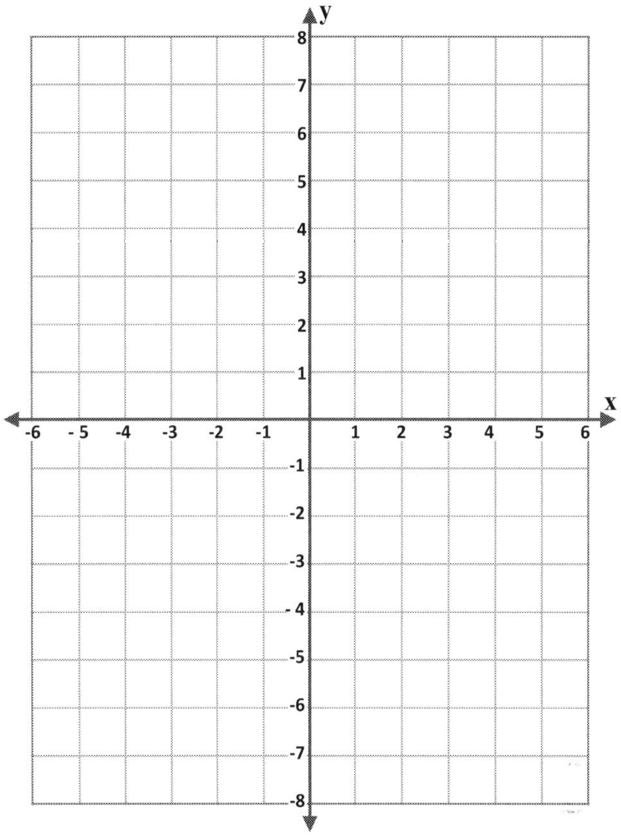
y
x
8 7 6 5 4 3 2 1 -1 -2 -3 -4 -5 -6 -7 -8
-6 -5 -4 -3 -2 -1 1 2 3 4 5 6
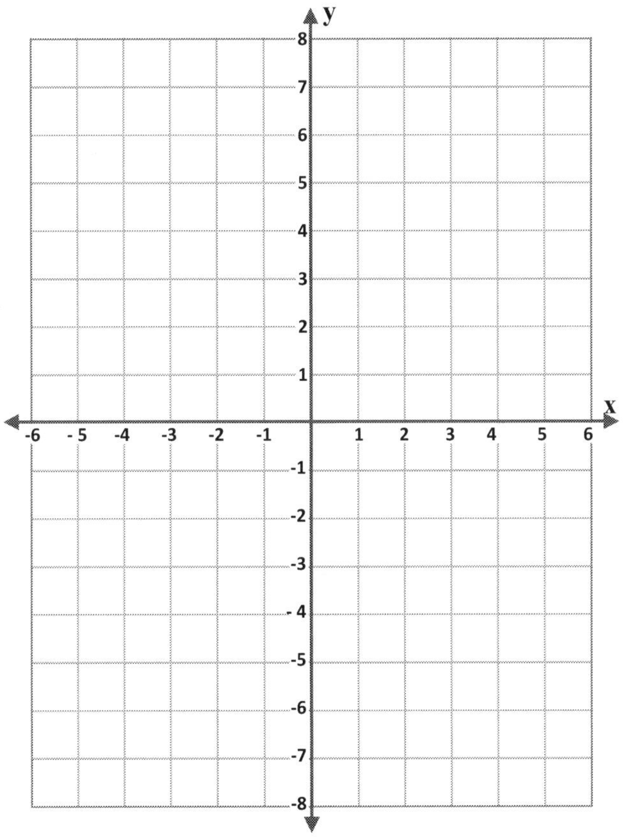
y
x
8 7 6 5 4 3 2 1 -1 -2 -3 -4 -5 -6 -7 -8
-6 -5 -4 -3 -2 -1 1 2 3 4 5 6
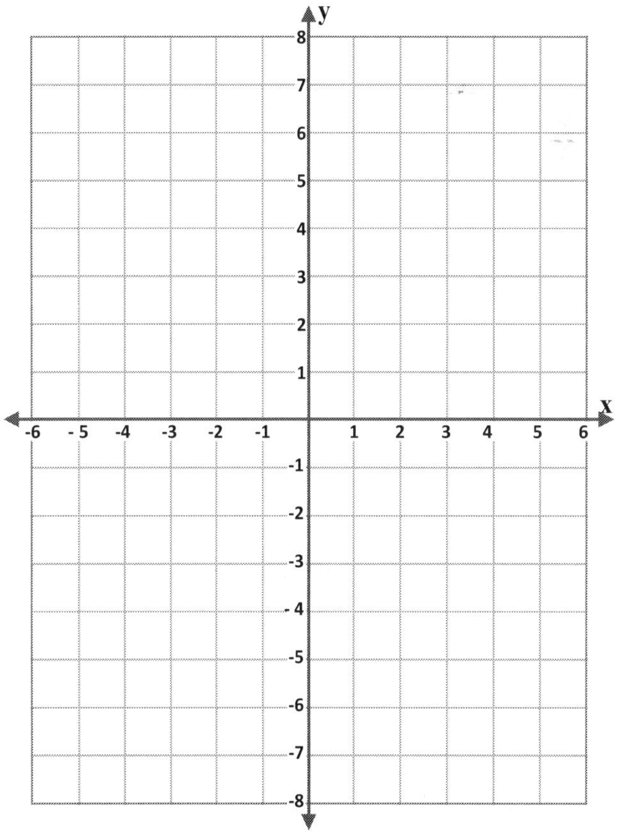
y
x
8 7 6 5 4 3 2 1 -1 -2 -3 -4 -5 -6 -7 -8
-6 -5 -4 -3 -2 -1 1 2 3 4 5 6

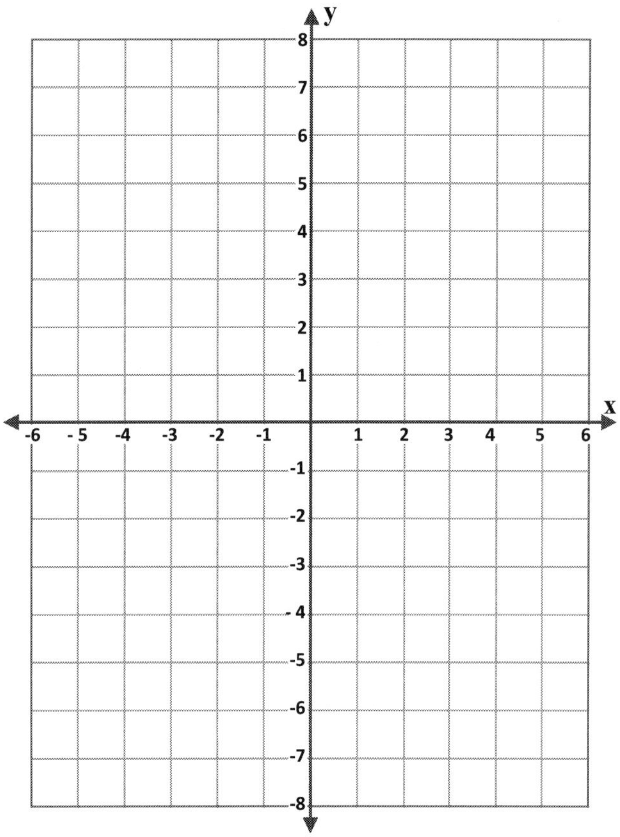
y
x
8 7 6 5 4 3 2 1 -1 -2 -3 -4 -5 -6 -7 -8
-6 -5 -4 -3 -2 -1 1 2 3 4 5 6

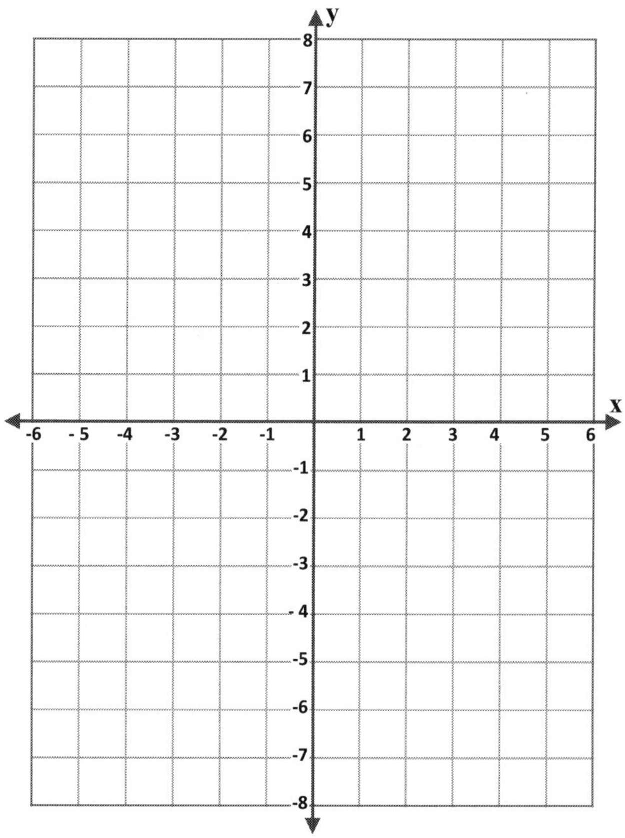
y
x
8 7 6 5 4 3 2 1 -1 -2 -3 -4 -5 -6 -7 -8
-6 -5 -4 -3 -2 -1 1 2 3 4 5 6

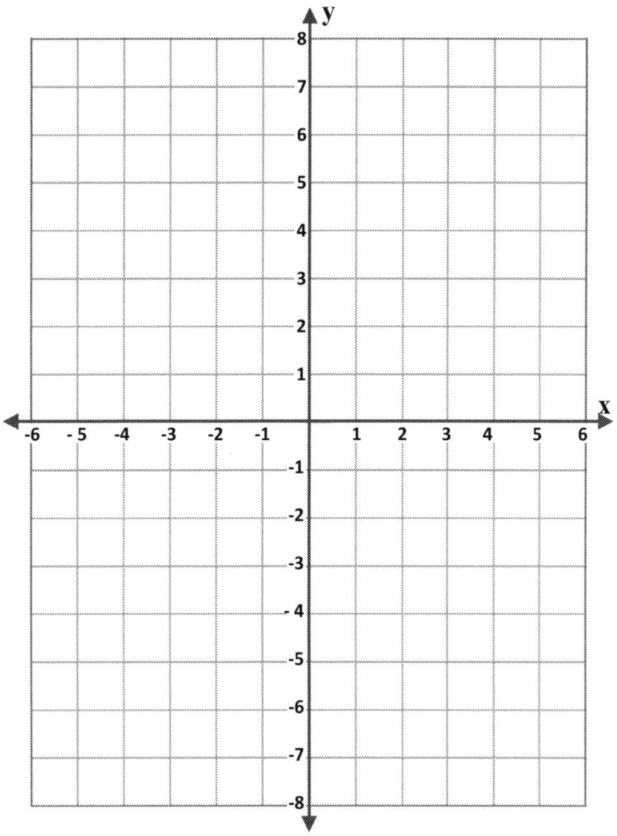
y
x
8 7 6 5 4 3 2 1 -1 -2 -3 -4 -5 -6 -7 -8
-6 -5 -4 -3 -2 -1 1 2 3 4 5 6

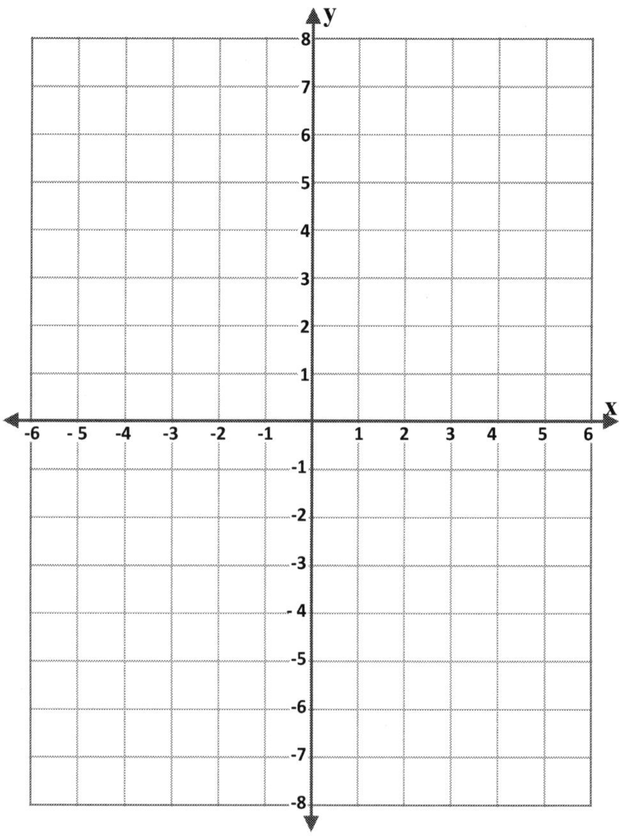
y
x
8 7 6 5 4 3 2 1 -1 -2 -3 -4 -5 -6 -7 -8
-6 -5 -4 -3 -2 -1 1 2 3 4 5 6

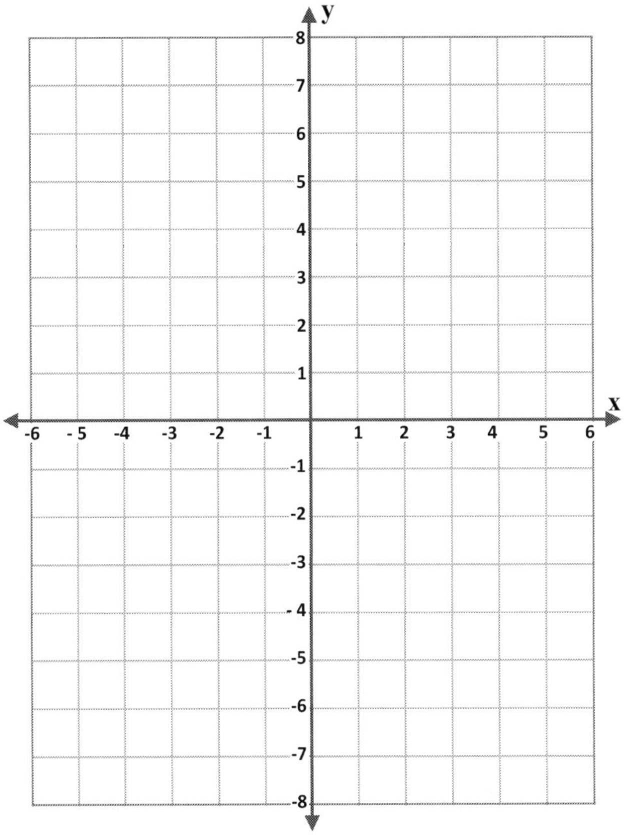
y
x
8 7 6 5 4 3 2 1 -1 -2 -3 -4 -5 -6 -7 -8
-6 -5 -4 -3 -2 -1 1 2 3 4 5 6

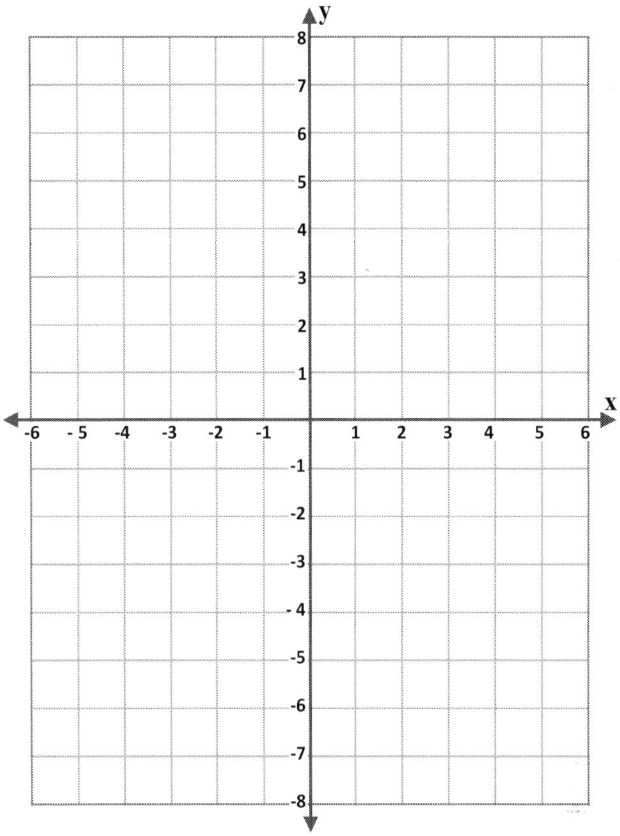
y
x
8 7 6 5 4 3 2 1 -1 -2 -3 -4 -5 -6 -7 -8
-6 -5 -4 -3 -2 -1 1 2 3 4 5 6

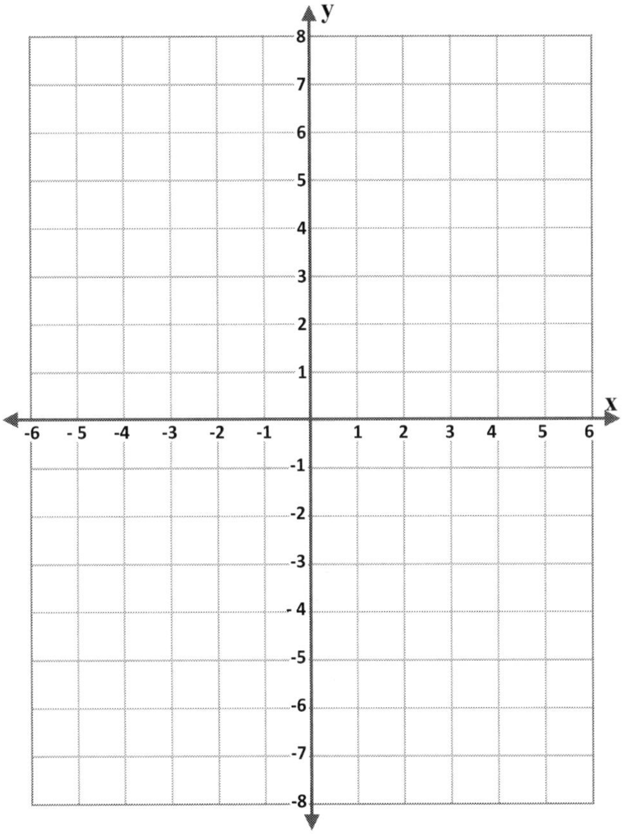
y
x
8 7 6 5 4 3 2 1 -1 -2 -3 -4 -5 -6 -7 -8
-6 -5 -4 -3 -2 -1 1 2 3 4 5 6

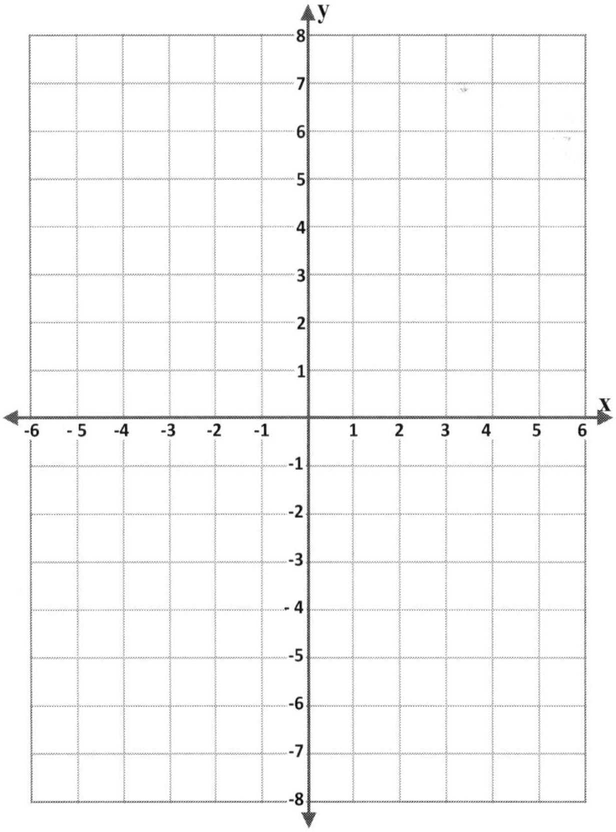
y
x
8 7 6 5 4 3 2 1 -1 -2 -3 -4 -5 -6 -7 -8
-6 -5 -4 -3 -2 -1 1 2 3 4 5 6

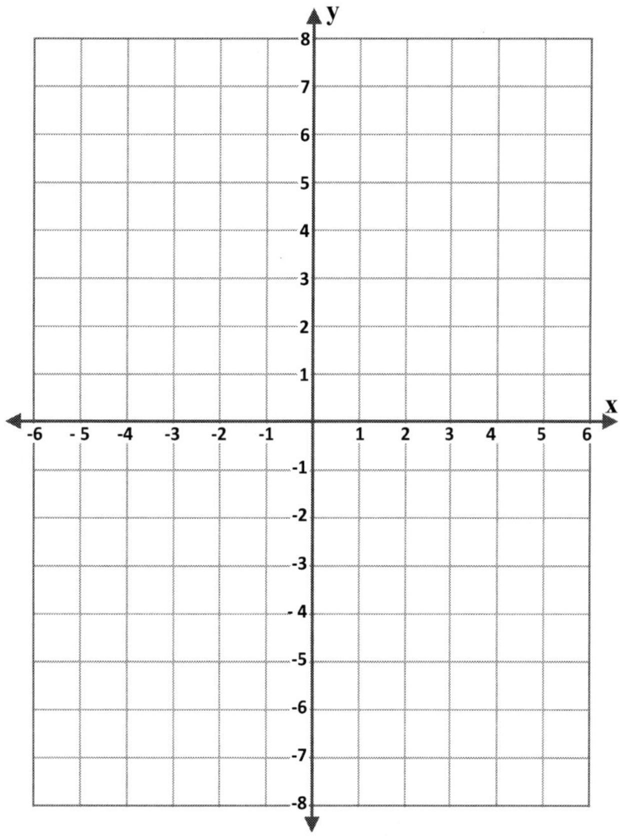
y
x
8 7 6 5 4 3 2 1 -1 -2 -3 -4 -5 -6 -7 -8
-6 - 5 -4 -3 -2 -1 1 2 3 4 5 6

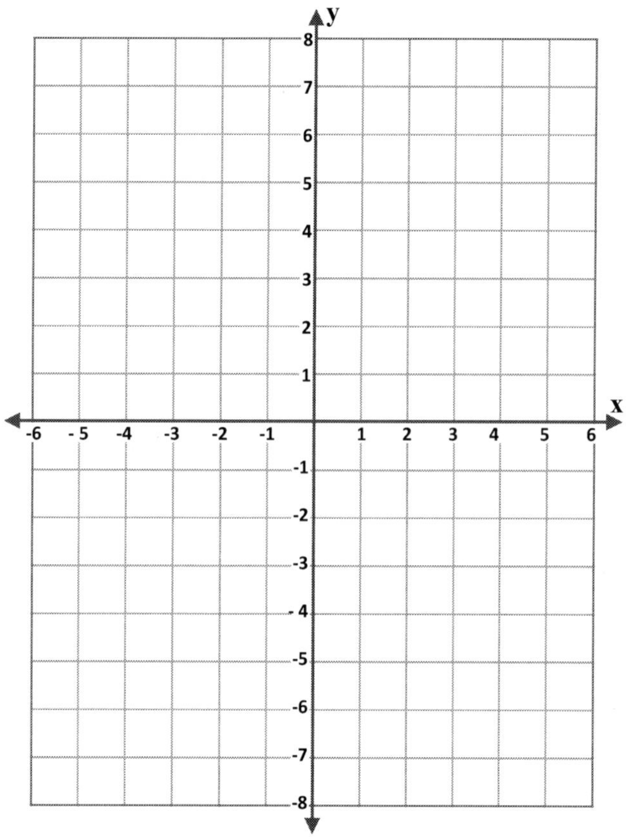
y
x
8 7 6 5 4 3 2 1 -1 -2 -3 - 4 -5 -6 -7 -8
-6 - 5 -4 -3 -2 -1 1 2 3 4 5 6

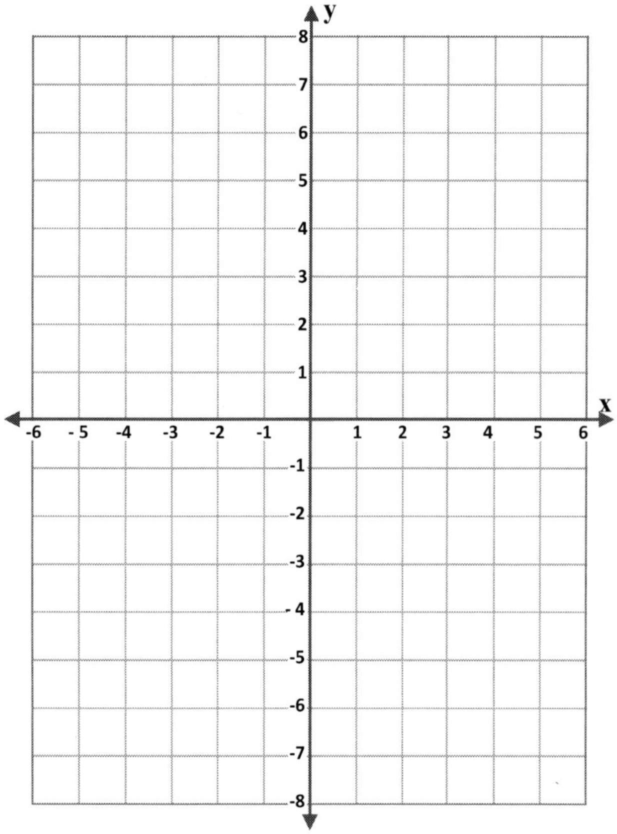
y
x
8 7 6 5 4 3 2 1 -1 -2 -3 - 4 -5 -6 -7 -8
-6 - 5 -4 -3 -2 -1 1 2 3 4 5 6

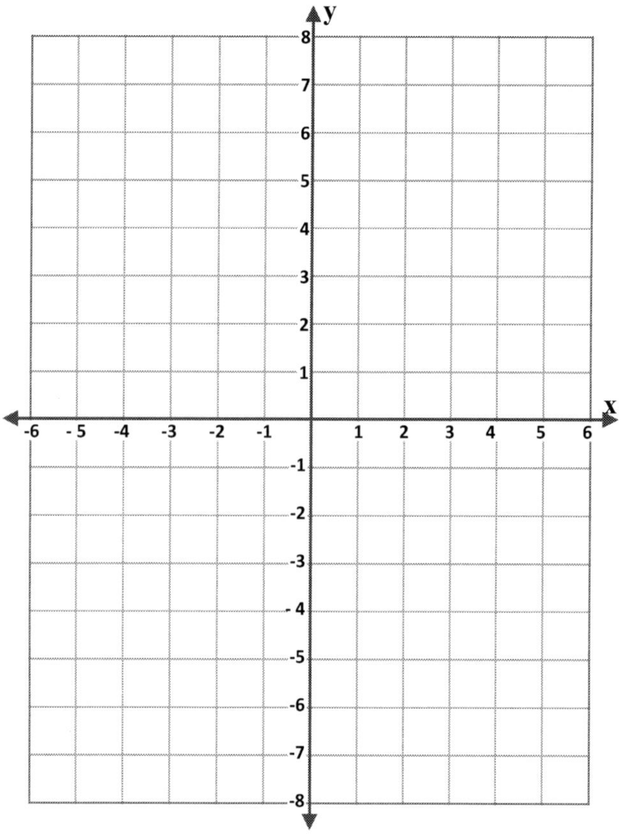
y
x
8 7 6 5 4 3 2 1 -1 -2 -3 - 4 -5 -6 -7 -8
-6 - 5 -4 -3 -2 -1 1 2 3 4 5 6

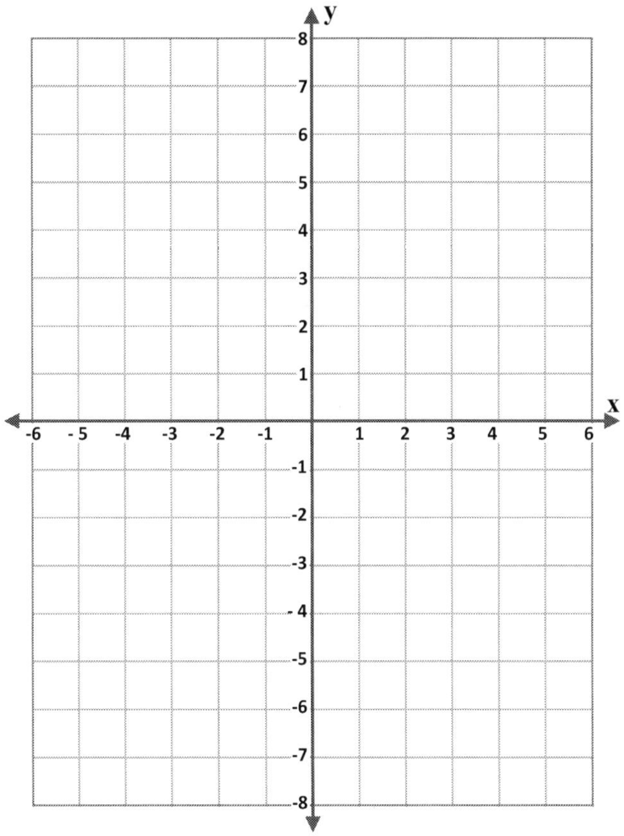
y
x
-6 -5 -4 -3 -2 -1 1 2 3 4 5 6
8 7 6 5 4 3 2 1 -1 -2 -3 -4 -5 -6 -7 -8

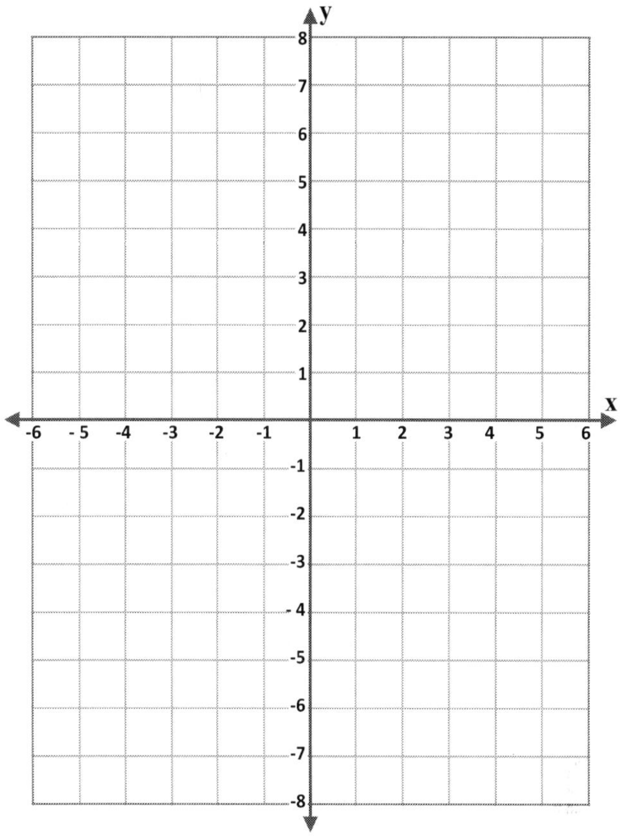
y
x
-6 -5 -4 -3 -2 -1 1 2 3 4 5 6
8 7 6 5 4 3 2 1 -1 -2 -3 -4 -5 -6 -7 -8

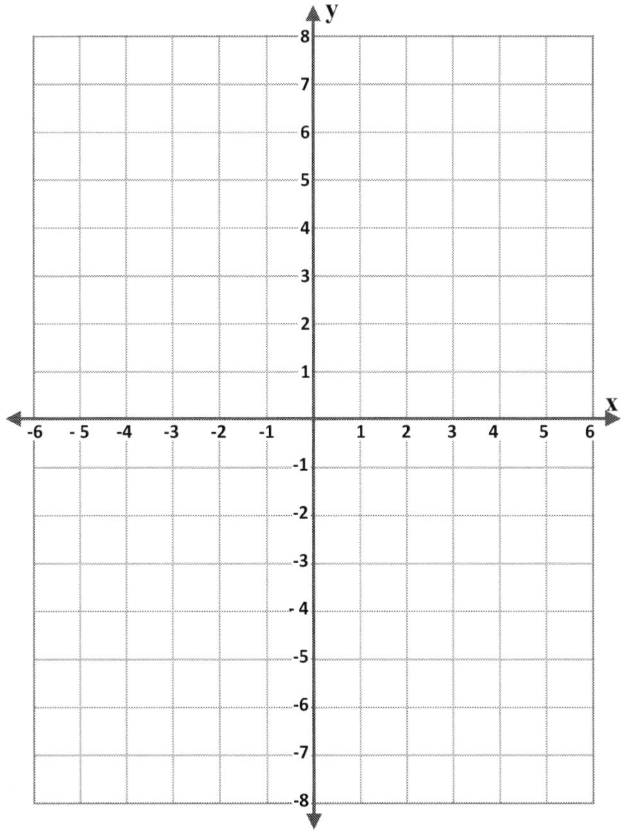
y
x
-6 -5 -4 -3 -2 -1 1 2 3 4 5 6
8 7 6 5 4 3 2 1 -1 -2 -3 -4 -5 -6 -7 -8

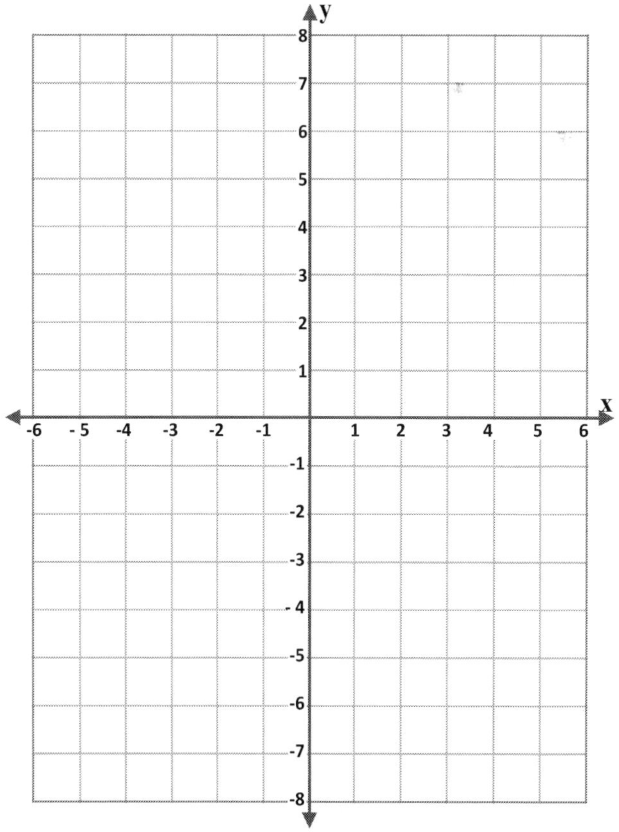
y
x
-6 -5 -4 -3 -2 -1 1 2 3 4 5 6
8 7 6 5 4 3 2 1 -1 -2 -3 -4 -5 -6 -7 -8

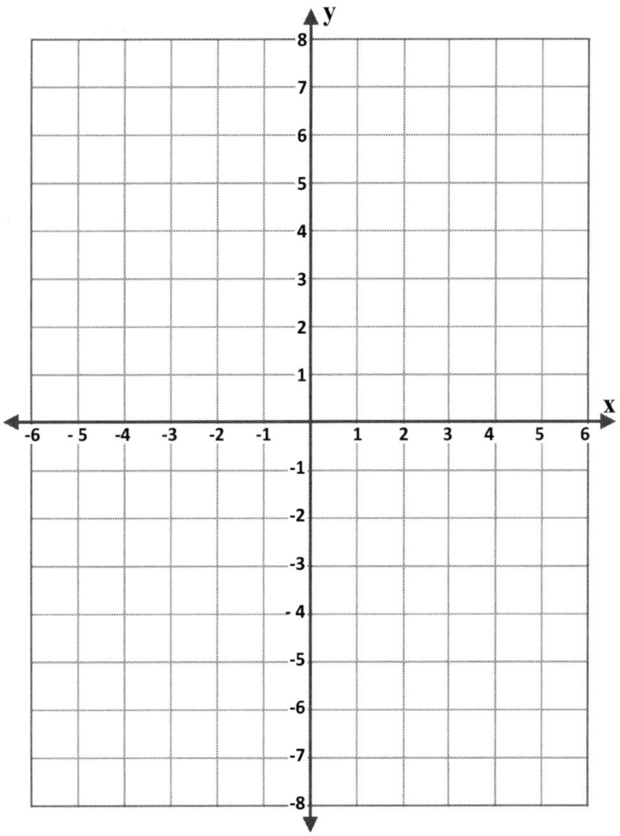
y
x
8 7 6 5 4 3 2 1 -1 -2 -3 -4 -5 -6 -7 -8
-6 -5 -4 -3 -2 -1 1 2 3 4 5 6

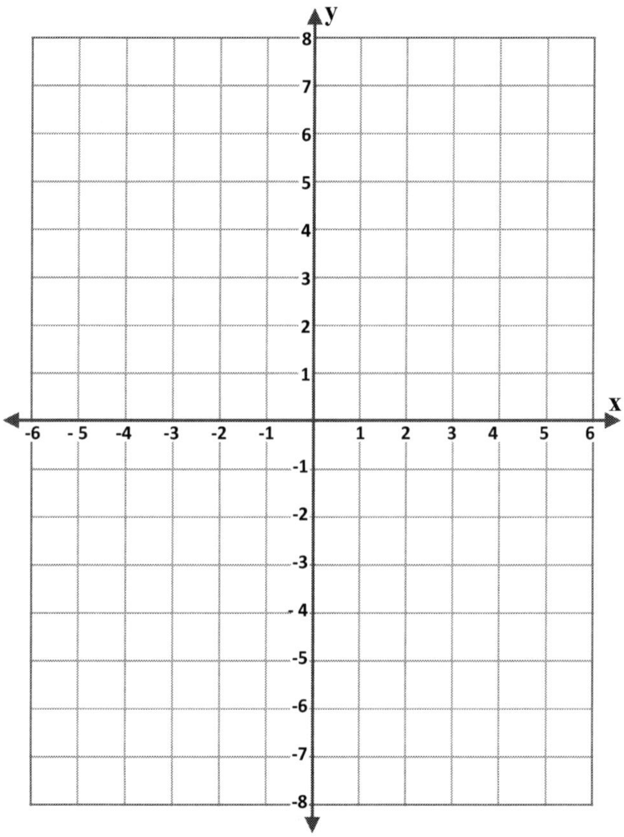
y
x
8 7 6 5 4 3 2 1 -1 -2 -3 -4 -5 -6 -7 -8
-6 -5 -4 -3 -2 -1 1 2 3 4 5 6

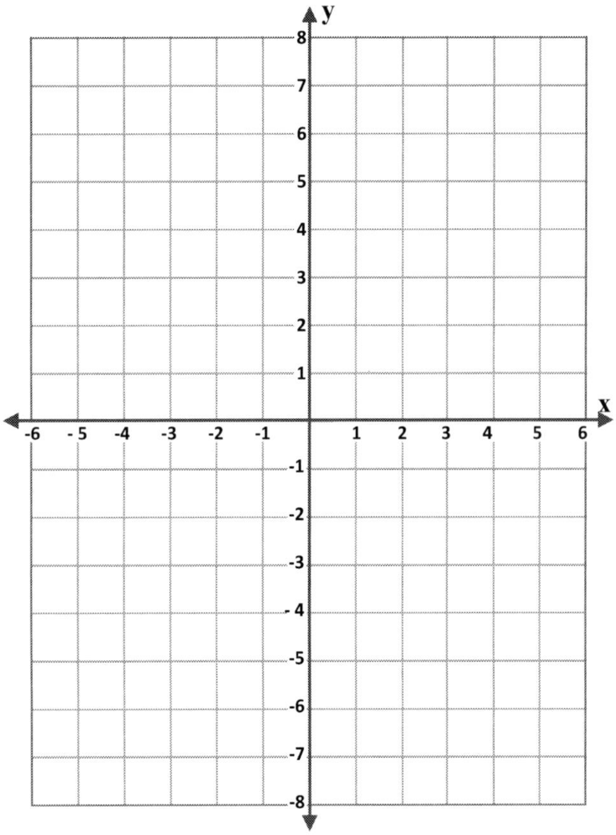
y
x
8 7 6 5 4 3 2 1 -1 -2 -3 -4 -5 -6 -7 -8
-6 -5 -4 -3 -2 -1 1 2 3 4 5 6

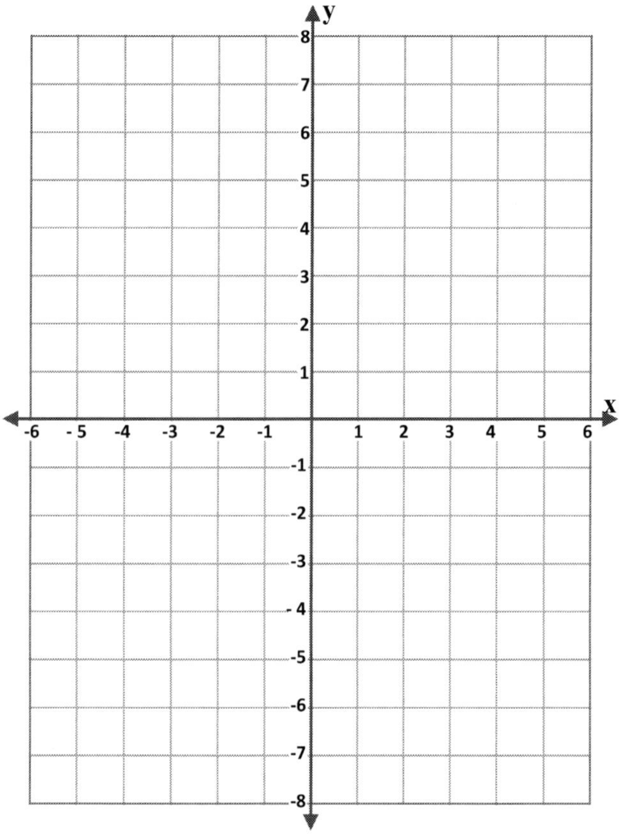
y
x
8 7 6 5 4 3 2 1 -1 -2 -3 -4 -5 -6 -7 -8
-6 -5 -4 -3 -2 -1 1 2 3 4 5 6

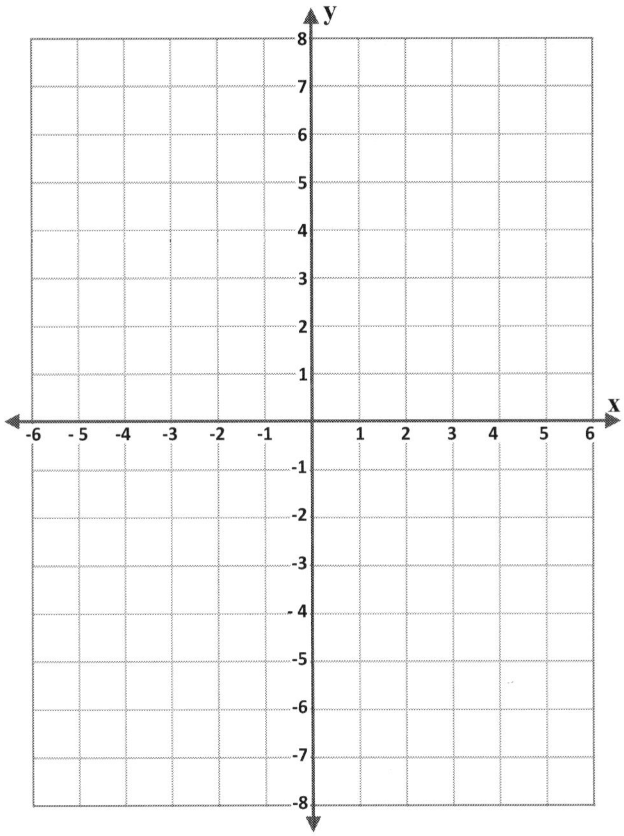
y
x

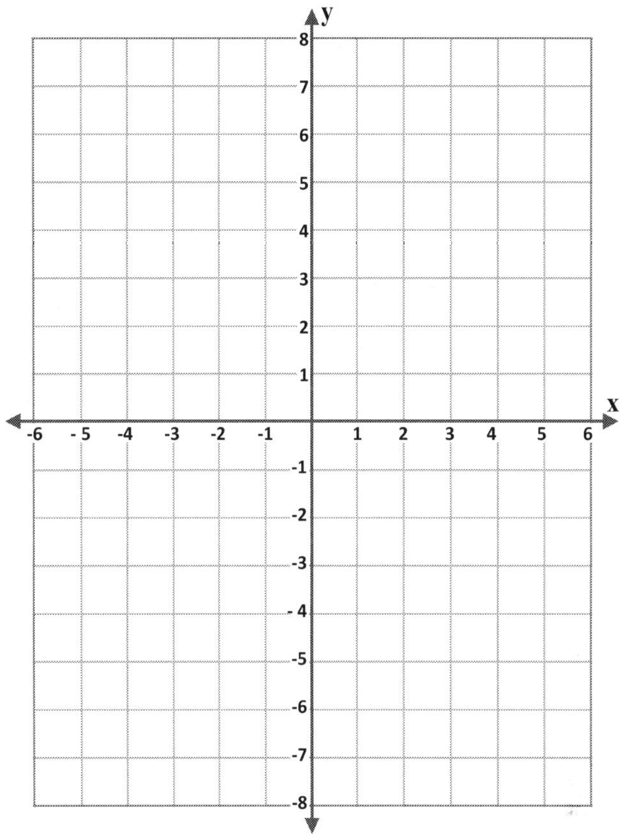
y
x

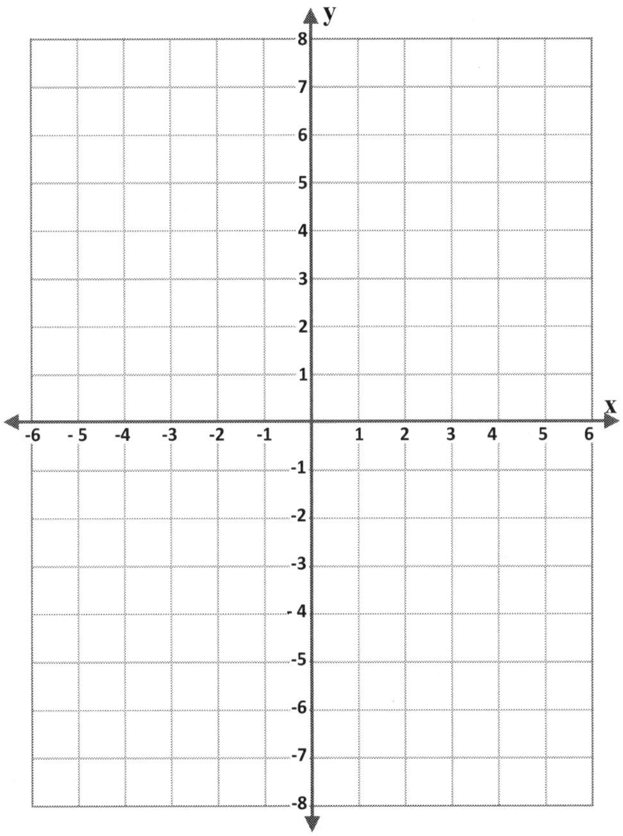
y
x

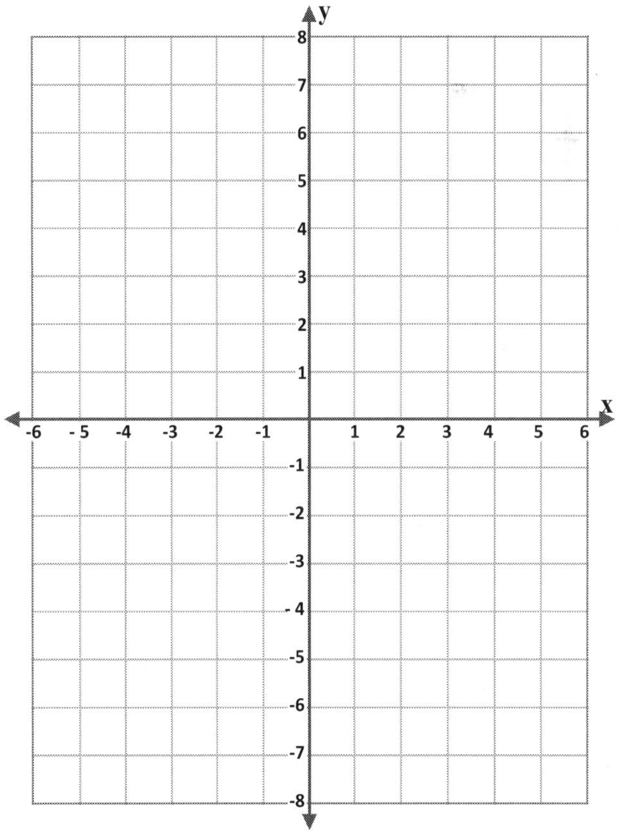
y
x

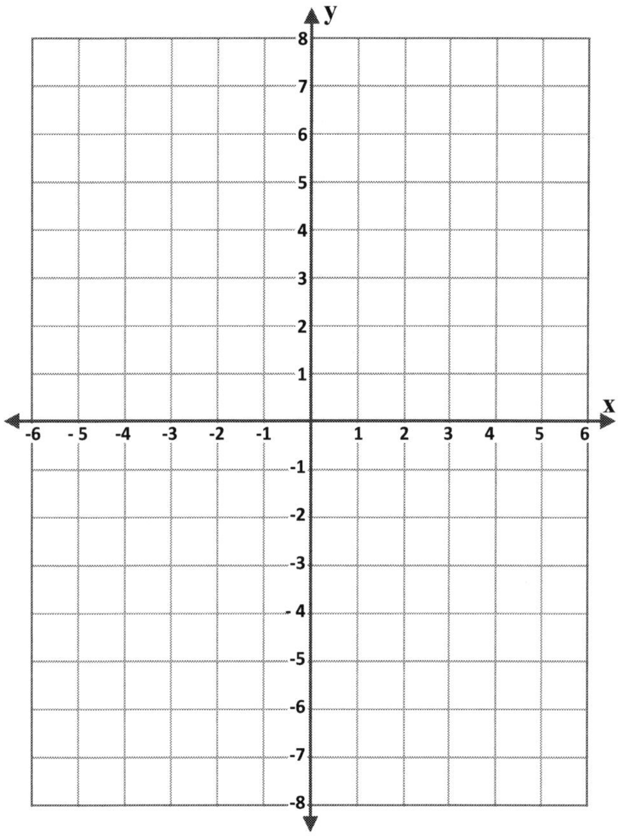
y
x
8 7 6 5 4 3 2 1 -1 -2 -3 -4 -5 -6 -7 -8
-6 -5 -4 -3 -2 -1 1 2 3 4 5 6

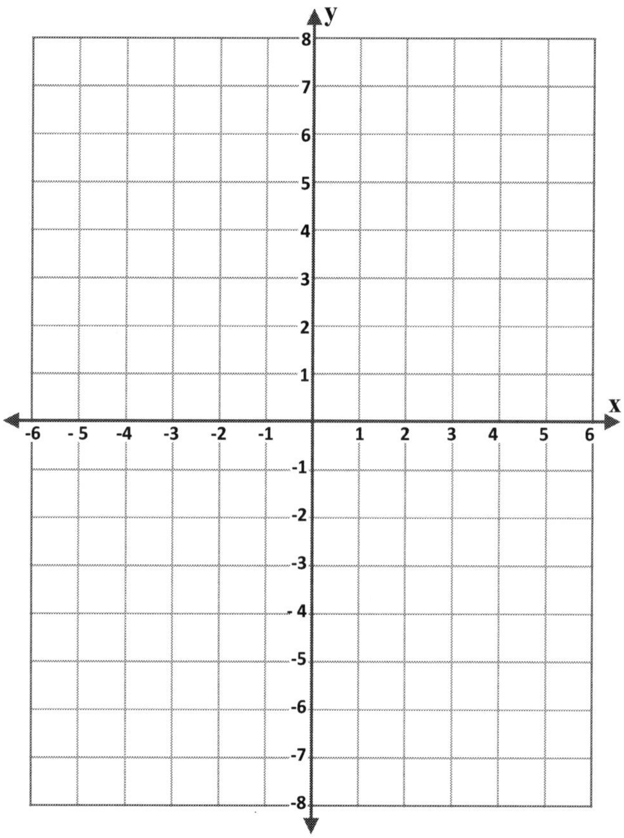
y
x
8 7 6 5 4 3 2 1 -1 -2 -3 -4 -5 -6 -7 -8
-6 -5 -4 -3 -2 -1 1 2 3 4 5 6

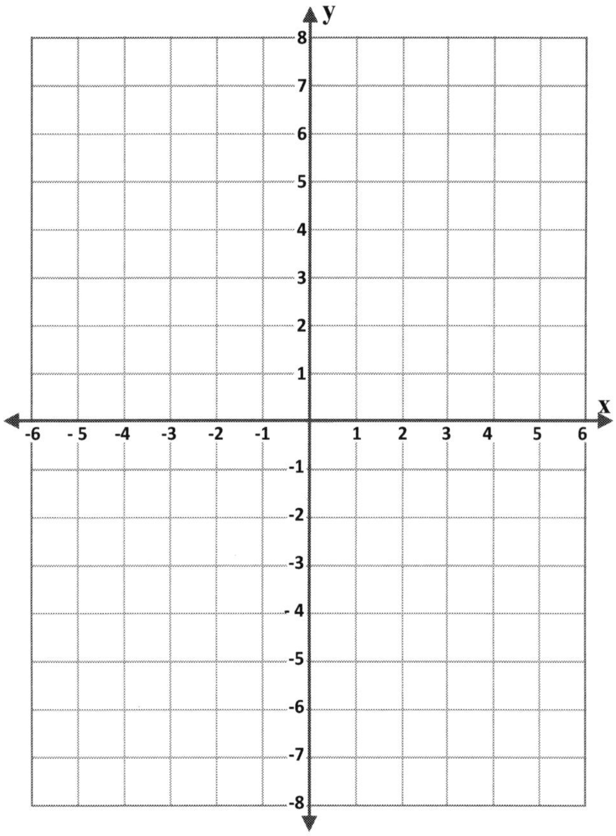
y
x
8 7 6 5 4 3 2 1 -1 -2 -3 -4 -5 -6 -7 -8
-6 -5 -4 -3 -2 -1 1 2 3 4 5 6

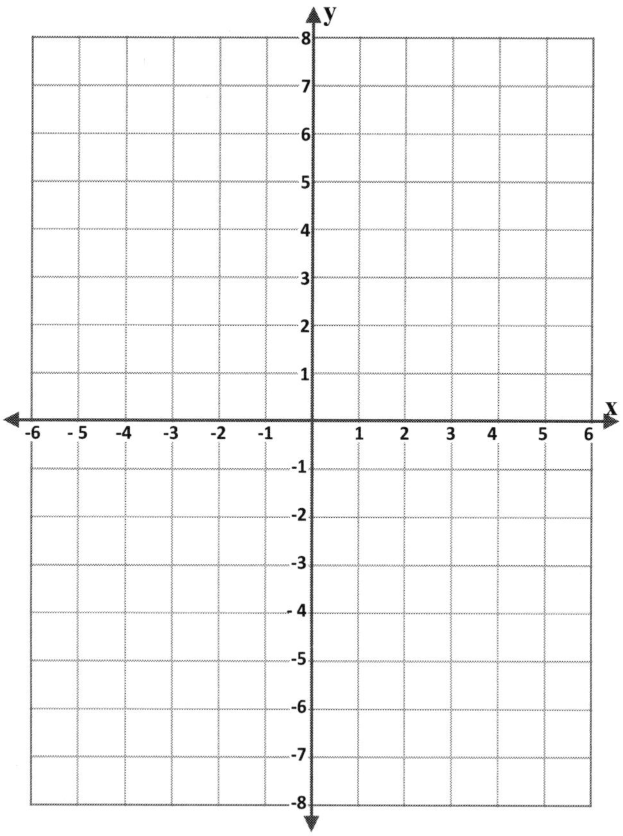
y
x
8 7 6 5 4 3 2 1 -1 -2 -3 -4 -5 -6 -7 -8
-6 -5 -4 -3 -2 -1 1 2 3 4 5 6

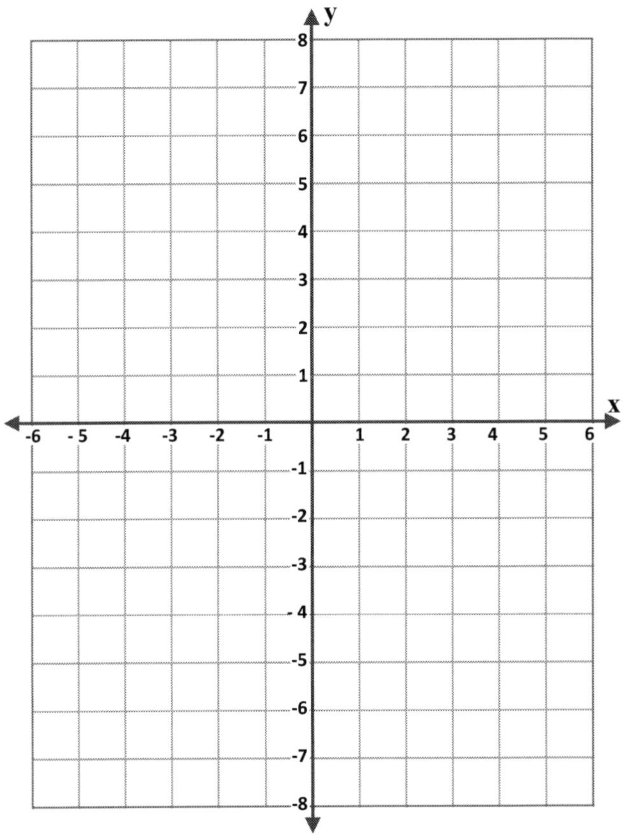
y
x
8 7 6 5 4 3 2 1 -1 -2 -3 -4 -5 -6 -7 -8
-6 -5 -4 -3 -2 -1 1 2 3 4 5 6

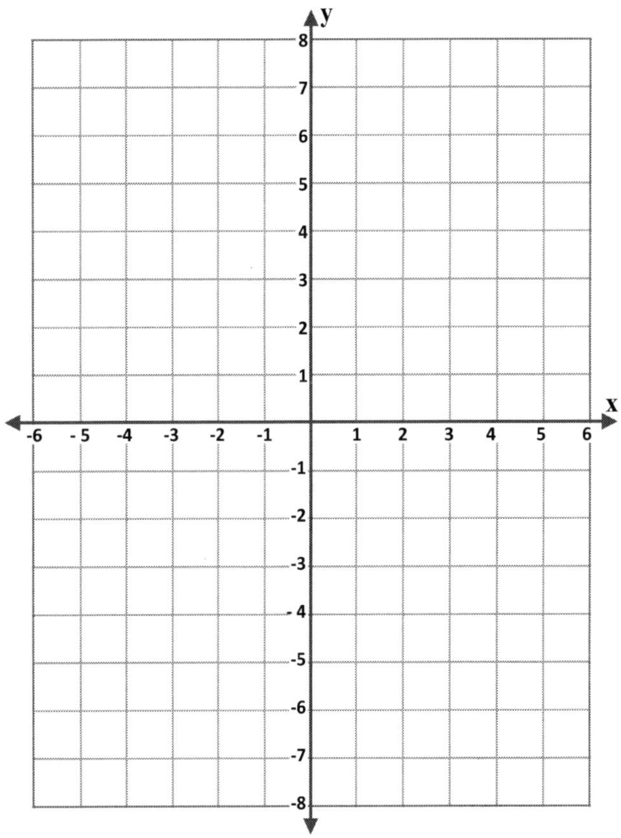
y
x
8 7 6 5 4 3 2 1 -1 -2 -3 -4 -5 -6 -7 -8
-6 -5 -4 -3 -2 -1 1 2 3 4 5 6

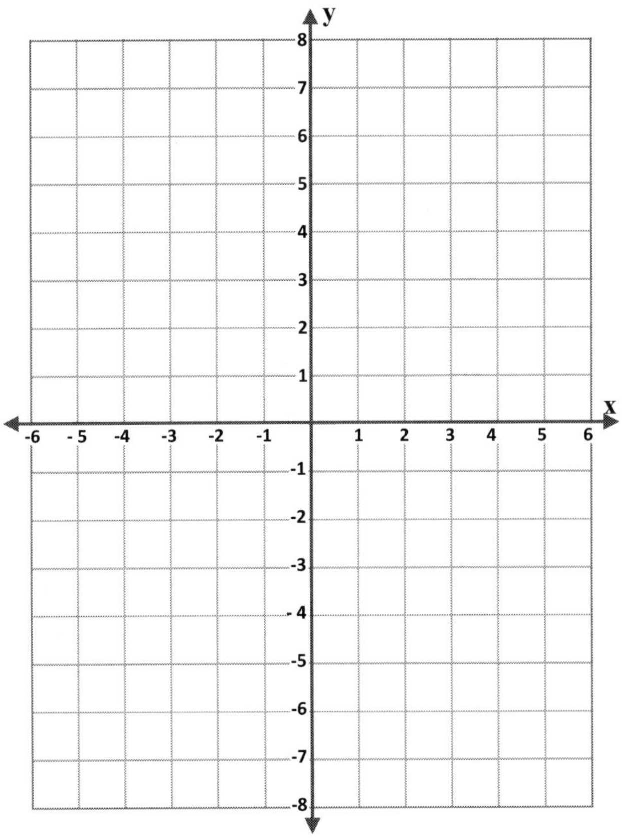
y
x
8 7 6 5 4 3 2 1 -1 -2 -3 -4 -5 -6 -7 -8
-6 -5 -4 -3 -2 -1 1 2 3 4 5 6

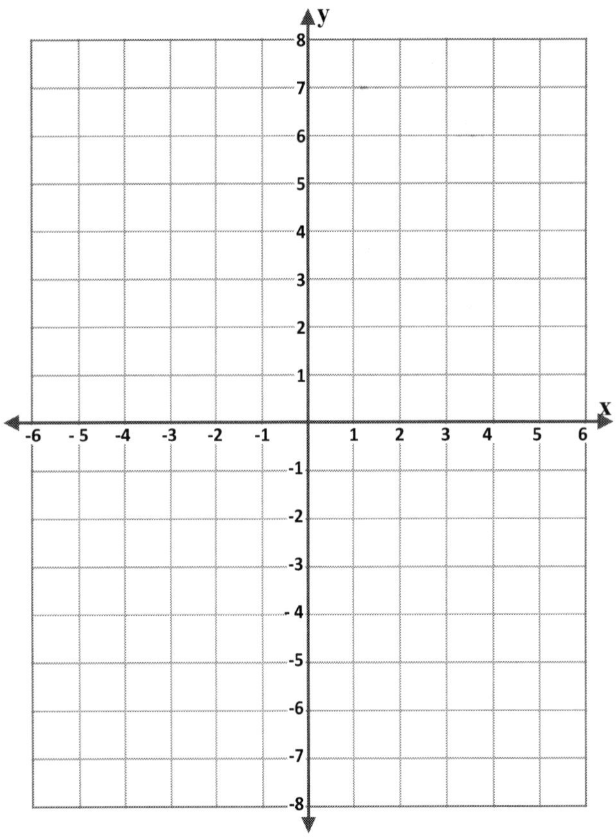
y
x
8 7 6 5 4 3 2 1 -1 -2 -3 -4 -5 -6 -7 -8
-6 -5 -4 -3 -2 -1 1 2 3 4 5 6

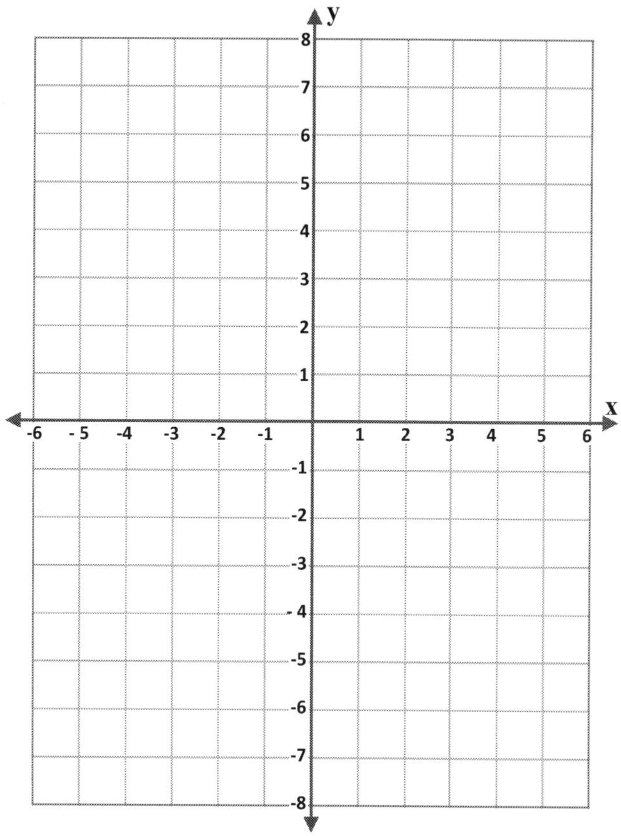
y
8
7
6
5
4
3
2
1
x
-6
- 5
-4
-3
-2
-1
1
2
3
4
5
6
-1
-2
-3
- 4
-5
-6
-7
-8

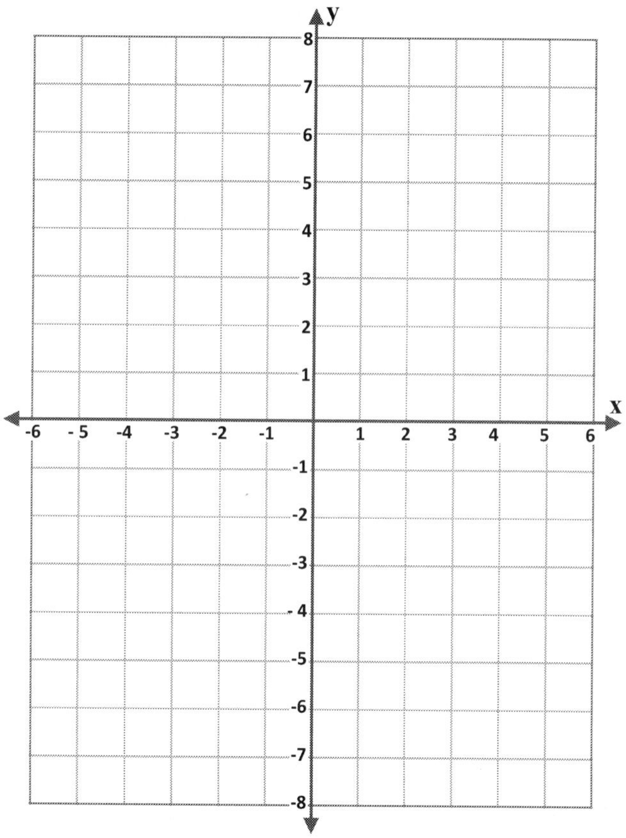
y
8
7
6
5
4
3
2
1
x
-6
- 5
-4
-3
-2
-1
1
2
3
4
5
6
-1
-2
-3
- 4
-5
-6
-7
-8

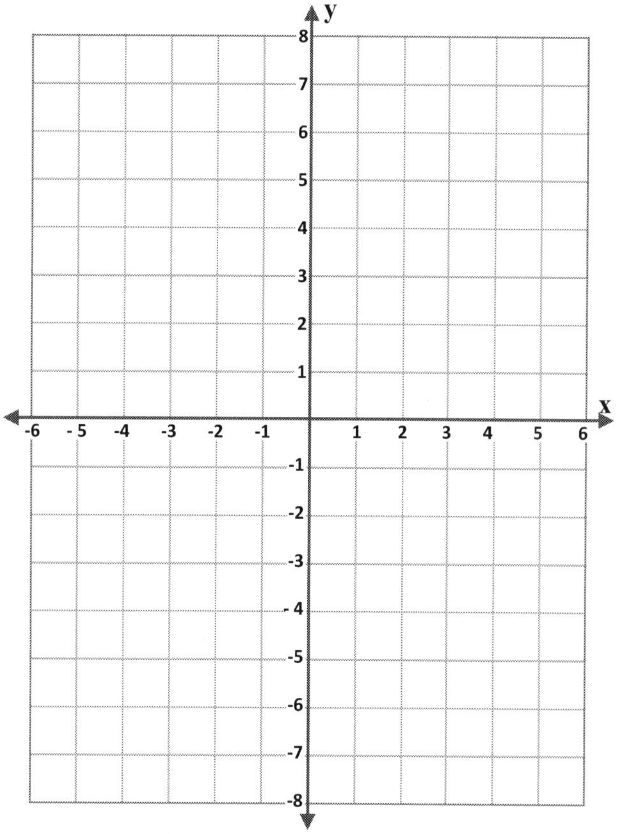
y
8
7
6
5
4
3
2
1
x
-6
- 5
-4
-3
-2
-1
1
2
3
4
5
6
-1
-2
-3
- 4
-5
-6
-7
-8

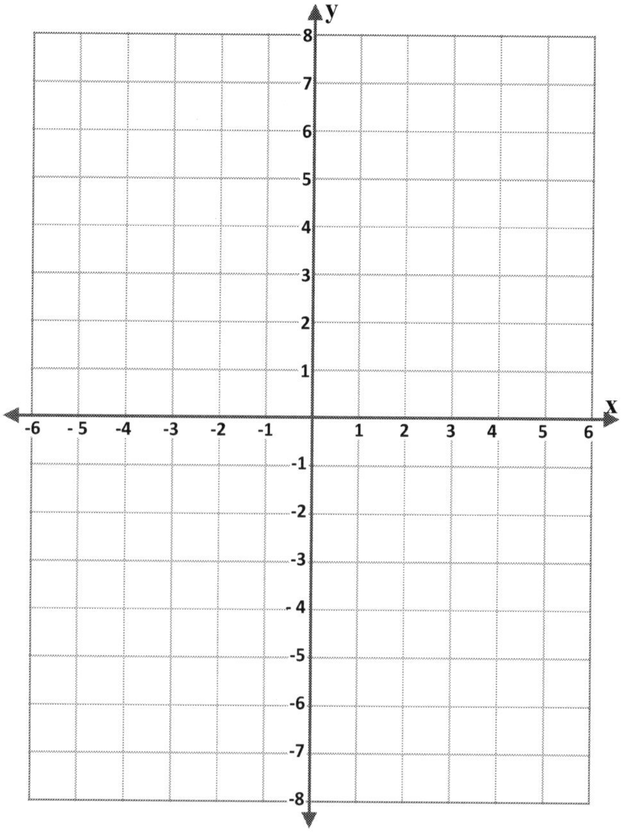
y
8
7
6
5
4
3
2
1
x
-6
- 5
-4
-3
-2
-1
1
2
3
4
5
6
-1
-2
-3
- 4
-5
-6
-7
-8

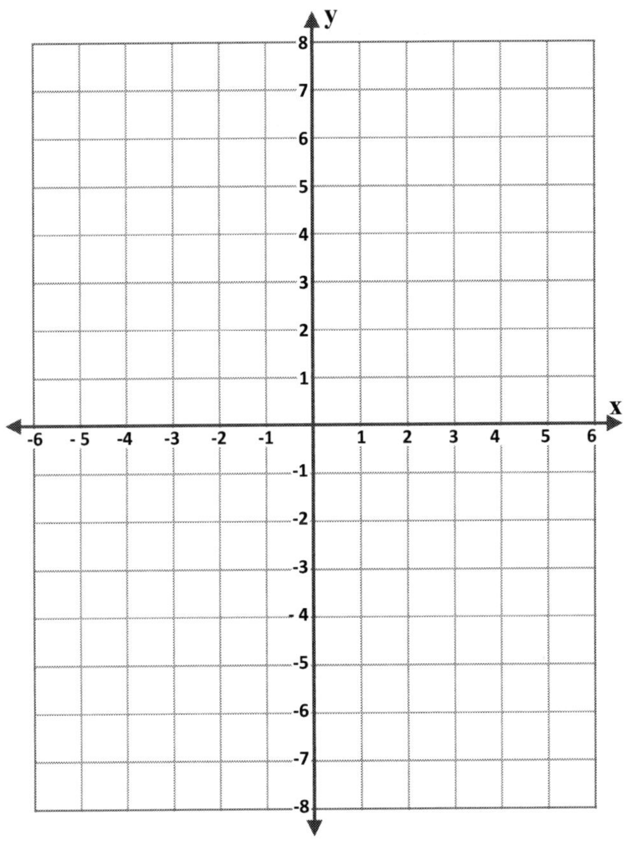
y
x
-6 -5 -4 -3 -2 -1 1 2 3 4 5 6
8 7 6 5 4 3 2 1 -1 -2 -3 -4 -5 -6 -7 -8

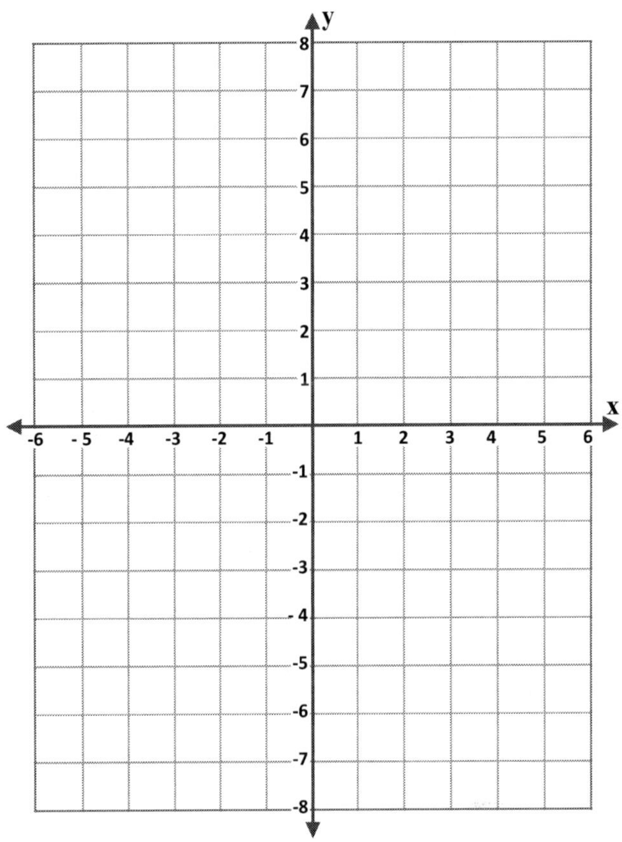
y
x
-6 -5 -4 -3 -2 -1 1 2 3 4 5 6
8 7 6 5 4 3 2 1 -1 -2 -3 -4 -5 -6 -7 -8

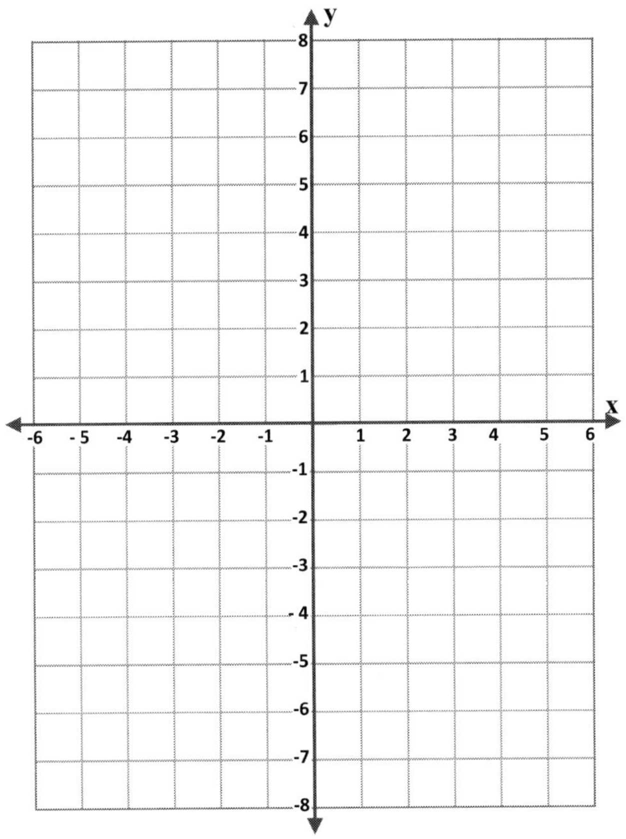
y
x
-6 -5 -4 -3 -2 -1 1 2 3 4 5 6
8 7 6 5 4 3 2 1 -1 -2 -3 -4 -5 -6 -7 -8

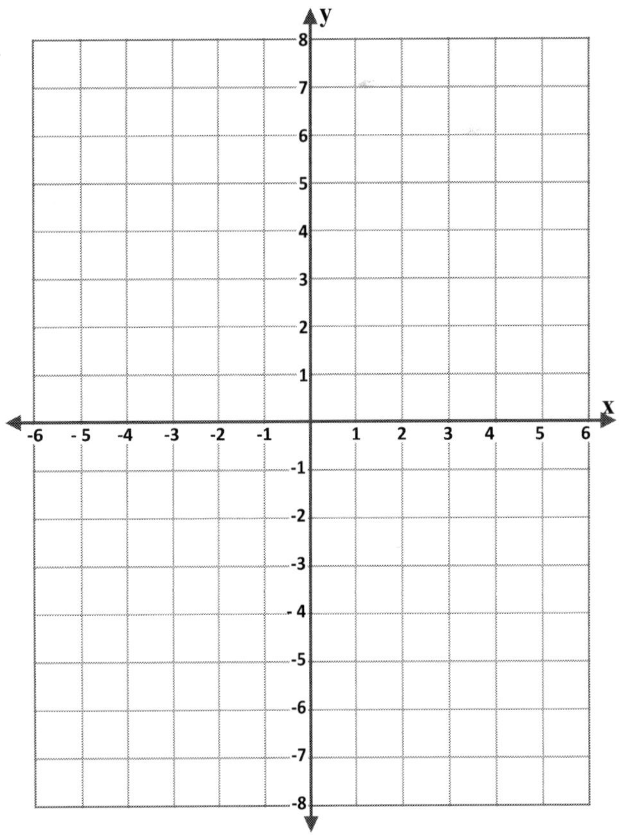
y
x
-6 -5 -4 -3 -2 -1 1 2 3 4 5 6
8 7 6 5 4 3 2 1 -1 -2 -3 -4 -5 -6 -7 -8

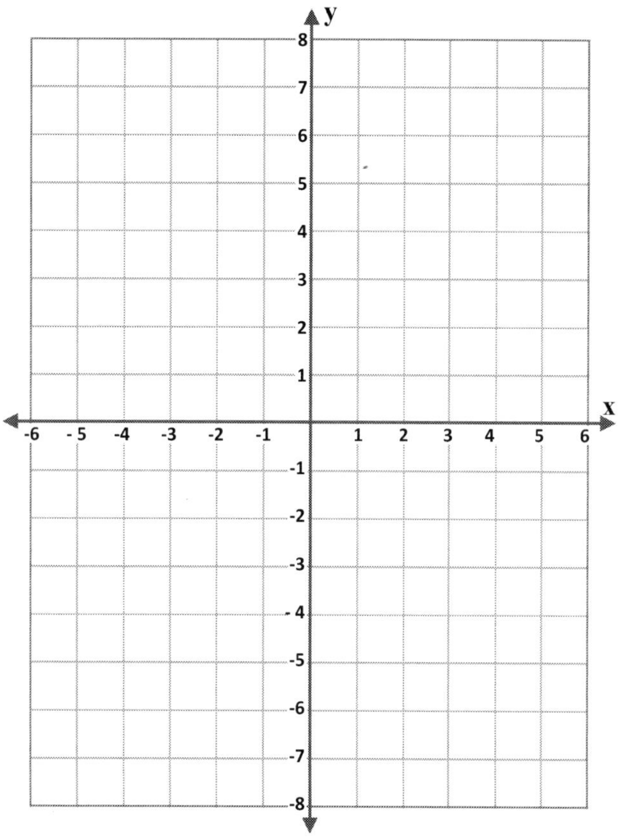
y
x
8 7 6 5 4 3 2 1 -1 -2 -3 -4 -5 -6 -7 -8
-6 -5 -4 -3 -2 -1 1 2 3 4 5 6
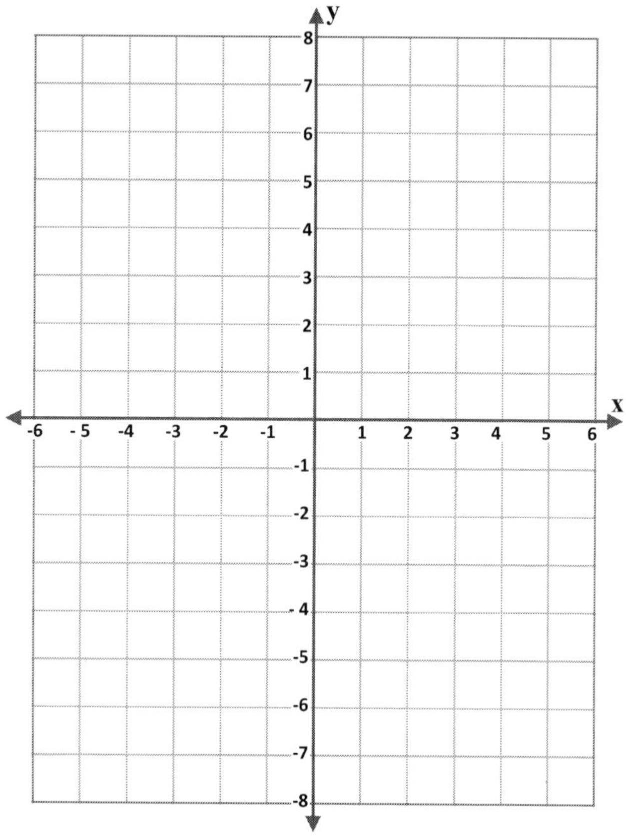
y
x
8 7 6 5 4 3 2 1 -1 -2 -3 -4 -5 -6 -7 -8
-6 -5 -4 -3 -2 -1 1 2 3 4 5 6
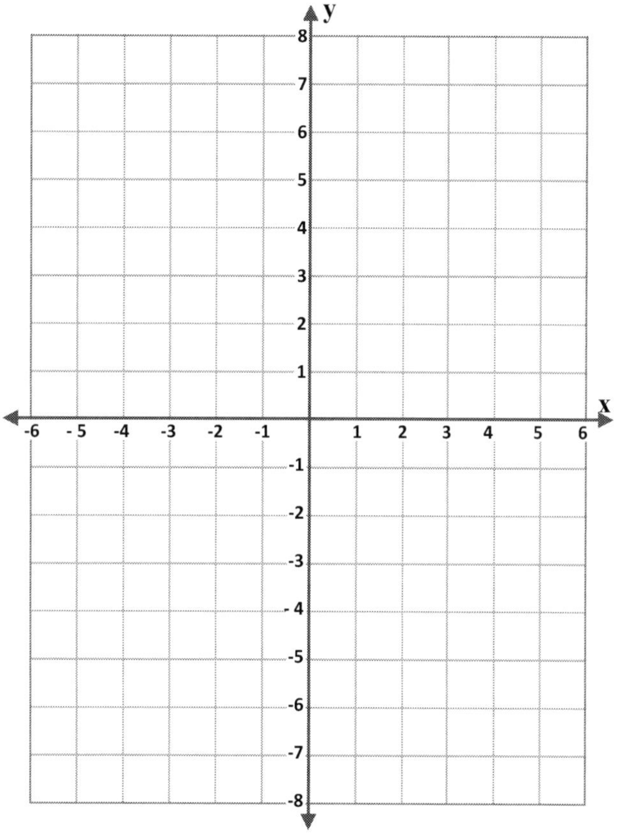
y
x
8 7 6 5 4 3 2 1 -1 -2 -3 -4 -5 -6 -7 -8
-6 -5 -4 -3 -2 -1 1 2 3 4 5 6
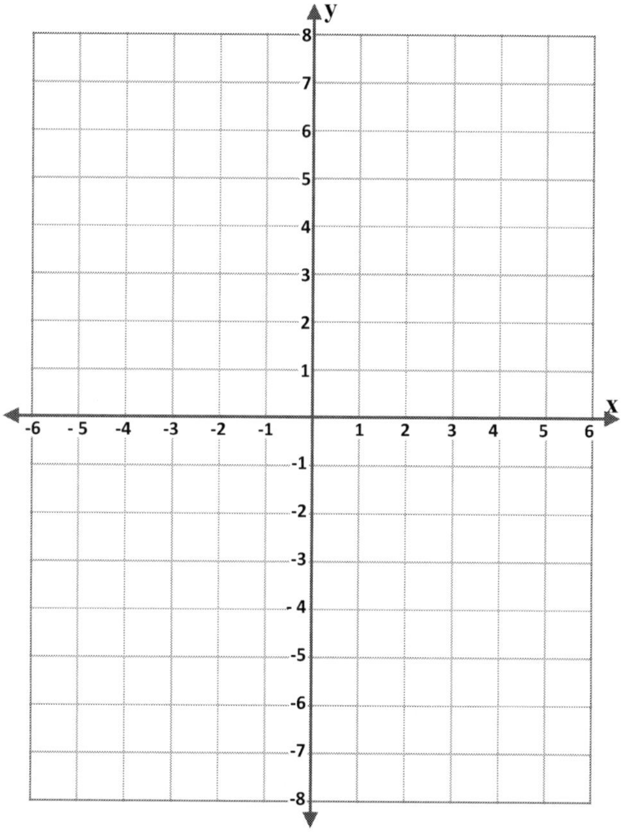
y
x
8 7 6 5 4 3 2 1 -1 -2 -3 -4 -5 -6 -7 -8
-6 -5 -4 -3 -2 -1 1 2 3 4 5 6

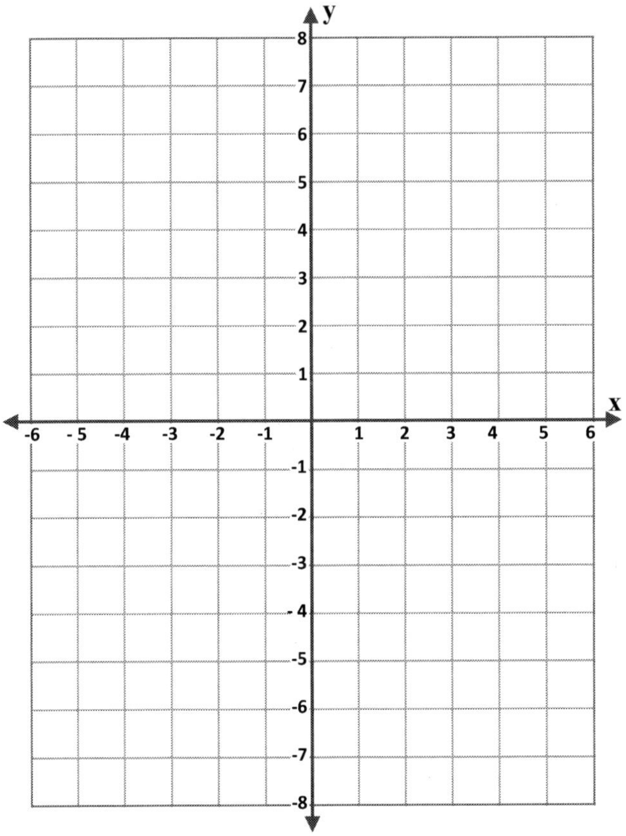
y
x
8 7 6 5 4 3 2 1 -1 -2 -3 -4 -5 -6 -7 -8
-6 - 5 -4 -3 -2 -1 1 2 3 4 5 6

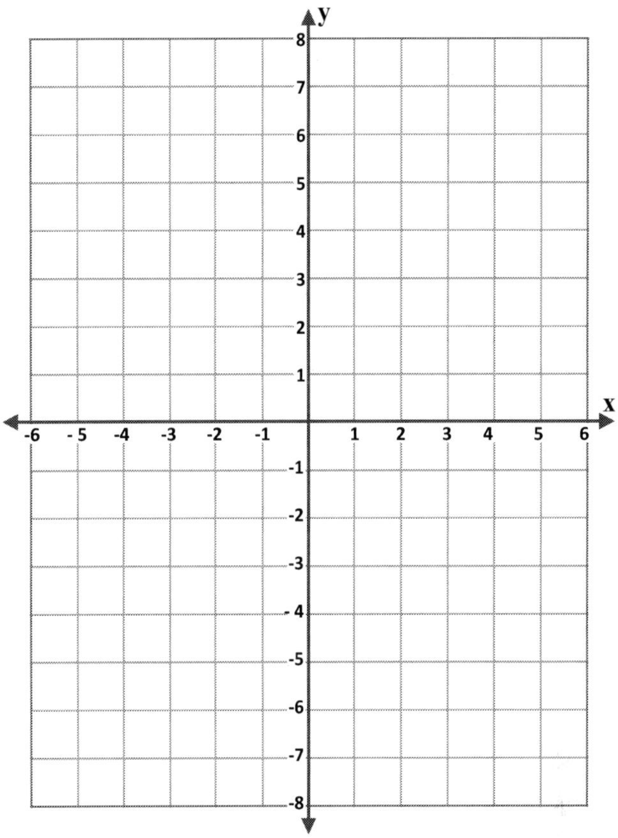
y
x
8 7 6 5 4 3 2 1 -1 -2 -3 - 4 -5 -6 -7 -8
-6 - 5 -4 -3 -2 -1 1 2 3 4 5 6

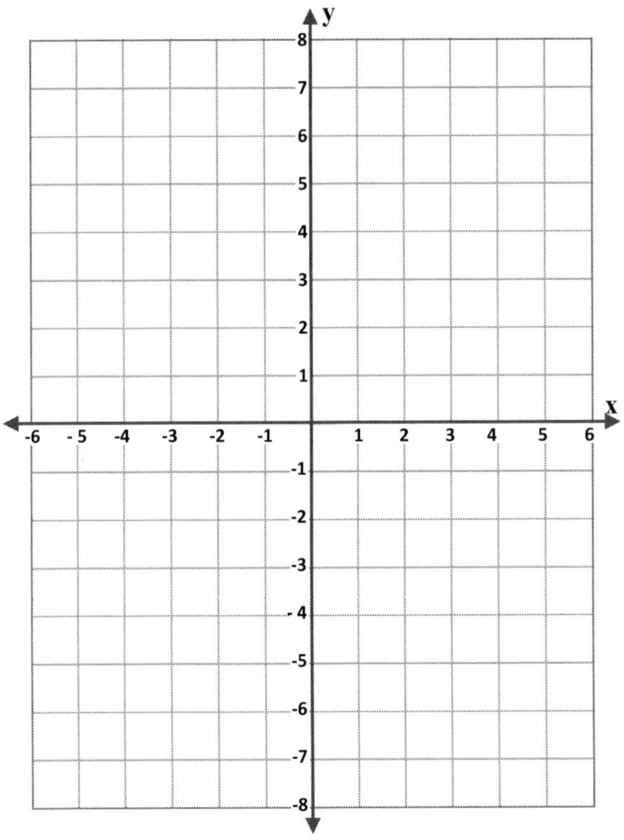
y
x
8 7 6 5 4 3 2 1 -1 -2 -3 - 4 -5 -6 -7 -8
-6 - 5 -4 -3 -2 -1 1 2 3 4 5 6

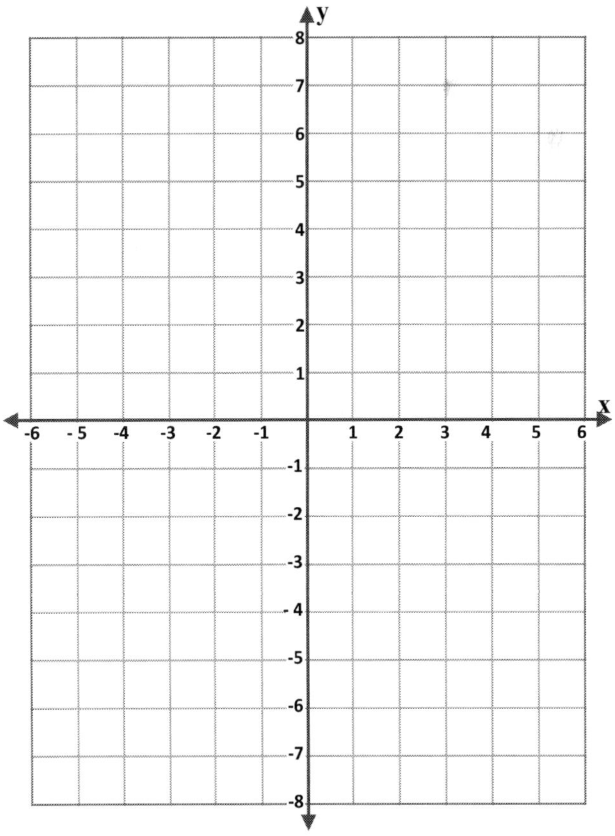
y
x
8 7 6 5 4 3 2 1 -1 -2 -3 - 4 -5 -6 -7 -8
-6 - 5 -4 -3 -2 -1 1 2 3 4 5 6

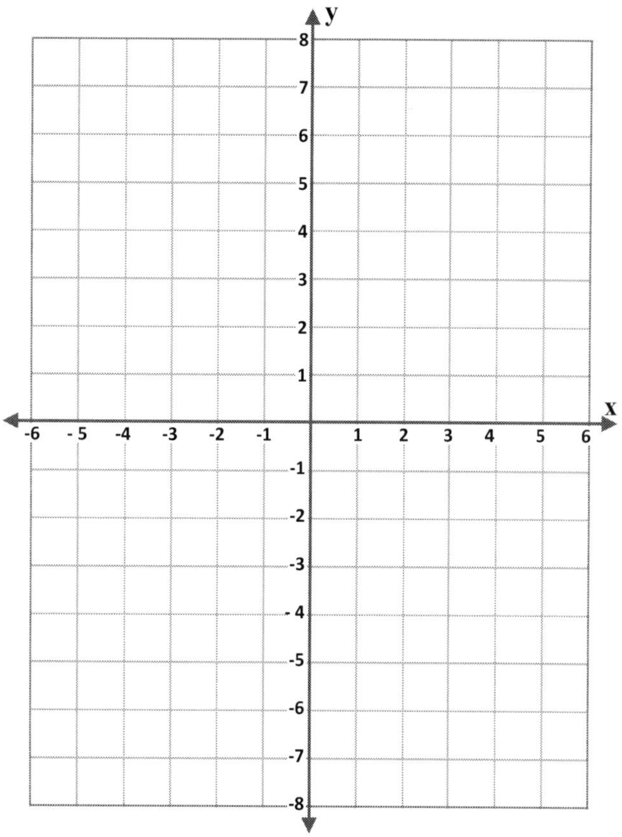
y
x
8
7
6
5
4
3
2
1
-1
-2
-3
-4
-5
-6
-7
-8
-6
-5
-4
-3
-2
-1
1
2
3
4
5
6
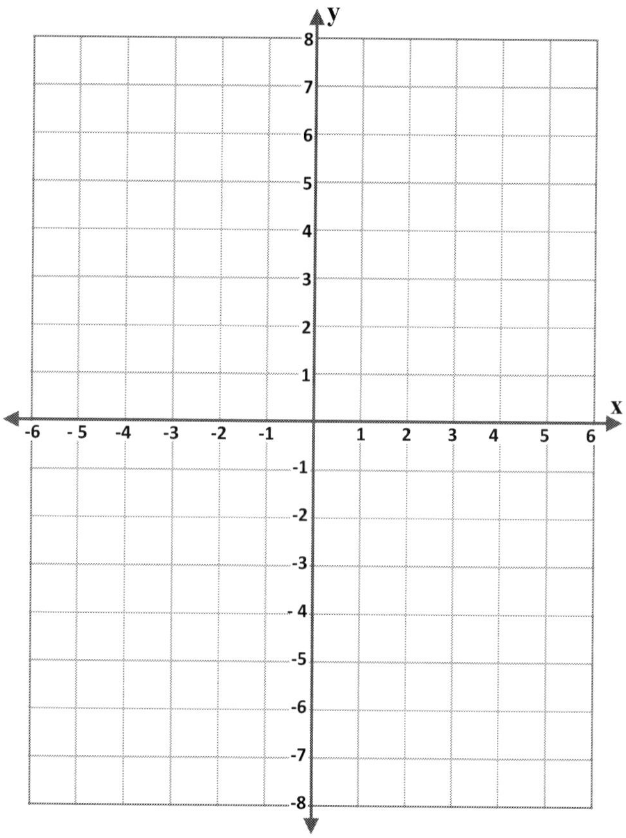
y
x
8
7
6
5
4
3
2
1
-1
-2
-3
-4
-5
-6
-7
-8
-6
-5
-4
-3
-2
-1
1
2
3
4
5
6
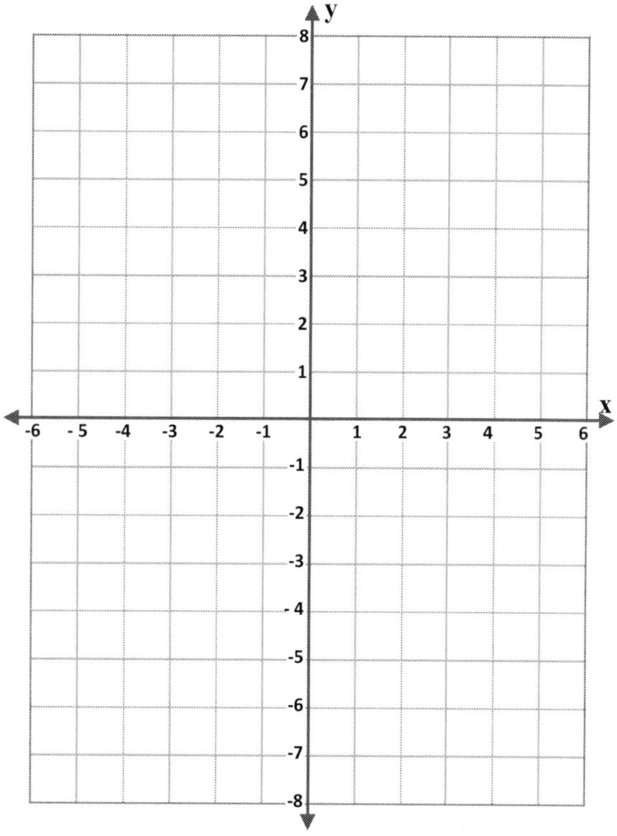
y
x
8
7
6
5
4
3
2
1
-1
-2
-3
-4
-5
-6
-7
-8
-6
-5
-4
-3
-2
-1
1
2
3
4
5
6
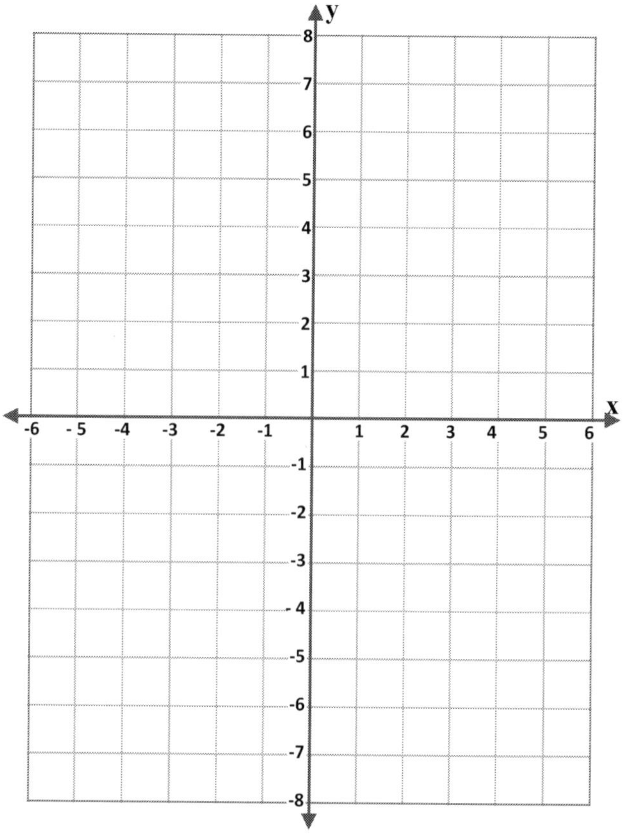
y
x
8
7
6
5
4
3
2
1
-1
-2
-3
-4
-5
-6
-7
-8
-6
-5
-4
-3
-2
-1
1
2
3
4
5
6

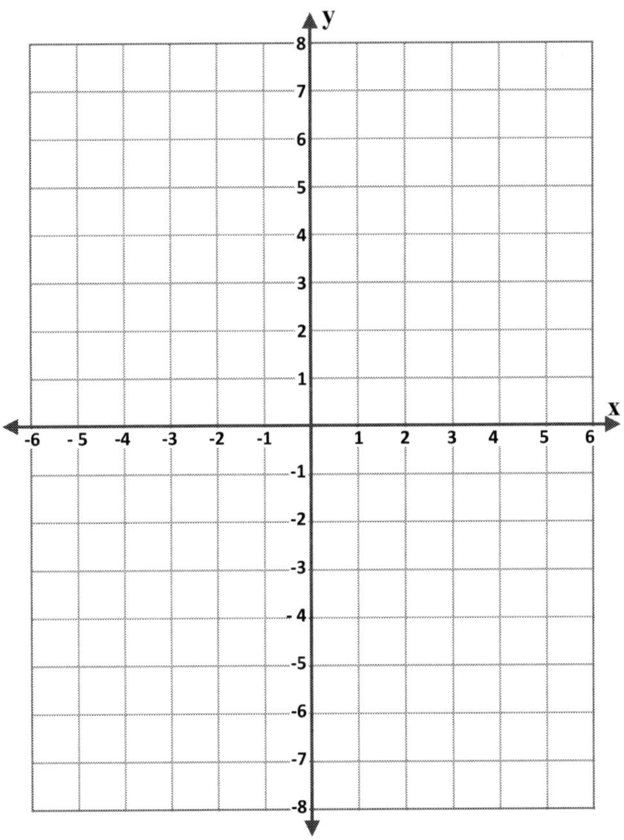
y
x
8
7
6
5
4
3
2
1
-1
-2
-3
-4
-5
-6
-7
-8
-6
-5
-4
-3
-2
-1
1
2
3
4
5
6

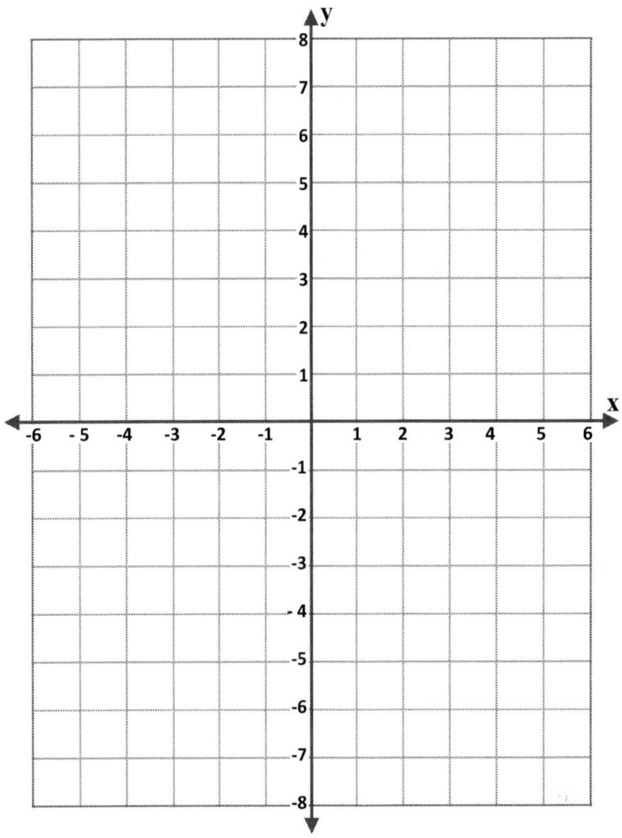
y
x
8
7
6
5
4
3
2
1
-1
-2
-3
-4
-5
-6
-7
-8
-6
-5
-4
-3
-2
-1
1
2
3
4
5
6

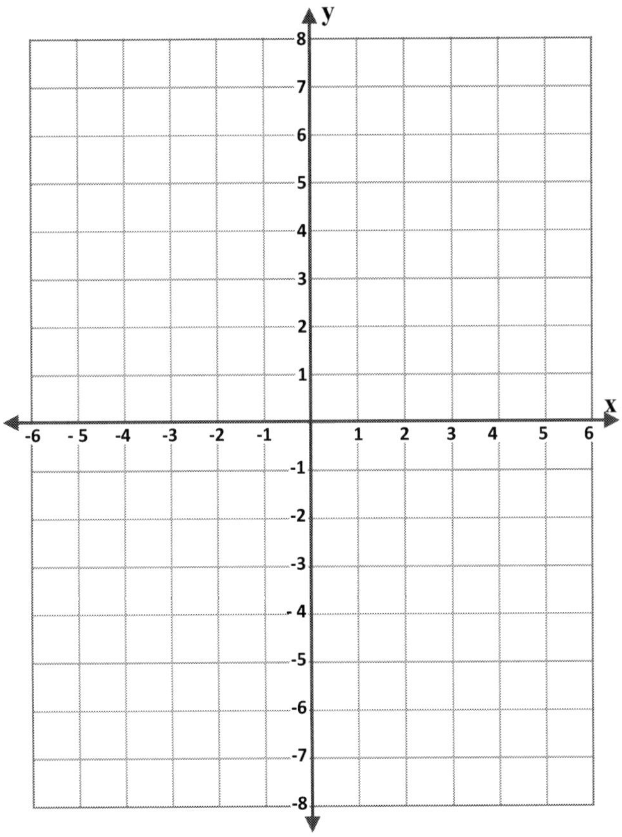
y
x
8
7
6
5
4
3
2
1
-1
-2
-3
-4
-5
-6
-7
-8
-6
-5
-4
-3
-2
-1
1
2
3
4
5
6

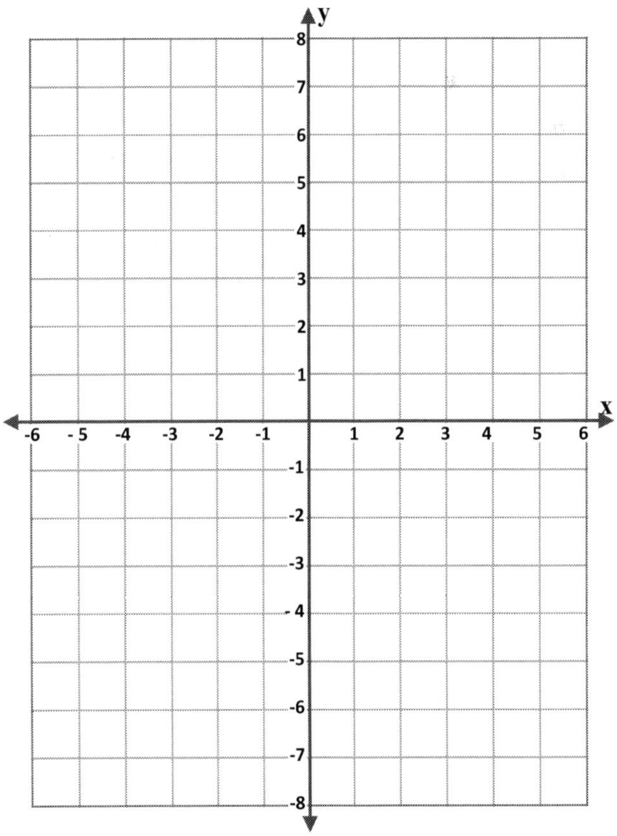
y
x
8
7
6
5
4
3
2
1
-1
-2
-3
-4
-5
-6
-7
-8
-6
-5
-4
-3
-2
-1
1
2
3
4
5
6

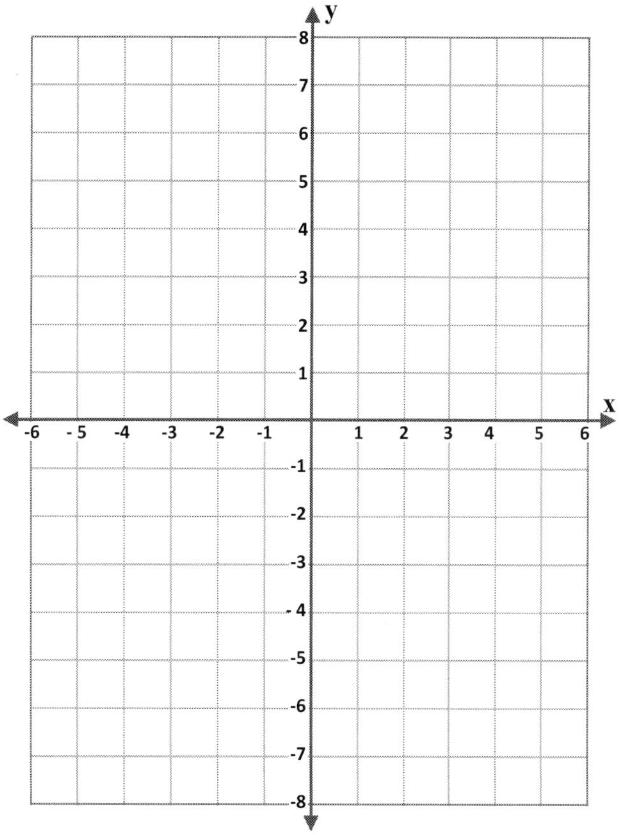
y
x
-6 -5 -4 -3 -2 -1 1 2 3 4 5 6
8 7 6 5 4 3 2 1 -1 -2 -3 -4 -5 -6 -7 -8

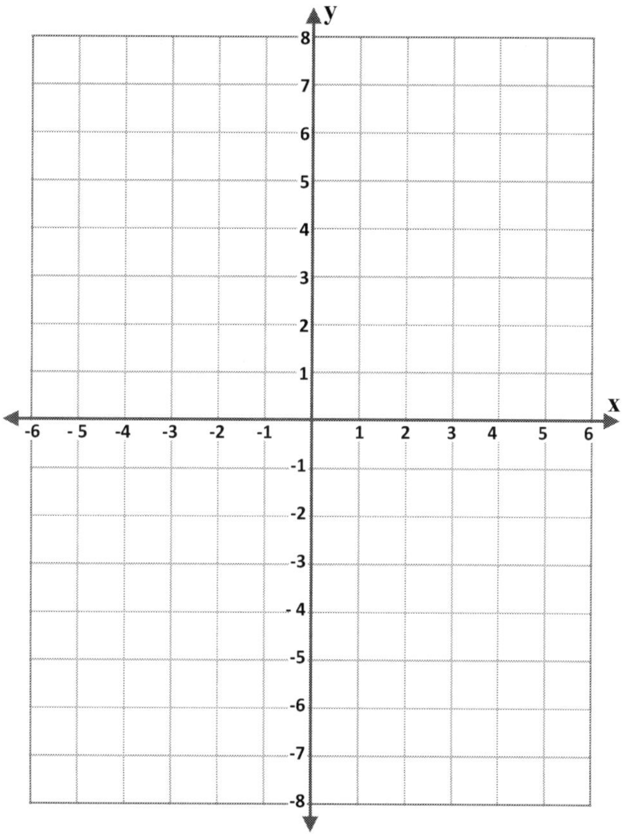
y
x
-6 -5 -4 -3 -2 -1 1 2 3 4 5 6
8 7 6 5 4 3 2 1 -1 -2 -3 -4 -5 -6 -7 -8

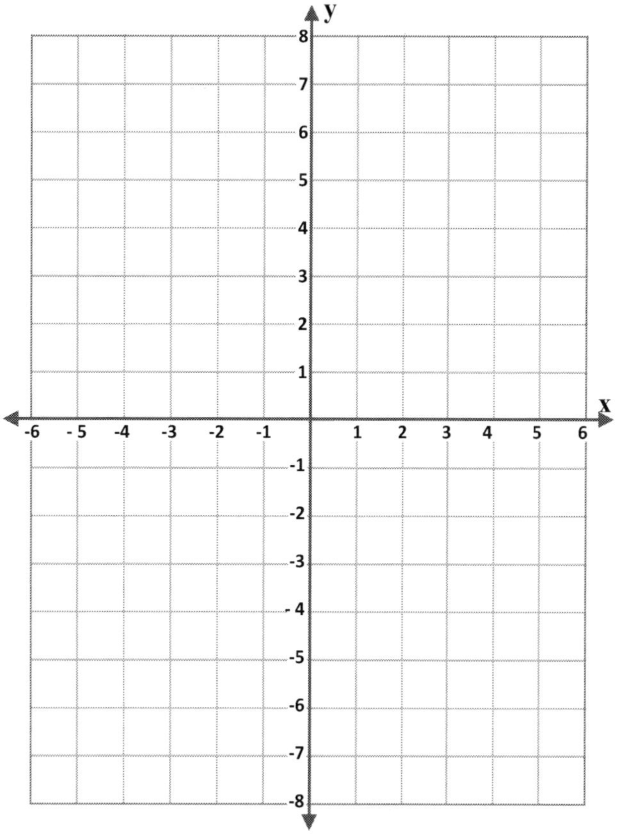
y
x
-6 -5 -4 -3 -2 -1 1 2 3 4 5 6
8 7 6 5 4 3 2 1 -1 -2 -3 -4 -5 -6 -7 -8

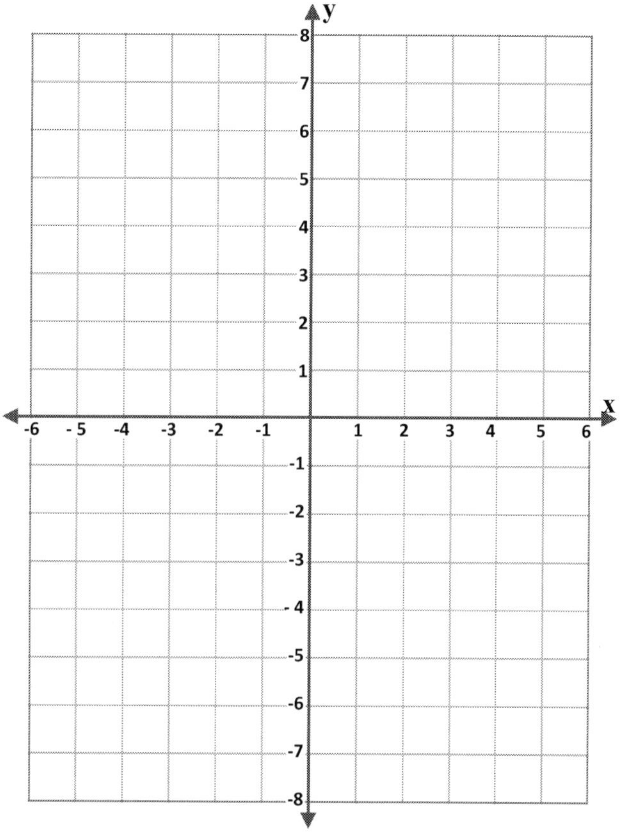
y
x
-6 -5 -4 -3 -2 -1 1 2 3 4 5 6
8 7 6 5 4 3 2 1 -1 -2 -3 -4 -5 -6 -7 -8

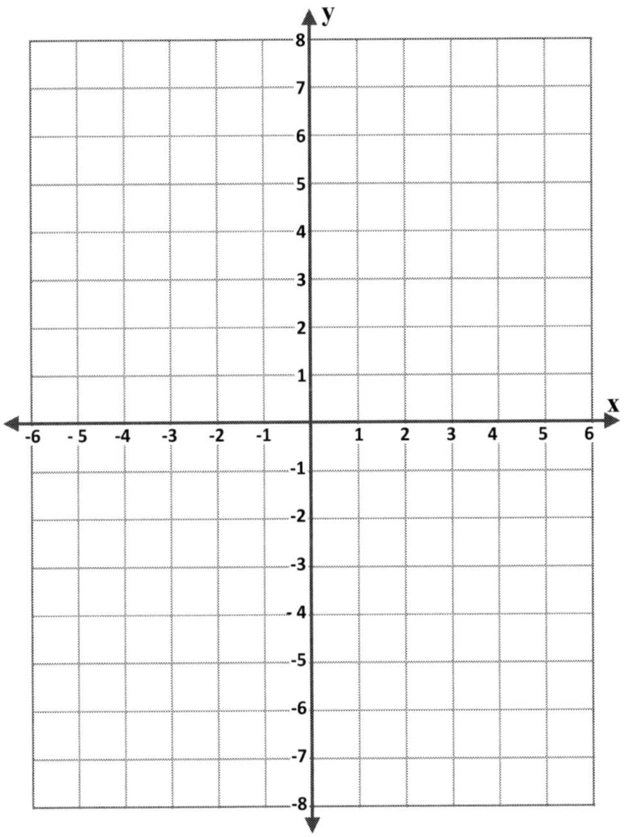
y
x
8 7 6 5 4 3 2 1 -1 -2 -3 -4 -5 -6 -7 -8
-6 -5 -4 -3 -2 -1 1 2 3 4 5 6
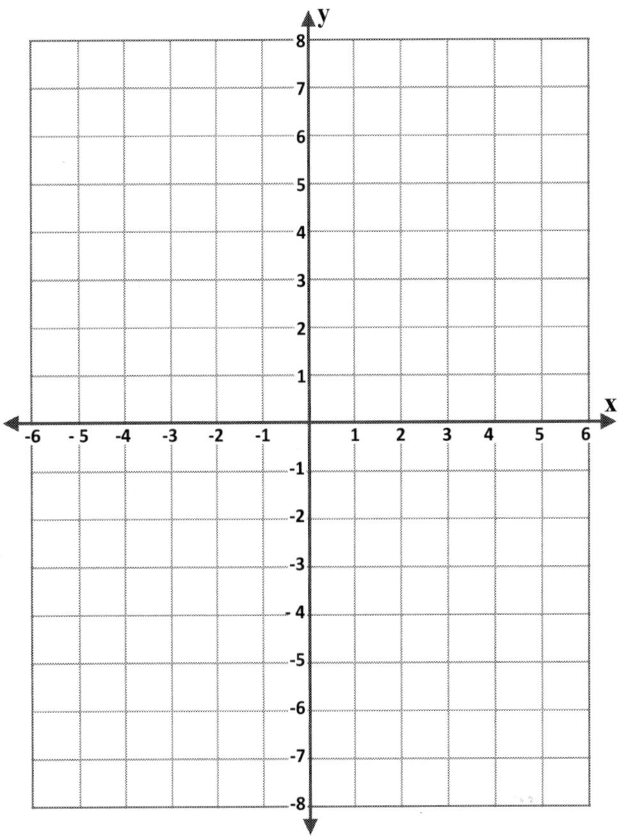
y
x
8 7 6 5 4 3 2 1 -1 -2 -3 -4 -5 -6 -7 -8
-6 -5 -4 -3 -2 -1 1 2 3 4 5 6
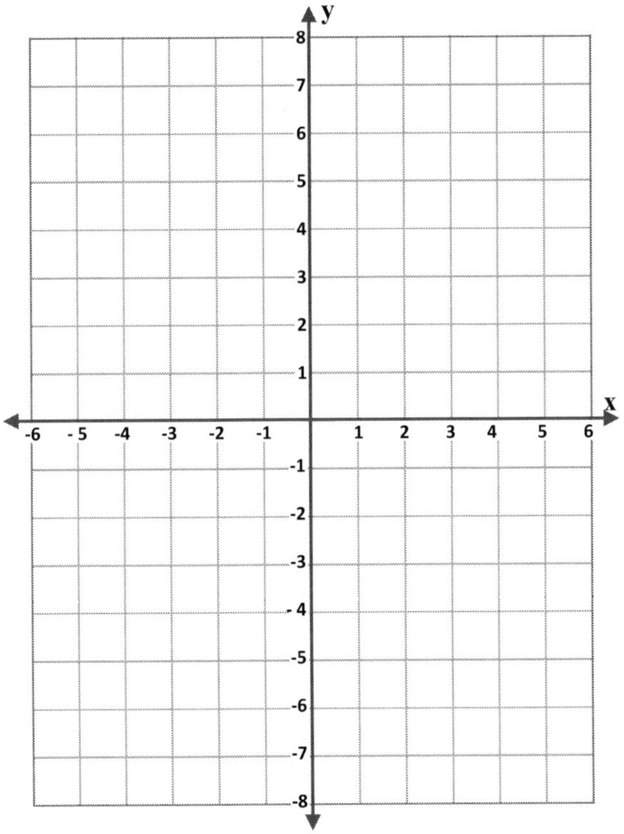
y
x
8 7 6 5 4 3 2 1 -1 -2 -3 -4 -5 -6 -7 -8
-6 -5 -4 -3 -2 -1 1 2 3 4 5 6
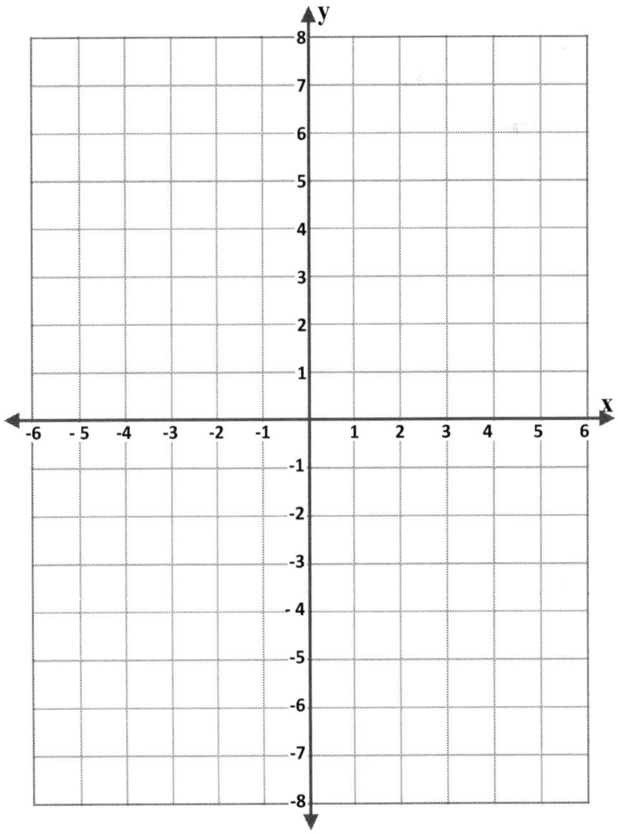
y
x
8 7 6 5 4 3 2 1 -1 -2 -3 -4 -5 -6 -7 -8
-6 -5 -4 -3 -2 -1 1 2 3 4 5 6

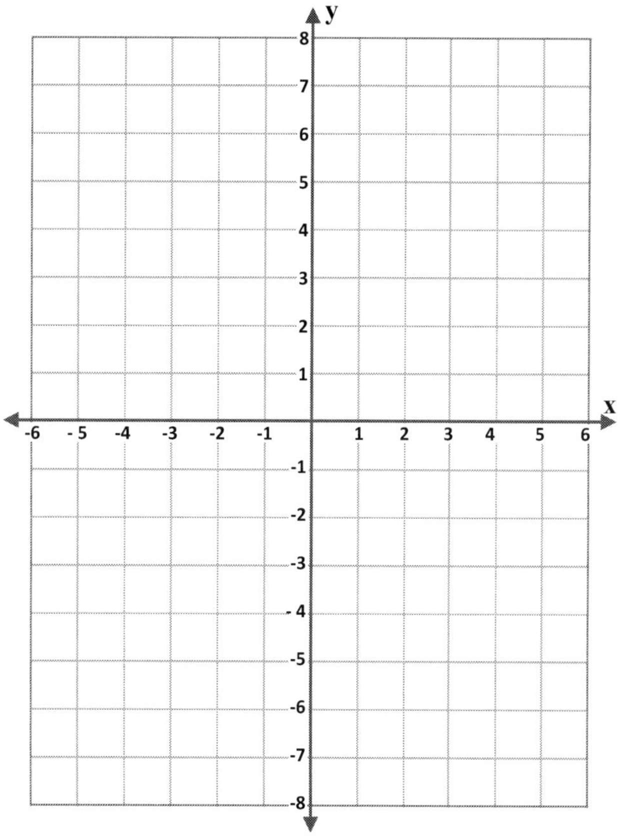
y
x
8
7
6
5
4
3
2
1
-1
-2
-3
-4
-5
-6
-7
-8
-6
-5
-4
-3
-2
-1
1
2
3
4
5
6

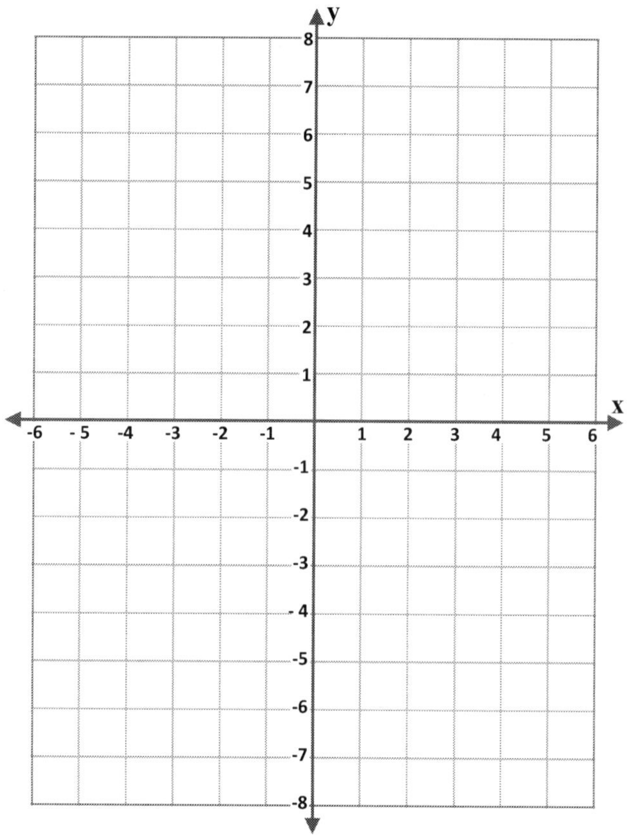
y
x
8
7
6
5
4
3
2
1
-1
-2
-3
-4
-5
-6
-7
-8
-6
-5
-4
-3
-2
-1
1
2
3
4
5
6

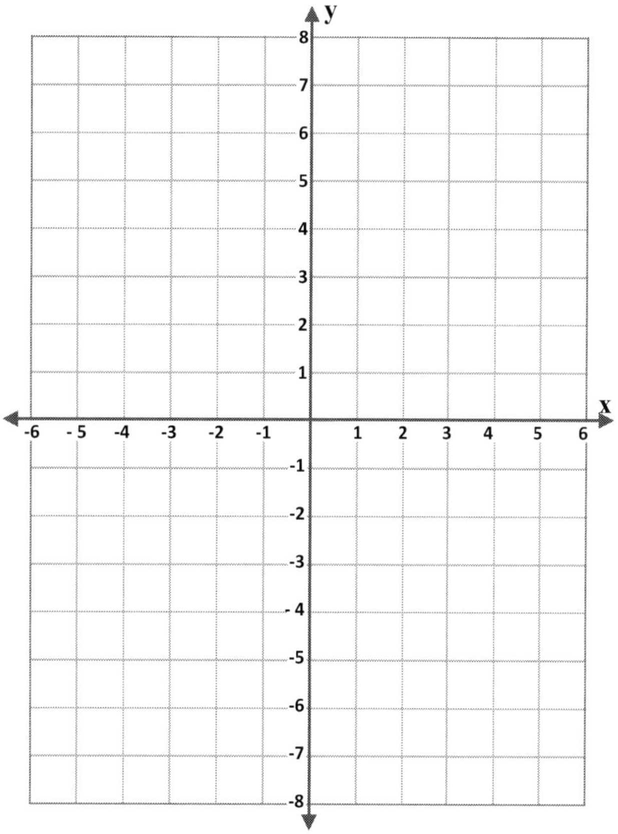
y
x
8
7
6
5
4
3
2
1
-1
-2
-3
-4
-5
-6
-7
-8
-6
-5
-4
-3
-2
-1
1
2
3
4
5
6

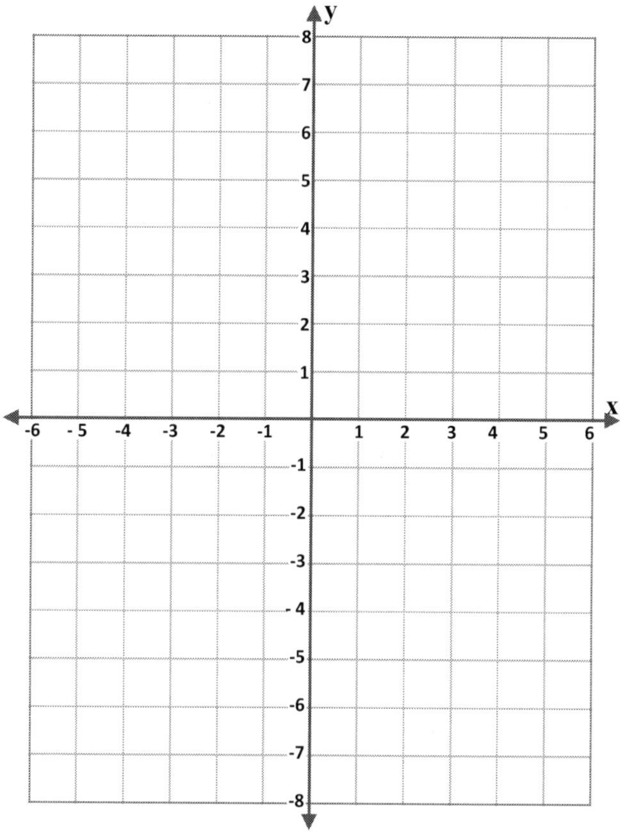
y
x
8
7
6
5
4
3
2
1
-1
-2
-3
-4
-5
-6
-7
-8
-6
-5
-4
-3
-2
-1
1
2
3
4
5
6

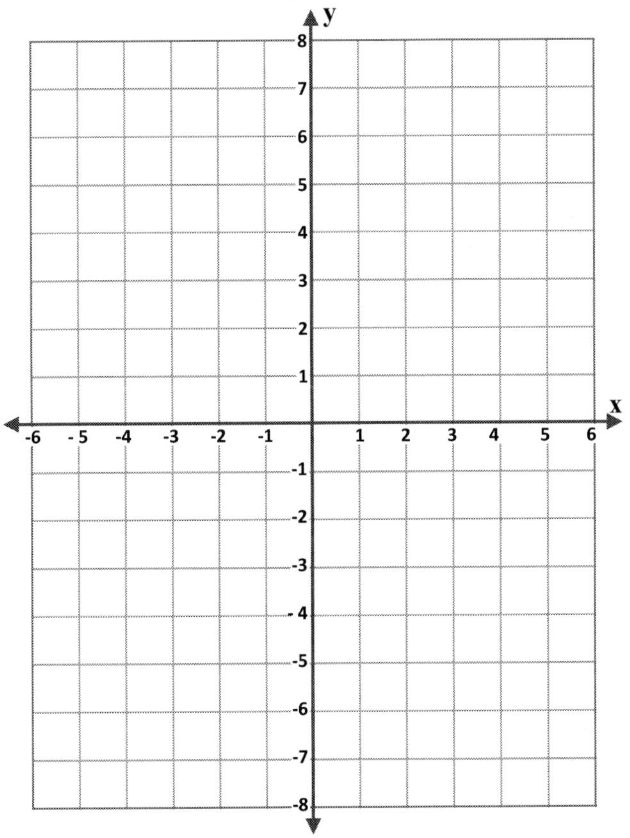
y
x
8 7 6 5 4 3 2 1 -1 -2 -3 -4 -5 -6 -7 -8
-6 -5 -4 -3 -2 -1 1 2 3 4 5 6

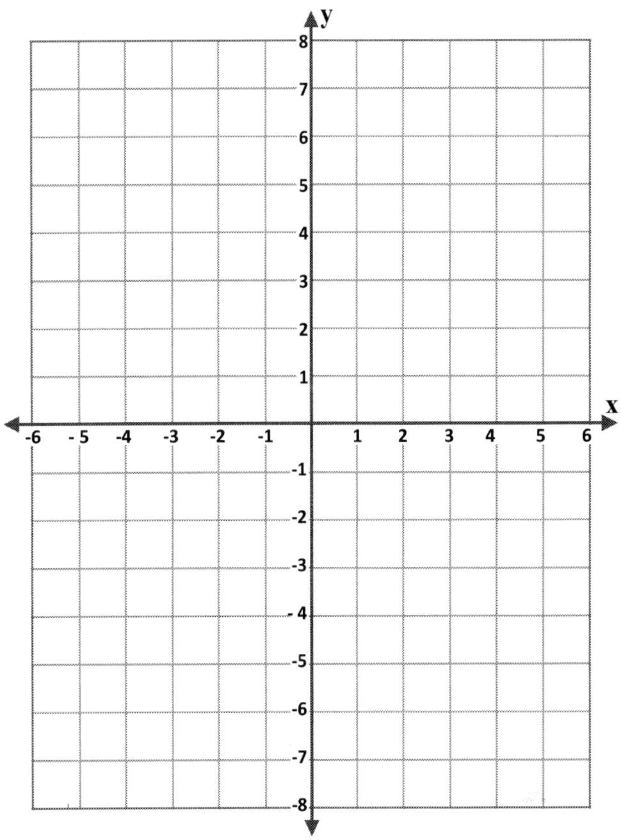
y
x
8 7 6 5 4 3 2 1 -1 -2 -3 -4 -5 -6 -7 -8
-6 -5 -4 -3 -2 -1 1 2 3 4 5 6

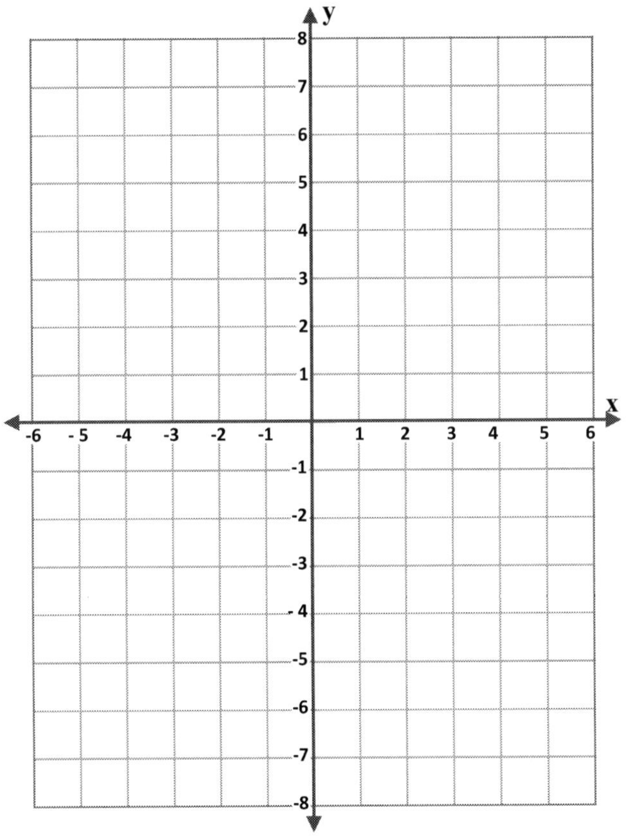
y
x
8 7 6 5 4 3 2 1 -1 -2 -3 -4 -5 -6 -7 -8
-6 -5 -4 -3 -2 -1 1 2 3 4 5 6

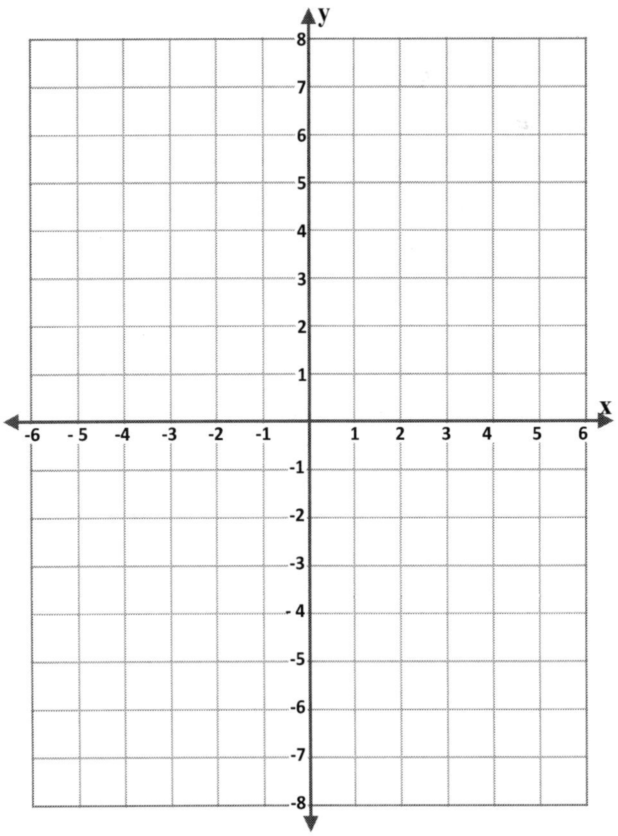
y
x
8 7 6 5 4 3 2 1 -1 -2 -3 -4 -5 -6 -7 -8
-6 -5 -4 -3 -2 -1 1 2 3 4 5 6

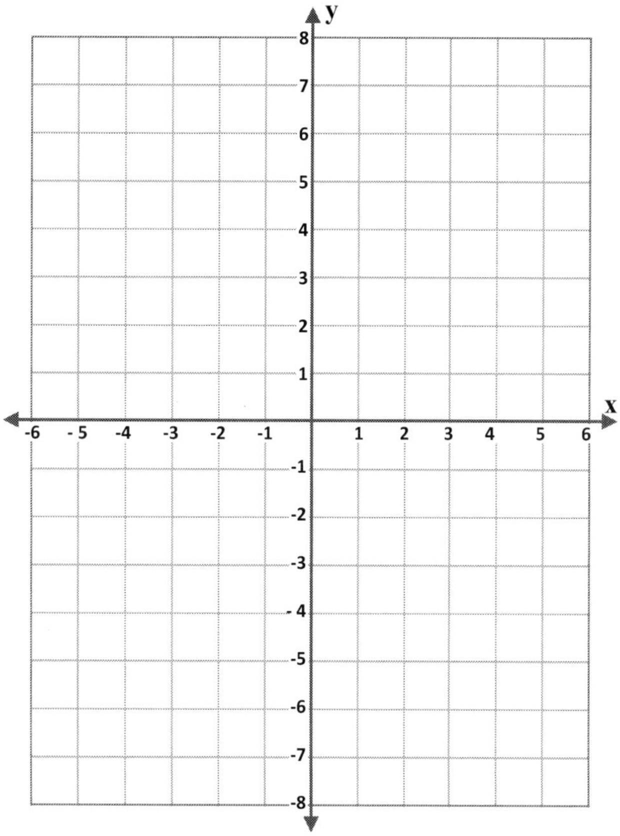
y
x
8 7 6 5 4 3 2 1 -1 -2 -3 -4 -5 -6 -7 -8
-6 -5 -4 -3 -2 -1 1 2 3 4 5 6

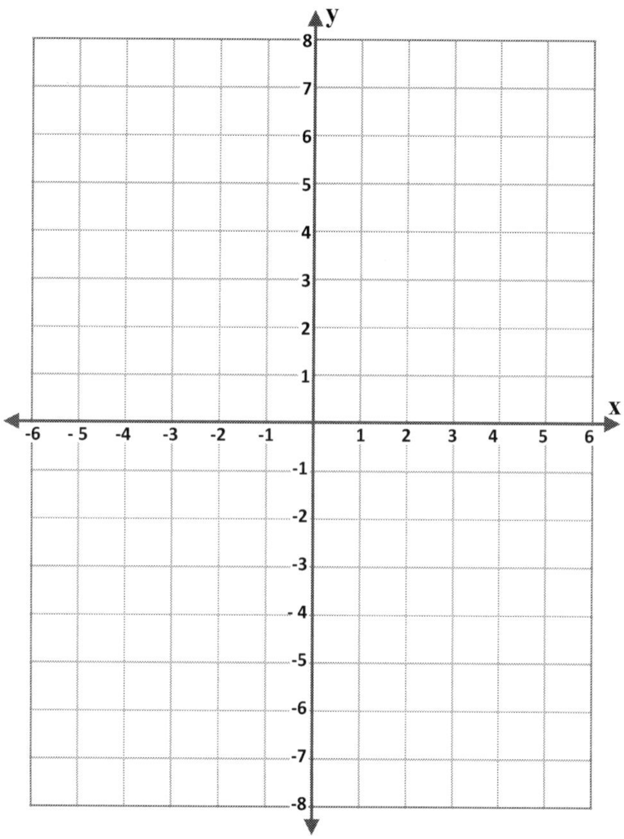
y
x
8 7 6 5 4 3 2 1 -1 -2 -3 -4 -5 -6 -7 -8
-6 -5 -4 -3 -2 -1 1 2 3 4 5 6

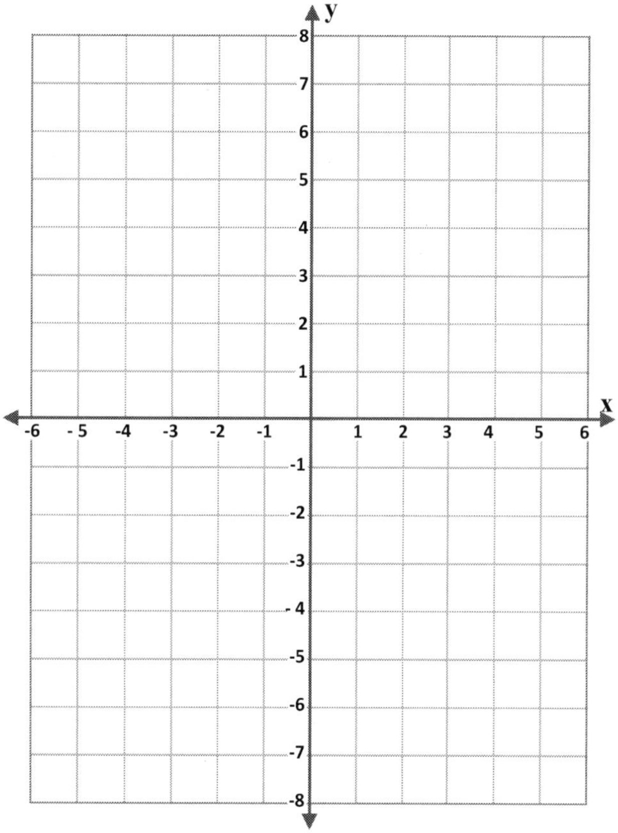
y
x
8 7 6 5 4 3 2 1 -1 -2 -3 -4 -5 -6 -7 -8
-6 -5 -4 -3 -2 -1 1 2 3 4 5 6

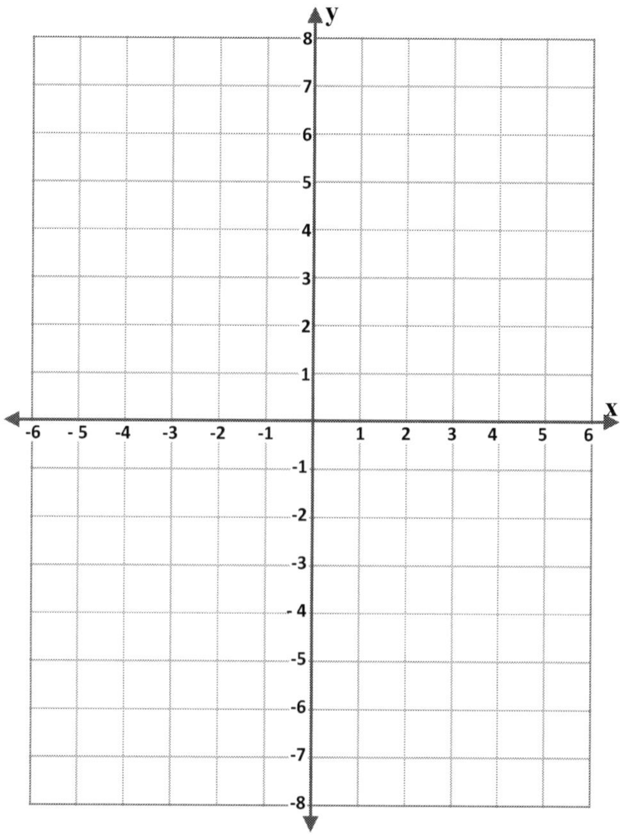
y
x
8 7 6 5 4 3 2 1 -1 -2 -3 -4 -5 -6 -7 -8
-6 -5 -4 -3 -2 -1 1 2 3 4 5 6

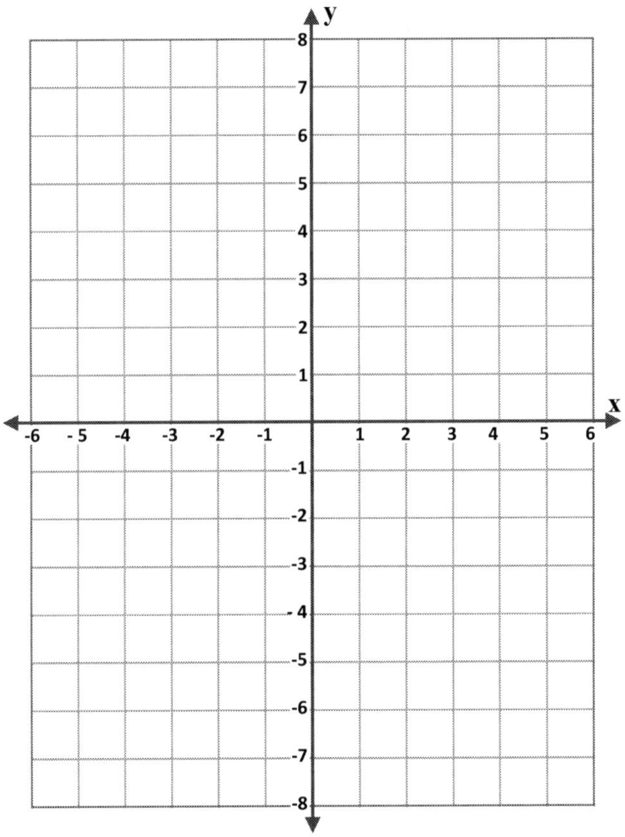
y
x
8 7 6 5 4 3 2 1 -1 -2 -3 -4 -5 -6 -7 -8
-6 -5 -4 -3 -2 -1 1 2 3 4 5 6

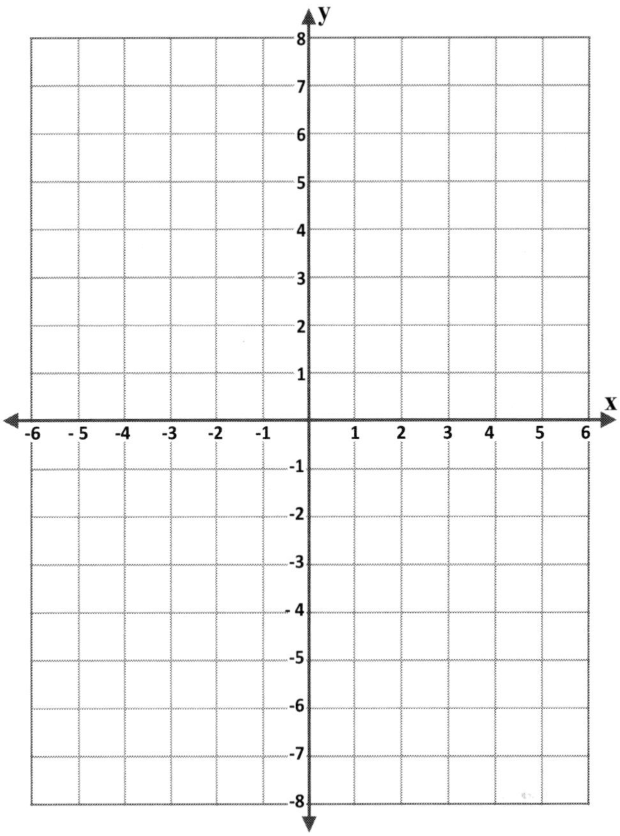
y
x
8 7 6 5 4 3 2 1 -1 -2 -3 -4 -5 -6 -7 -8
-6 -5 -4 -3 -2 -1 1 2 3 4 5 6

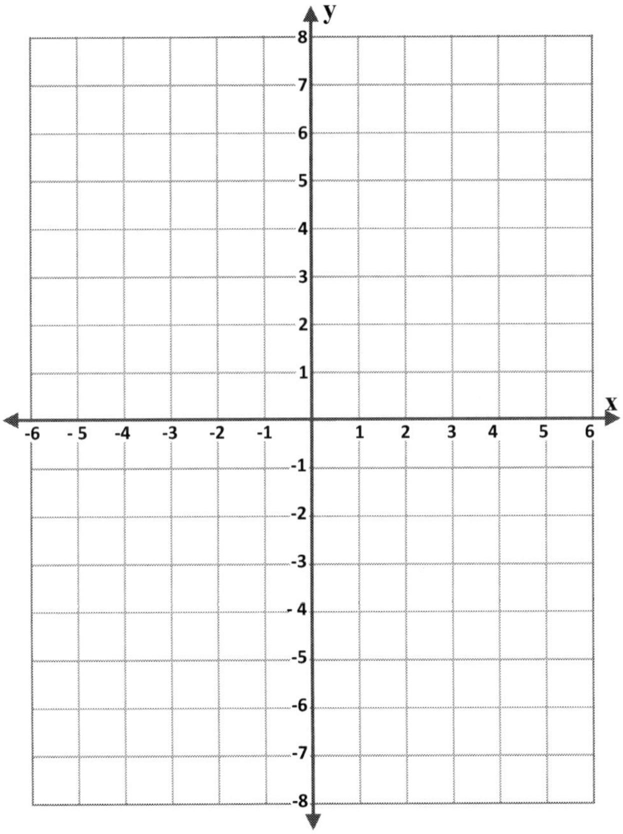
y
x
8 7 6 5 4 3 2 1 -1 -2 -3 -4 -5 -6 -7 -8
-6 -5 -4 -3 -2 -1 1 2 3 4 5 6

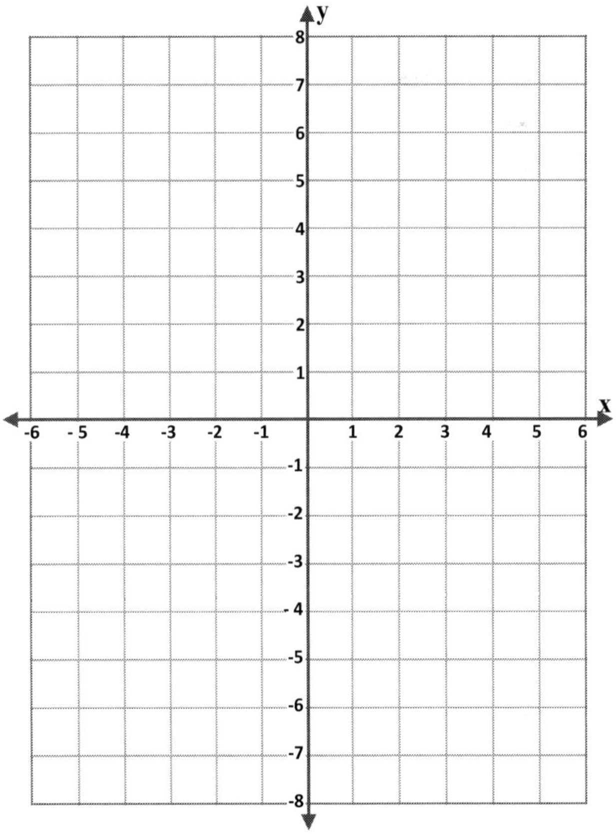
y
x
8 7 6 5 4 3 2 1 -1 -2 -3 -4 -5 -6 -7 -8
-6 -5 -4 -3 -2 -1 1 2 3 4 5 6

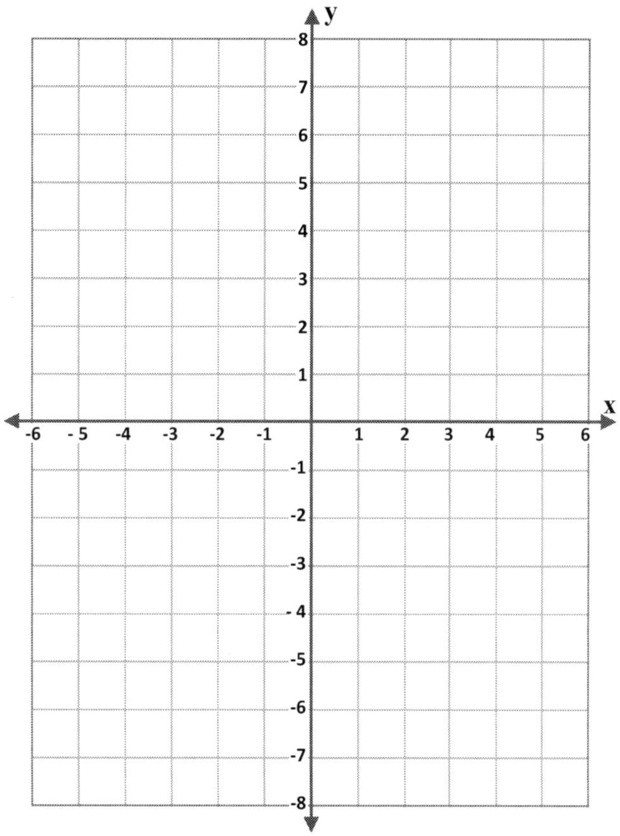
y
x
8 7 6 5 4 3 2 1 -1 -2 -3 -4 -5 -6 -7 -8
-6 -5 -4 -3 -2 -1 1 2 3 4 5 6

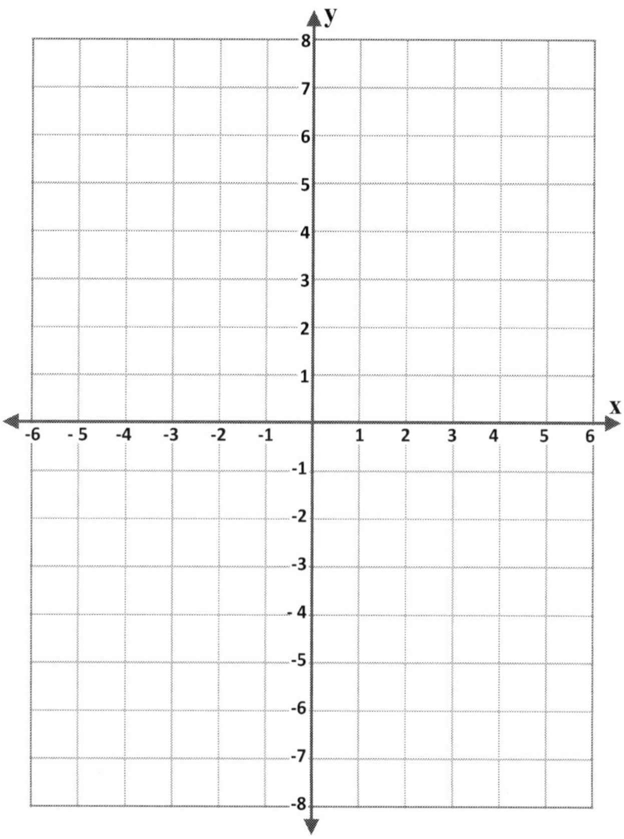
y
x
8 7 6 5 4 3 2 1 -1 -2 -3 -4 -5 -6 -7 -8
-6 -5 -4 -3 -2 -1 1 2 3 4 5 6

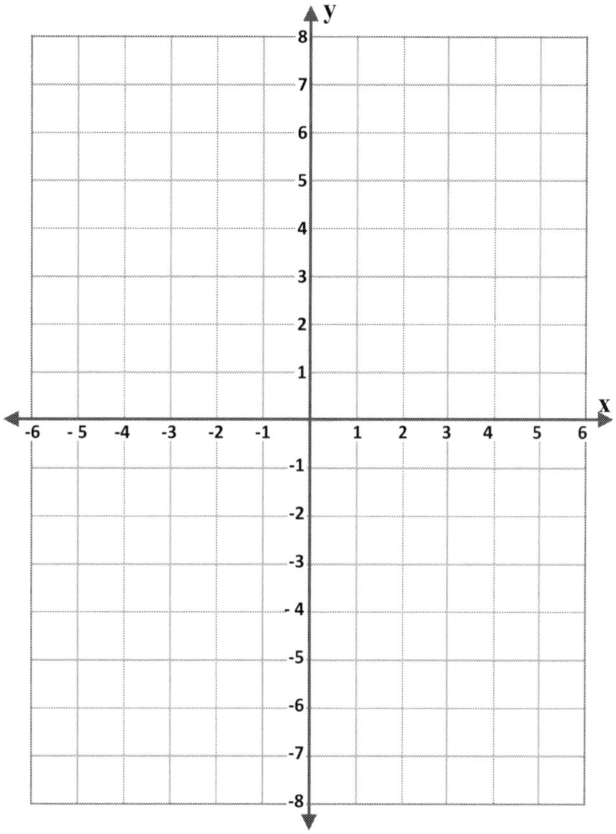
y
x
8 7 6 5 4 3 2 1 -1 -2 -3 -4 -5 -6 -7 -8
-6 -5 -4 -3 -2 -1 1 2 3 4 5 6

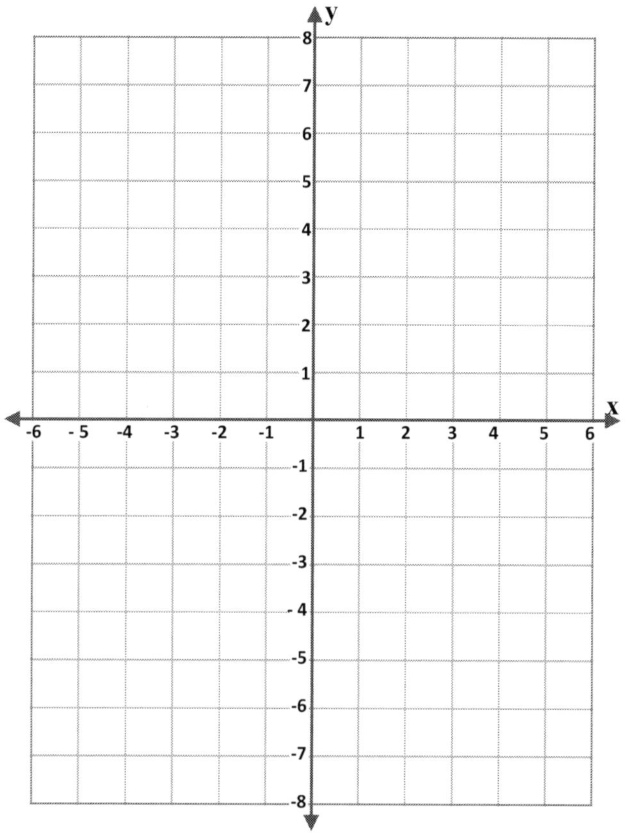
y
x
8 7 6 5 4 3 2 1 -1 -2 -3 -4 -5 -6 -7 -8
-6 -5 -4 -3 -2 -1 1 2 3 4 5 6

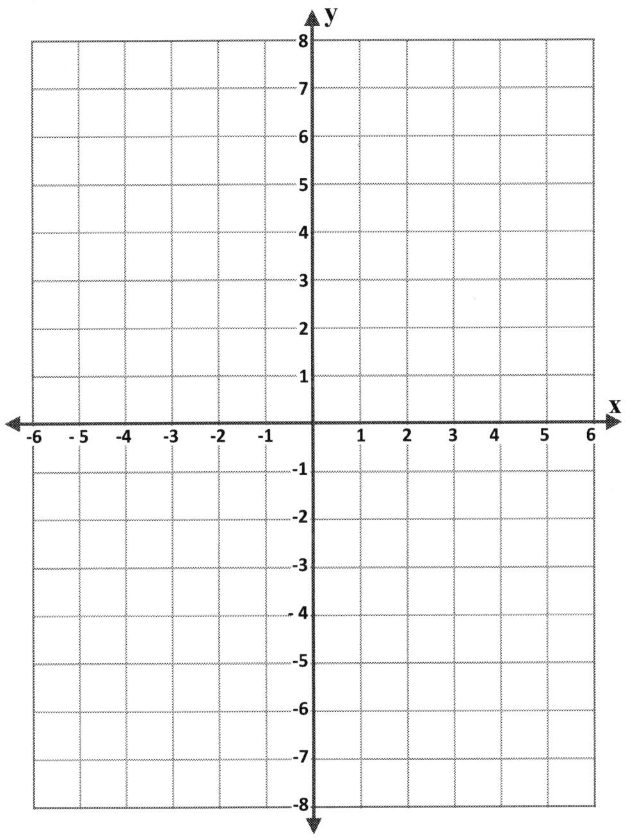
y
x
8 7 6 5 4 3 2 1 -1 -2 -3 -4 -5 -6 -7 -8
-6 -5 -4 -3 -2 -1 1 2 3 4 5 6
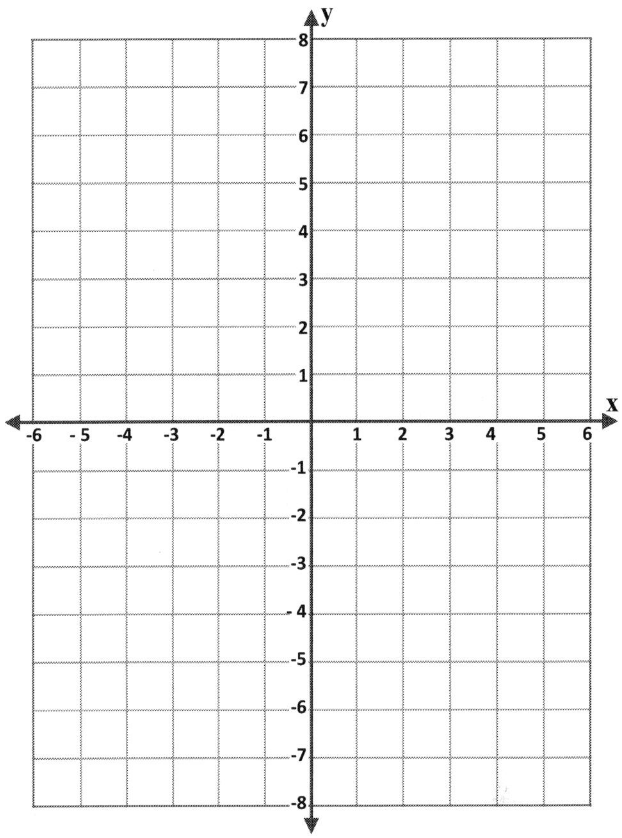
y
x
8 7 6 5 4 3 2 1 -1 -2 -3 -4 -5 -6 -7 -8
-6 -5 -4 -3 -2 -1 1 2 3 4 5 6
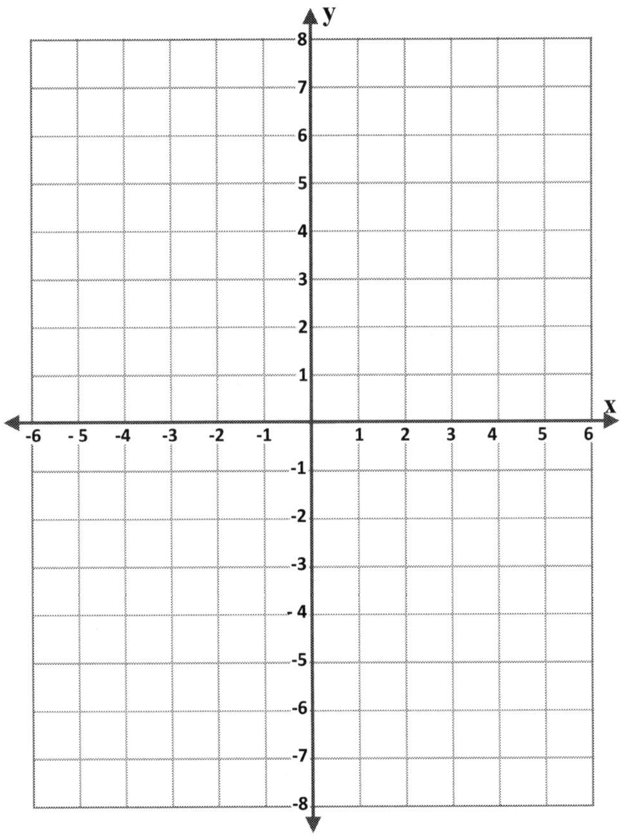
y
x
8 7 6 5 4 3 2 1 -1 -2 -3 -4 -5 -6 -7 -8
-6 -5 -4 -3 -2 -1 1 2 3 4 5 6
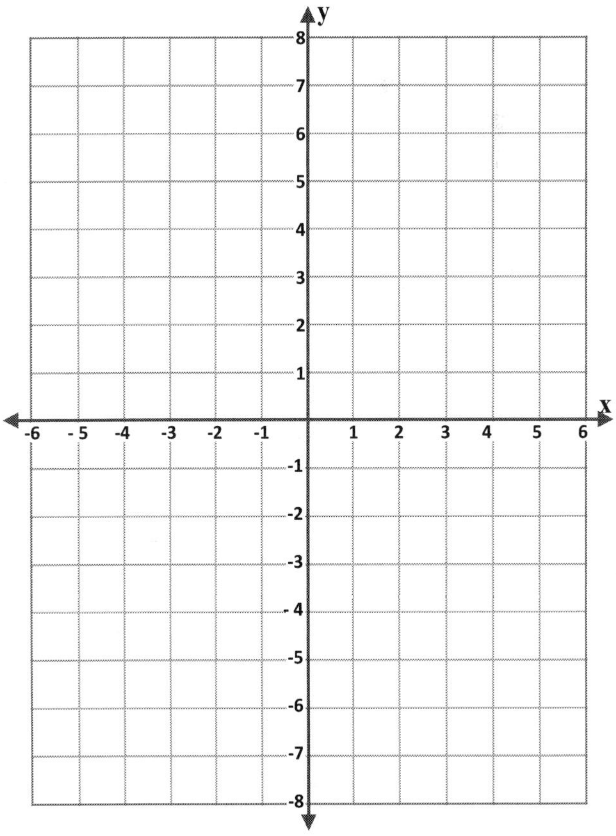
y
x
8 7 6 5 4 3 2 1 -1 -2 -3 -4 -5 -6 -7 -8
-6 -5 -4 -3 -2 -1 1 2 3 4 5 6

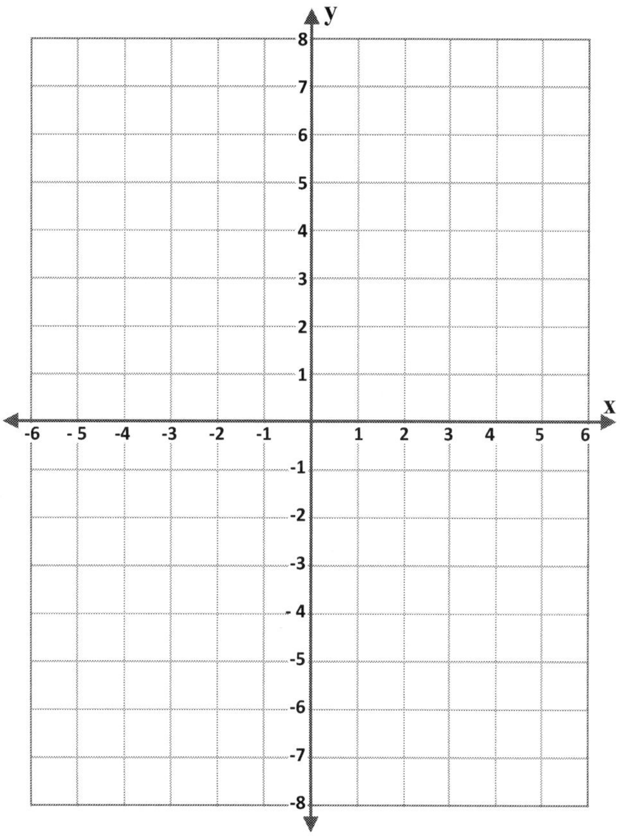
y
x
8
7
6
5
4
3
2
1
-1
-2
-3
-4
-5
-6
-7
-8
-6
- 5
-4
-3
-2
-1
1
2
3
4
5
6

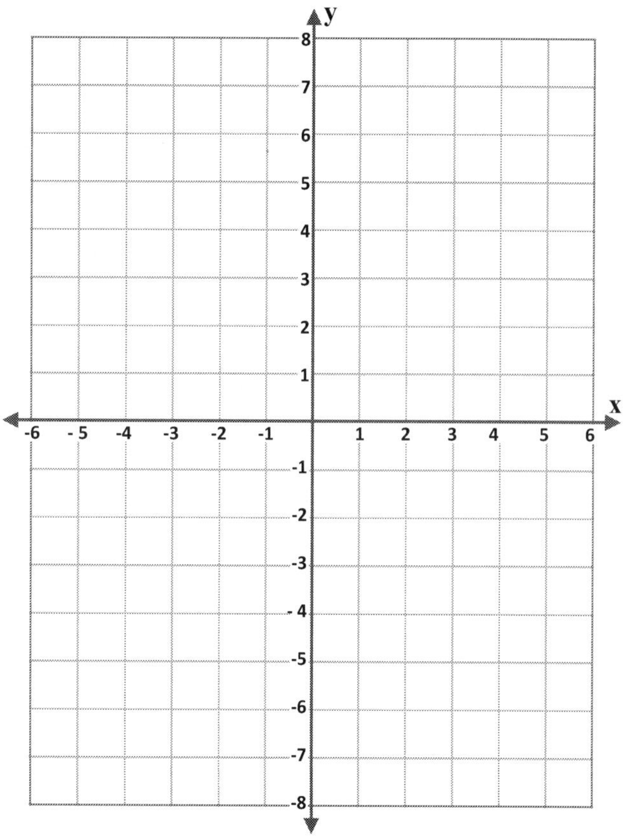
y
x
8
7
6
5
4
3
2
1
-1
-2
-3
-4
-5
-6
-7
-8
-6
- 5
-4
-3
-2
-1
1
2
3
4
5
6

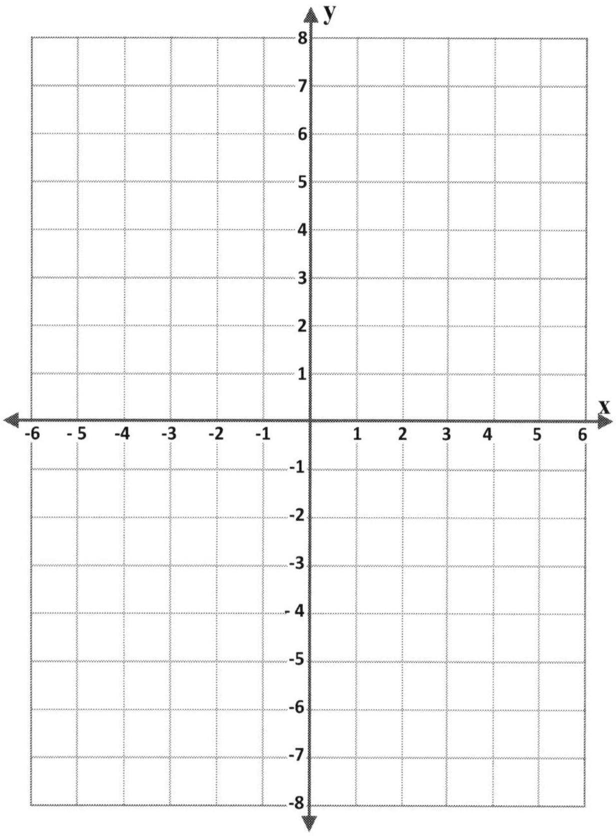
y
x
8
7
6
5
4
3
2
1
-1
-2
-3
-4
-5
-6
-7
-8
-6
- 5
-4
-3
-2
-1
1
2
3
4
5
6

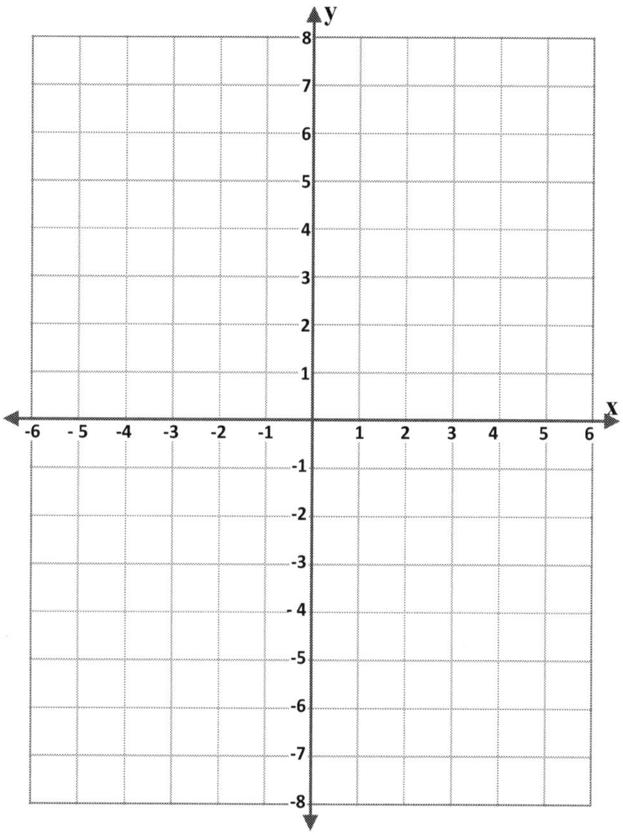
y
x
8
7
6
5
4
3
2
1
-1
-2
-3
-4
-5
-6
-7
-8
-6
- 5
-4
-3
-2
-1
1
2
3
4
5
6

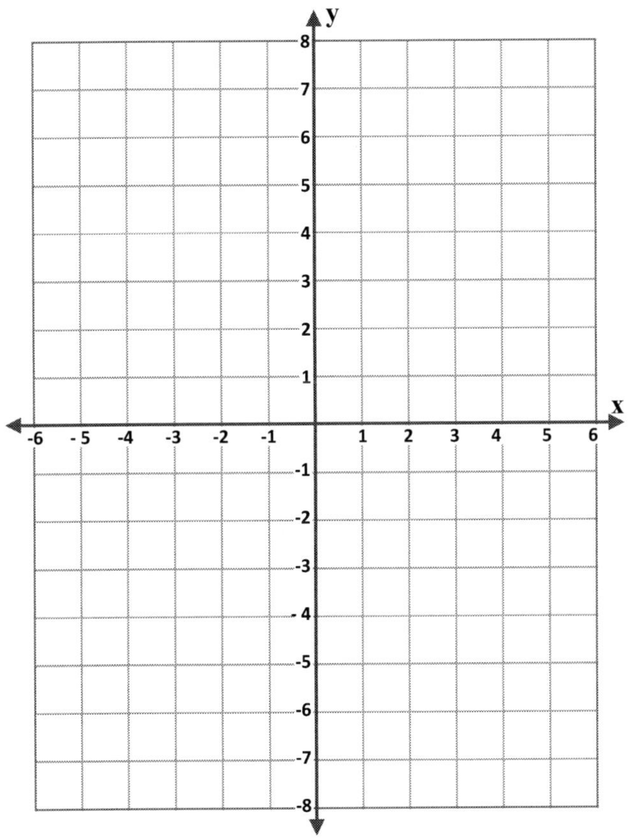
y
x
8 7 6 5 4 3 2 1 -1 -2 -3 -4 -5 -6 -7 -8
-6 -5 -4 -3 -2 -1 1 2 3 4 5 6
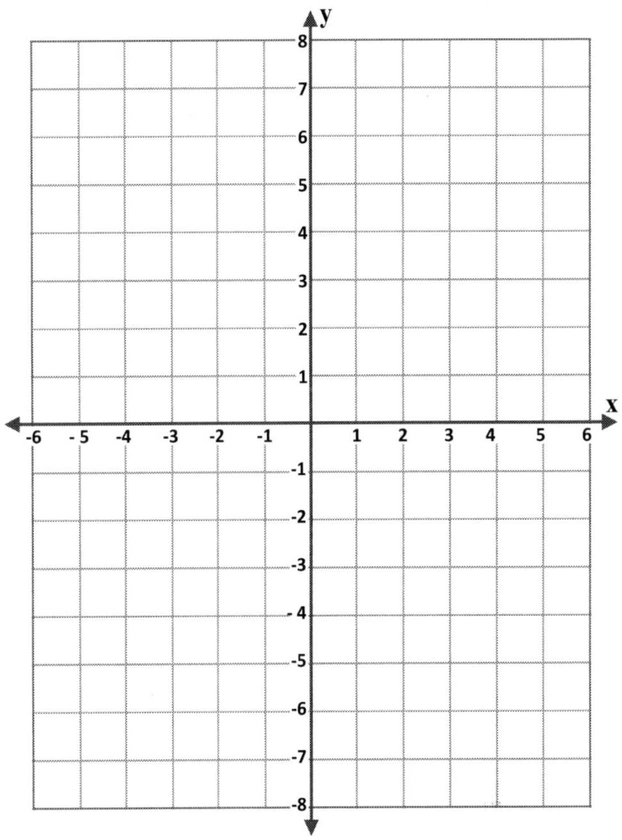
y
x
8 7 6 5 4 3 2 1 -1 -2 -3 -4 -5 -6 -7 -8
-6 -5 -4 -3 -2 -1 1 2 3 4 5 6
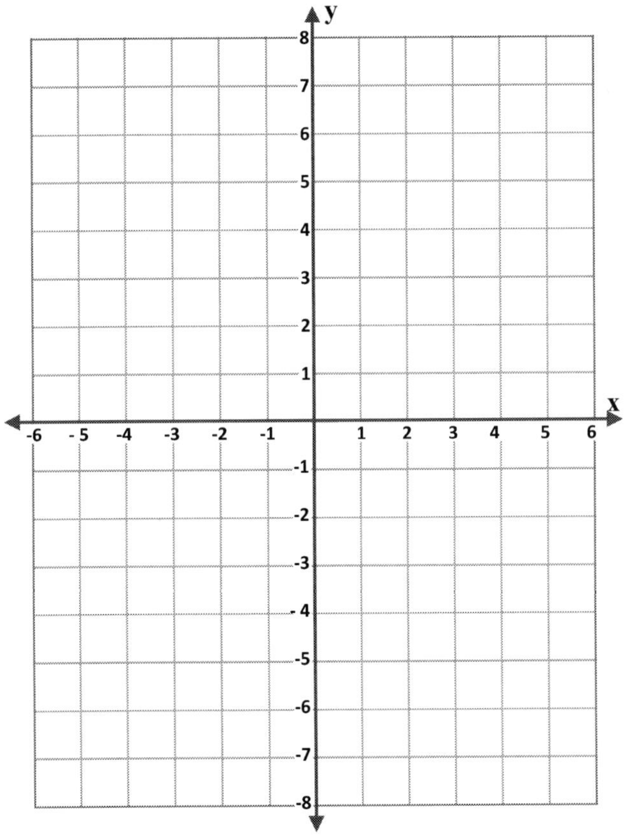
y
x
8 7 6 5 4 3 2 1 -1 -2 -3 -4 -5 -6 -7 -8
-6 -5 -4 -3 -2 -1 1 2 3 4 5 6
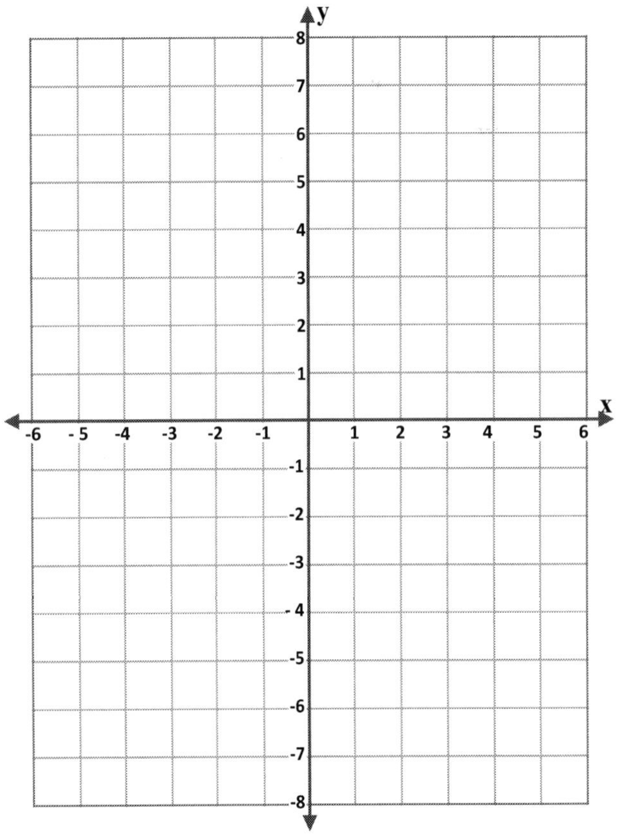
y
x
8 7 6 5 4 3 2 1 -1 -2 -3 -4 -5 -6 -7 -8
-6 -5 -4 -3 -2 -1 1 2 3 4 5 6

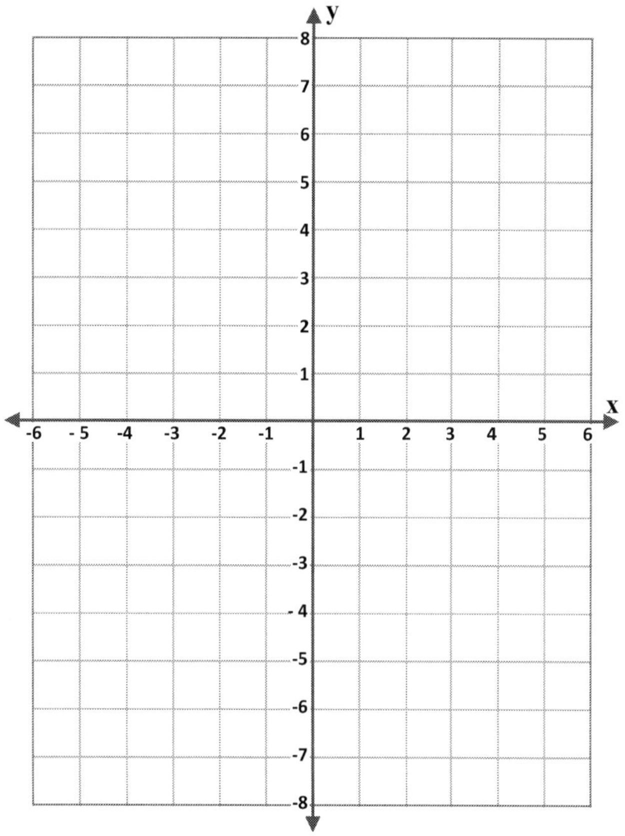
y
x
-6 -5 -4 -3 -2 -1 1 2 3 4 5 6
8 7 6 5 4 3 2 1 -1 -2 -3 -4 -5 -6 -7 -8

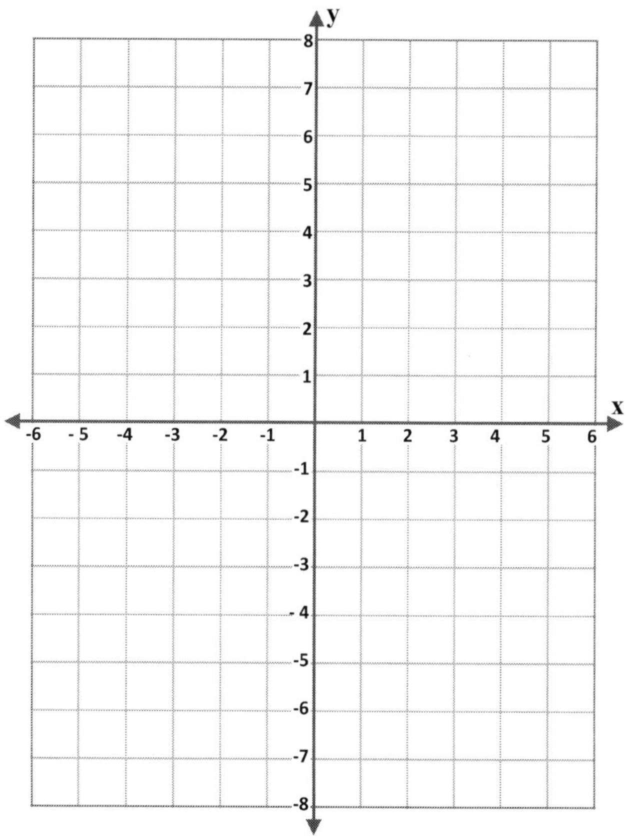
y
x
-6 -5 -4 -3 -2 -1 1 2 3 4 5 6
8 7 6 5 4 3 2 1 -1 -2 -3 -4 -5 -6 -7 -8

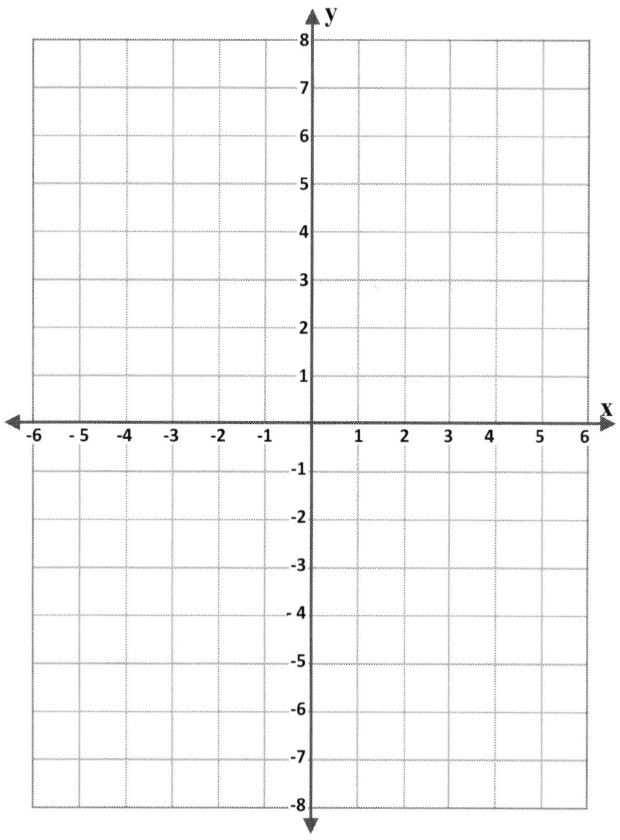
y
x
-6 -5 -4 -3 -2 -1 1 2 3 4 5 6
8 7 6 5 4 3 2 1 -1 -2 -3 -4 -5 -6 -7 -8

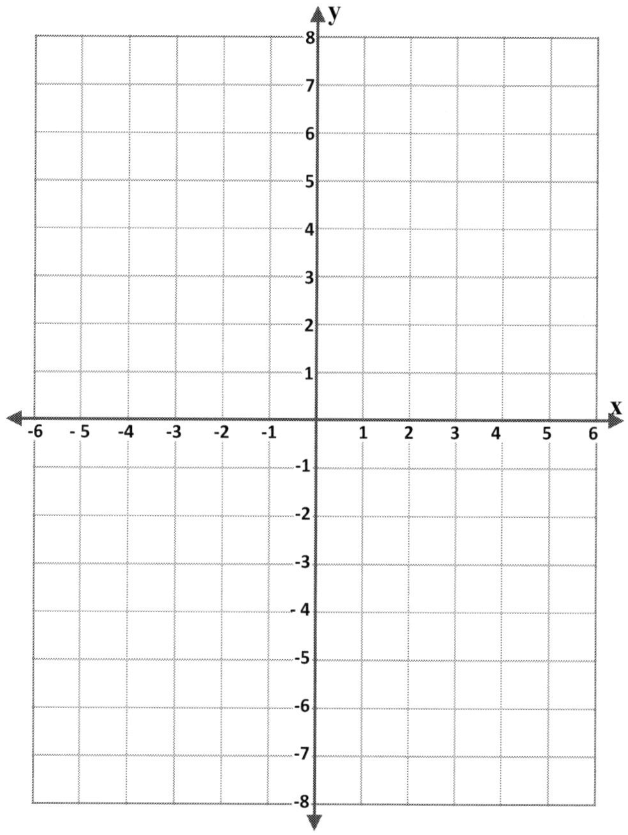
y
x
-6 -5 -4 -3 -2 -1 1 2 3 4 5 6
8 7 6 5 4 3 2 1 -1 -2 -3 -4 -5 -6 -7 -8

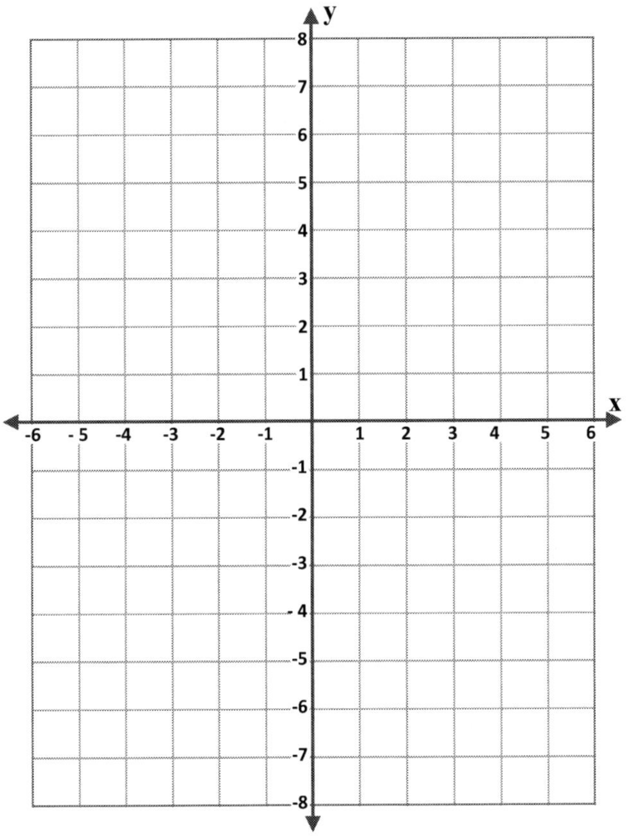
y
8
7
6
5
4
3
2
1
-1
-2
-3
-4
-5
-6
-7
-8
x
-6
- 5
-4
-3
-2
-1
1
2
3
4
5
6

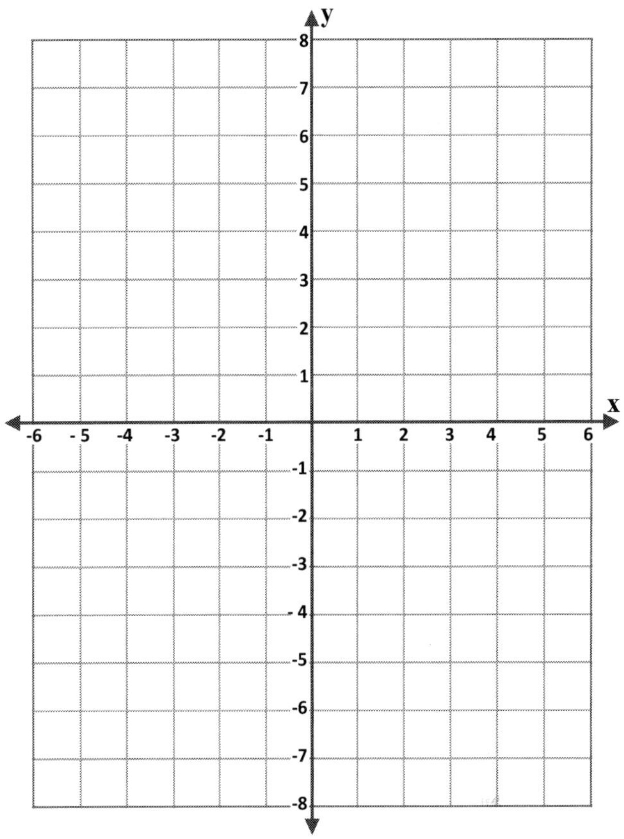
y
8
7
6
5
4
3
2
1
-1
-2
-3
-4
-5
-6
-7
-8
x
-6
- 5
-4
-3
-2
-1
1
2
3
4
5
6

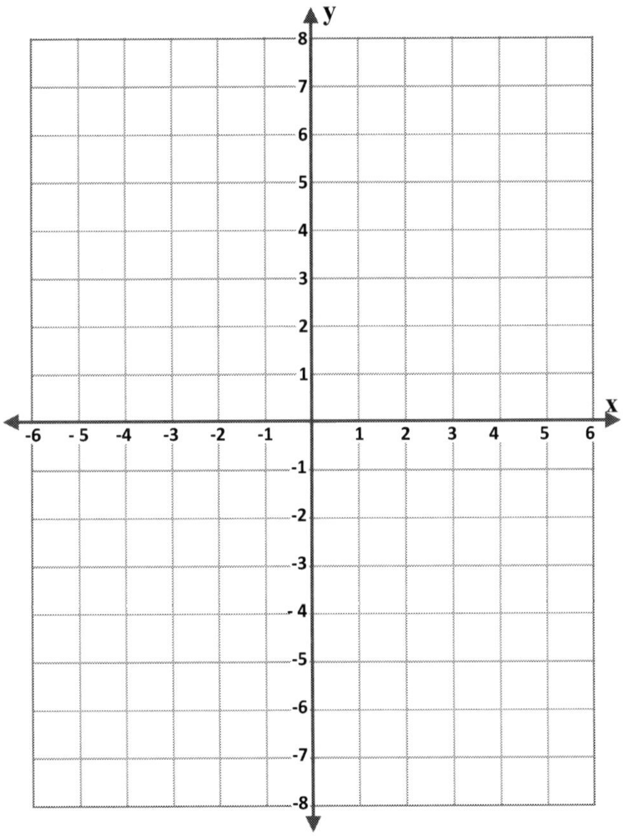
y
8
7
6
5
4
3
2
1
-1
-2
-3
-4
-5
-6
-7
-8
x
-6
- 5
-4
-3
-2
-1
1
2
3
4
5
6

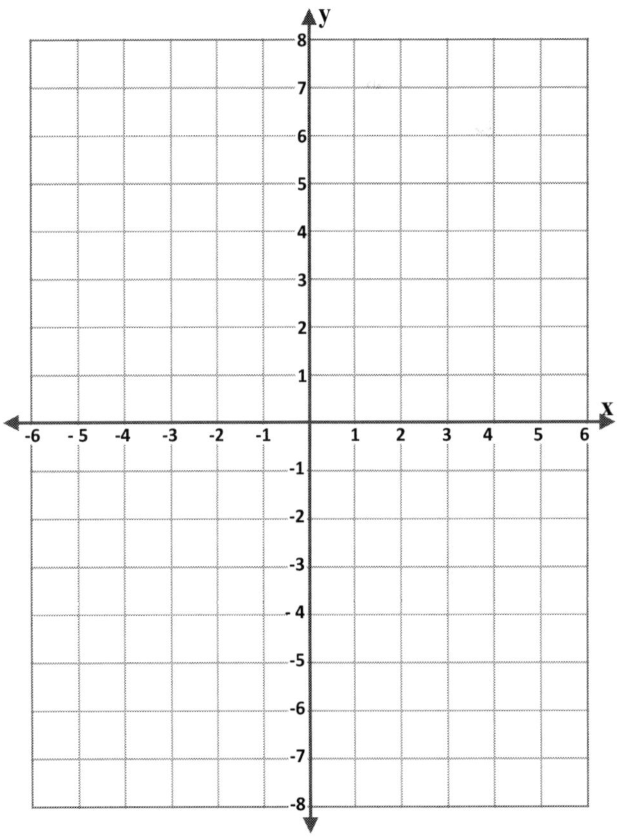
y
8
7
6
5
4
3
2
1
-1
-2
-3
-4
-5
-6
-7
-8
x
-6
- 5
-4
-3
-2
-1
1
2
3
4
5
6

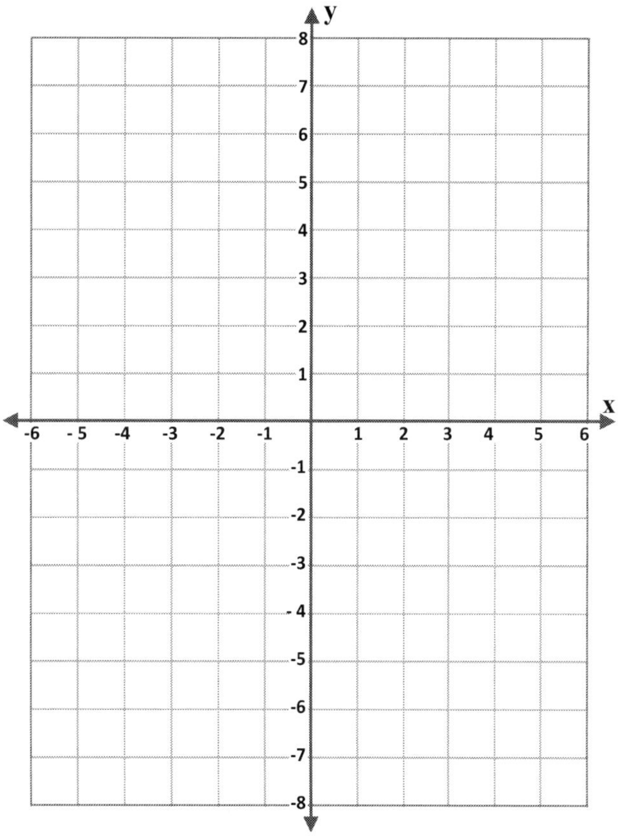
y
8
7
6
5
4
3
2
1
x
-6
- 5
-4
-3
-2
-1
1
2
3
4
5
6
-1
-2
-3
- 4
-5
-6
-7
-8

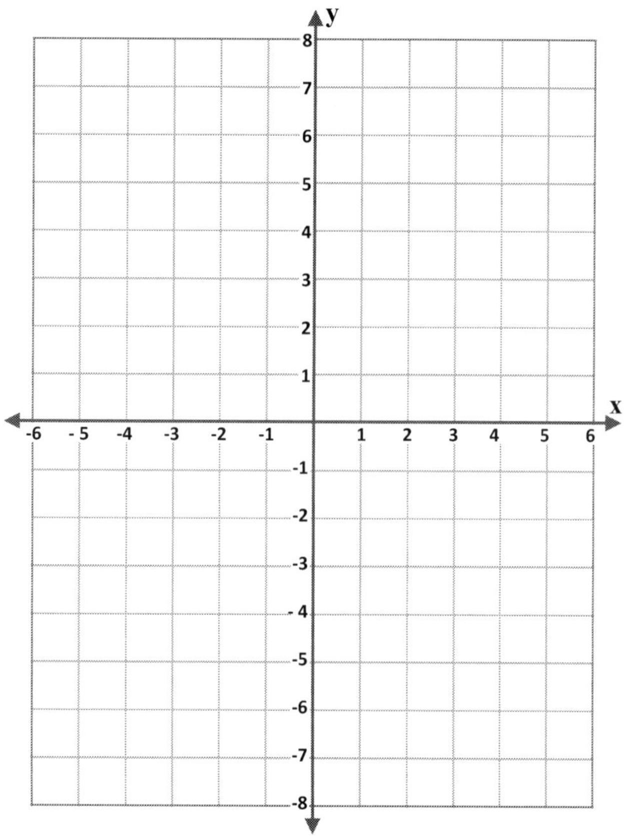
y
8
7
6
5
4
3
2
1
x
-6
- 5
-4
-3
-2
-1
1
2
3
4
5
6
-1
-2
-3
- 4
-5
-6
-7
-8

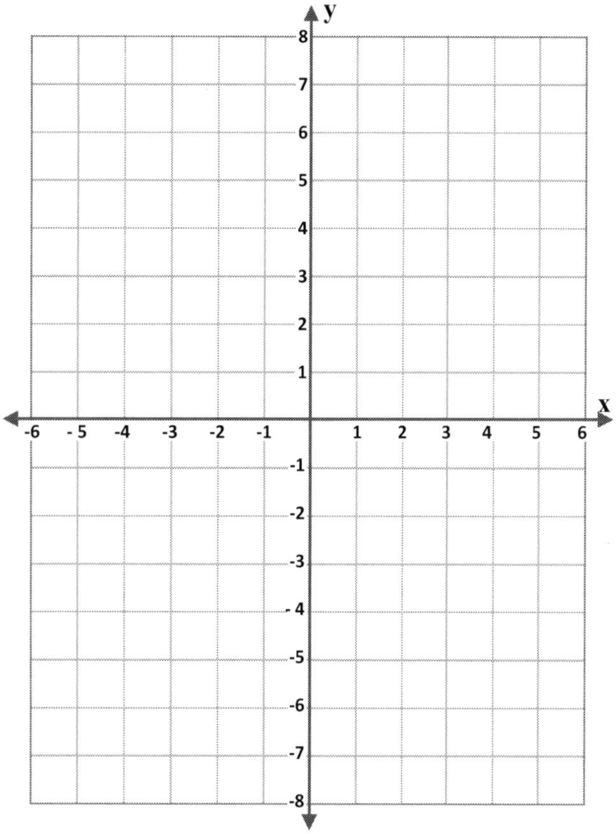
y
8
7
6
5
4
3
2
1
x
-6
- 5
-4
-3
-2
-1
1
2
3
4
5
6
-1
-2
-3
- 4
-5
-6
-7
-8

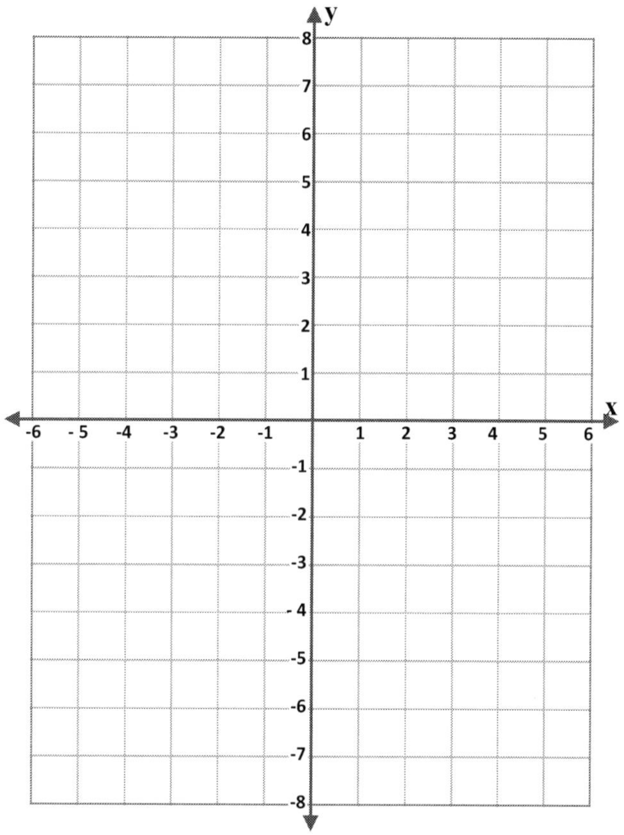
y
8
7
6
5
4
3
2
1
x
-6
- 5
-4
-3
-2
-1
1
2
3
4
5
6
-1
-2
-3
- 4
-5
-6
-7
-8

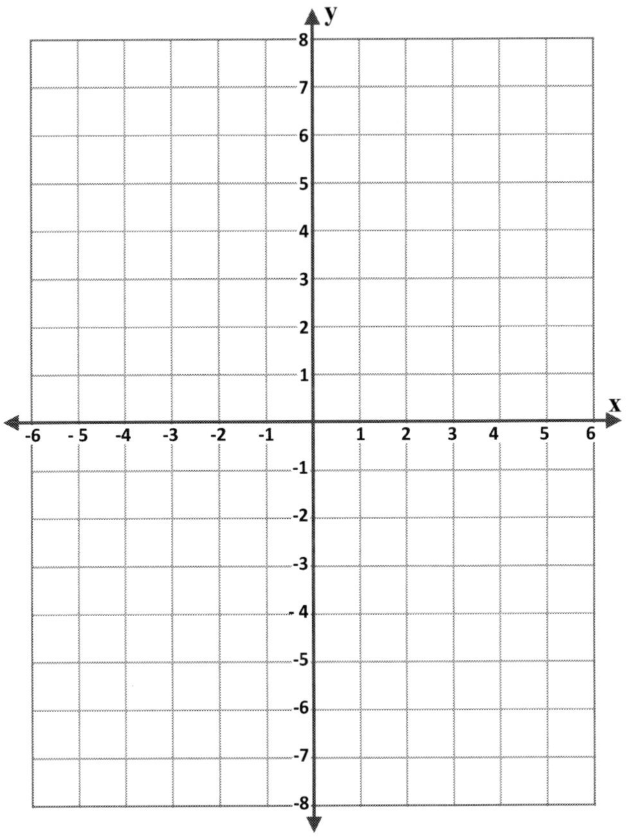
y
x
8 7 6 5 4 3 2 1 -1 -2 -3 -4 -5 -6 -7 -8
-6 -5 -4 -3 -2 -1 1 2 3 4 5 6

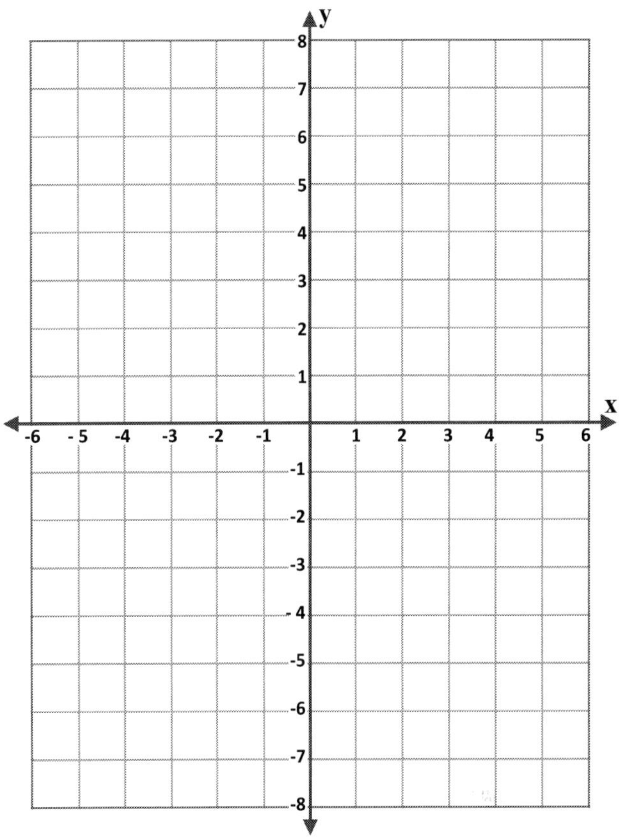
y
x
8 7 6 5 4 3 2 1 -1 -2 -3 -4 -5 -6 -7 -8
-6 -5 -4 -3 -2 -1 1 2 3 4 5 6

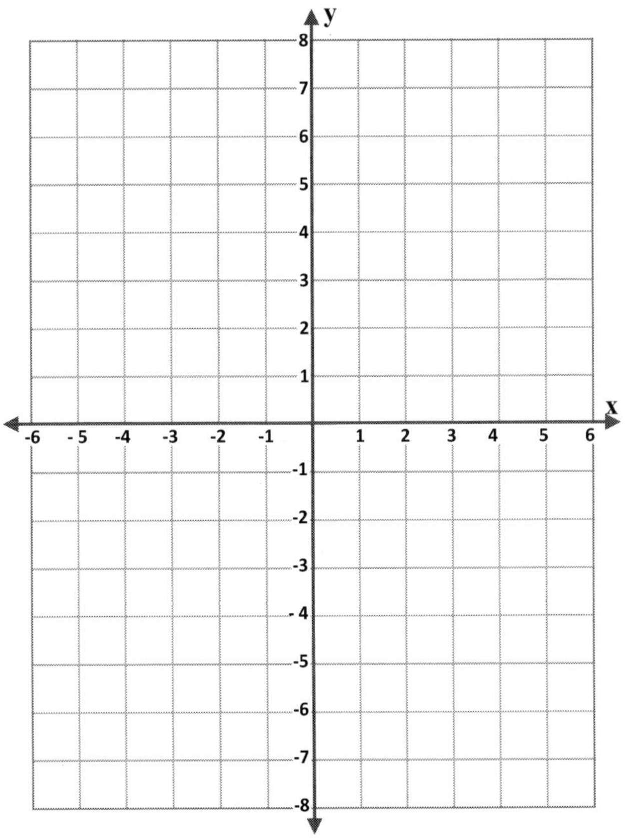
y
x
8 7 6 5 4 3 2 1 -1 -2 -3 -4 -5 -6 -7 -8
-6 -5 -4 -3 -2 -1 1 2 3 4 5 6

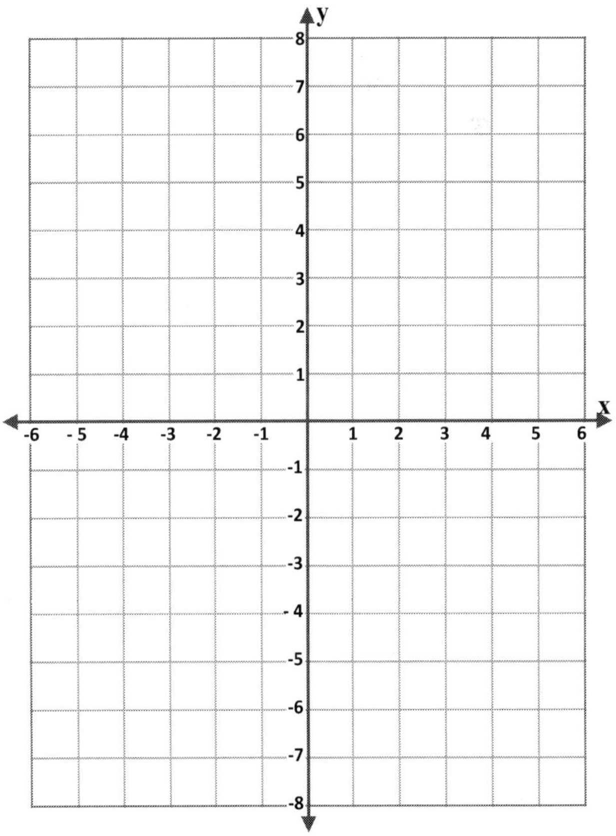
y
x
8 7 6 5 4 3 2 1 -1 -2 -3 -4 -5 -6 -7 -8
-6 -5 -4 -3 -2 -1 1 2 3 4 5 6

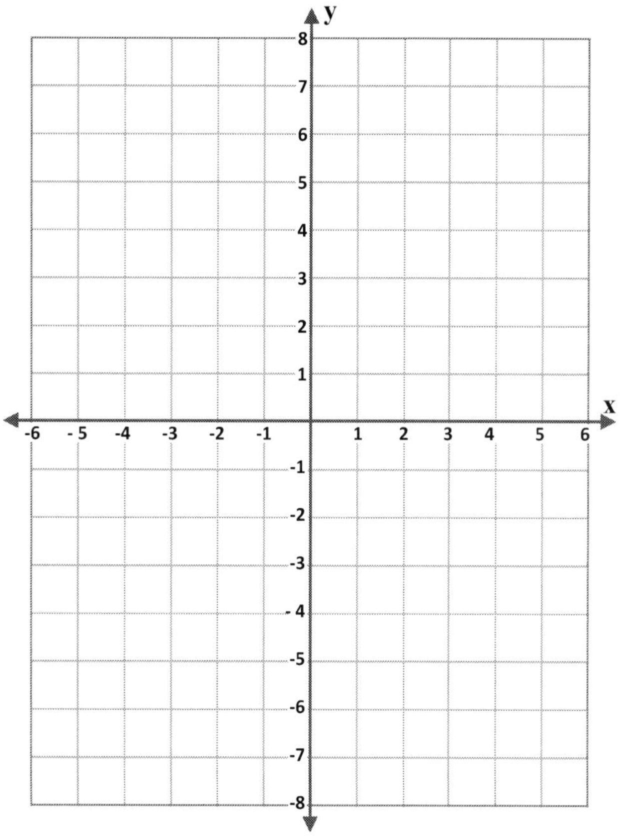
y
8
7
6
5
4
3
2
1
-1
-2
-3
-4
-5
-6
-7
-8
x
-6
- 5
-4
-3
-2
-1
1
2
3
4
5
6
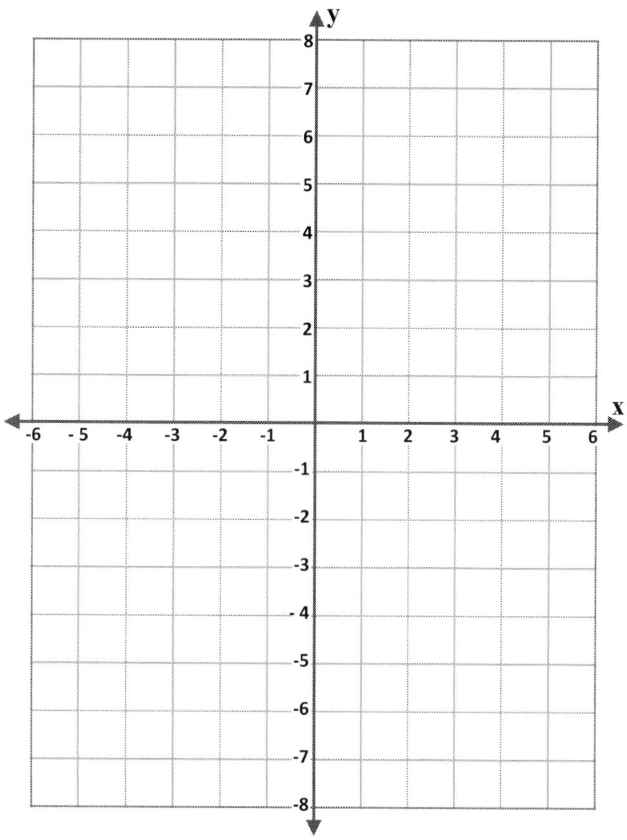
y
8
7
6
5
4
3
2
1
-1
-2
-3
-4
-5
-6
-7
-8
x
-6
- 5
-4
-3
-2
-1
1
2
3
4
5
6
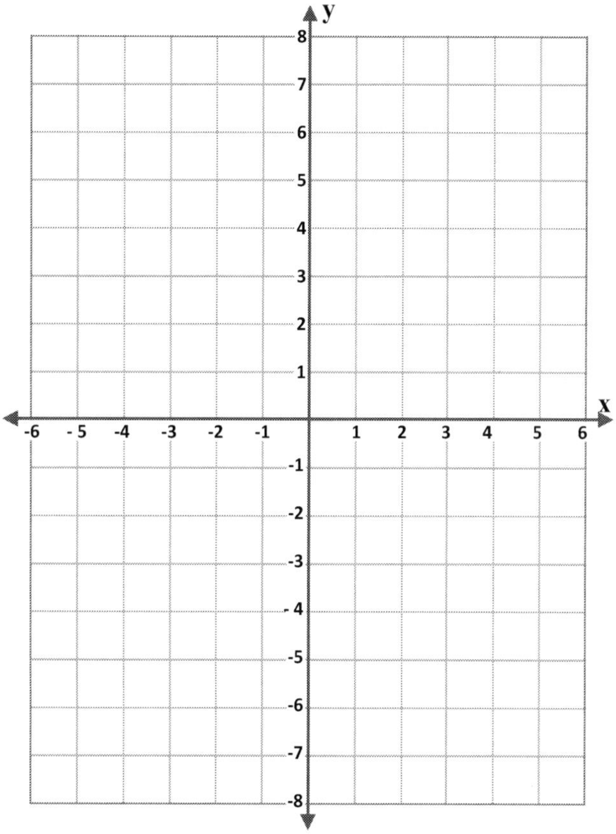
y
8
7
6
5
4
3
2
1
-1
-2
-3
-4
-5
-6
-7
-8
x
-6
- 5
-4
-3
-2
-1
1
2
3
4
5
6
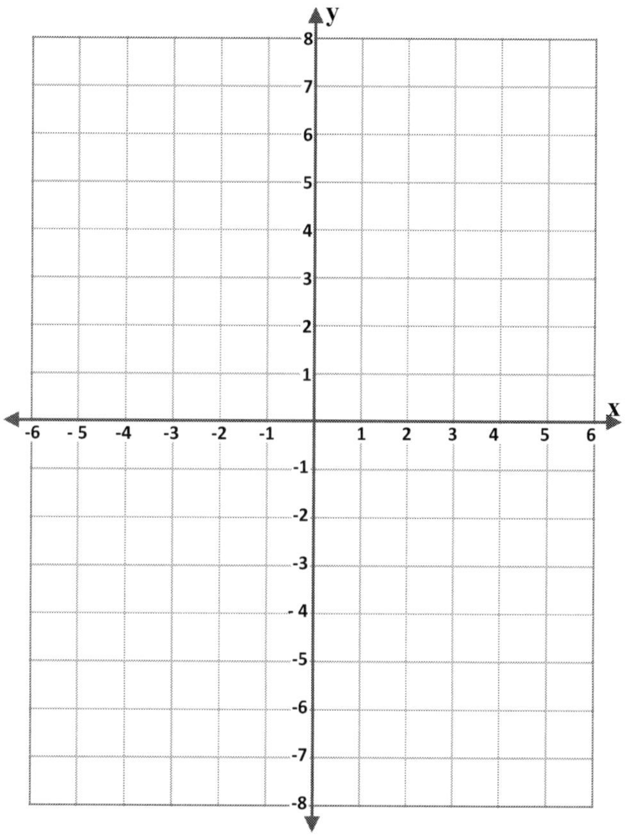
y
8
7
6
5
4
3
2
1
-1
-2
-3
-4
-5
-6
-7
-8
x
-6
- 5
-4
-3
-2
-1
1
2
3
4
5
6

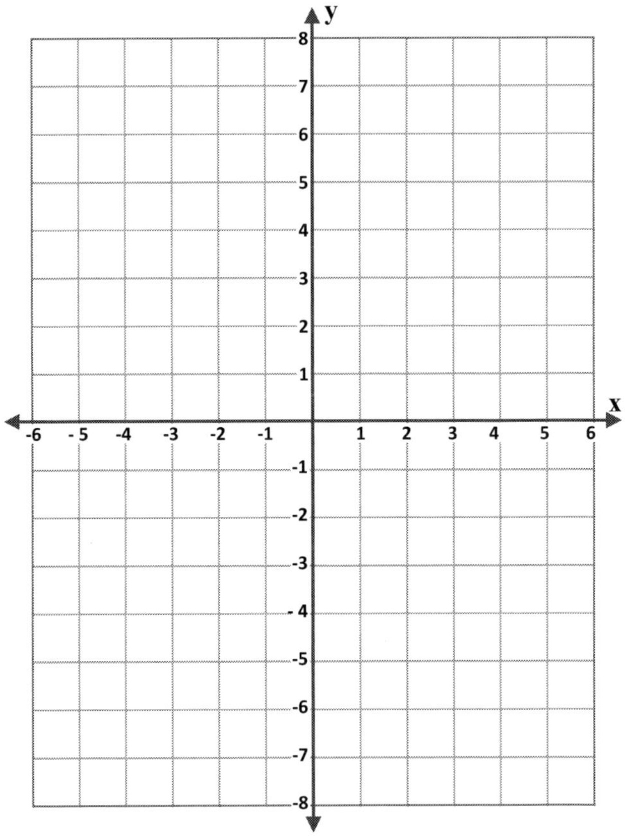
y
8
7
6
5
4
3
2
1
x
-6 -5 -4 -3 -2 -1 1 2 3 4 5 6
-1
-2
-3
-4
-5
-6
-7
-8

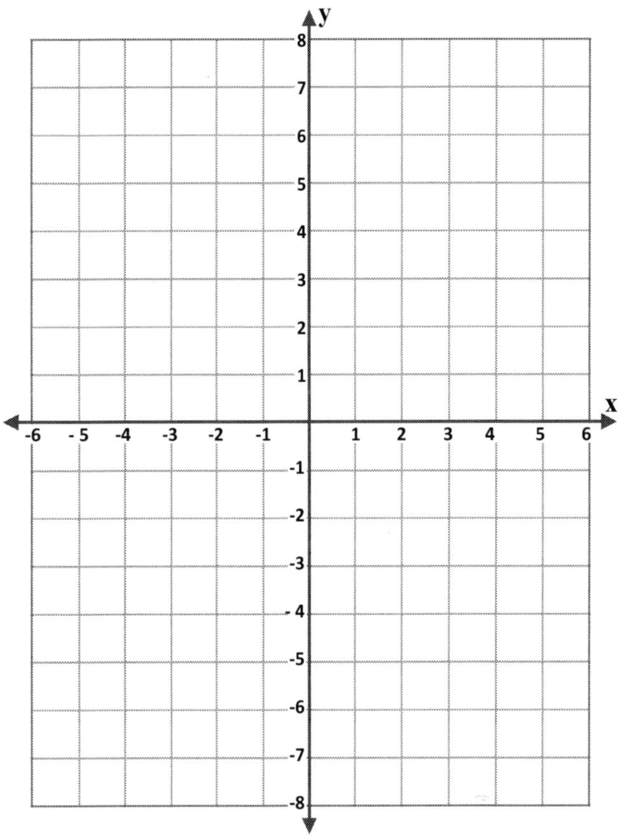
y
8
7
6
5
4
3
2
1
x
-6 -5 -4 -3 -2 -1 1 2 3 4 5 6
-1
-2
-3
-4
-5
-6
-7
-8

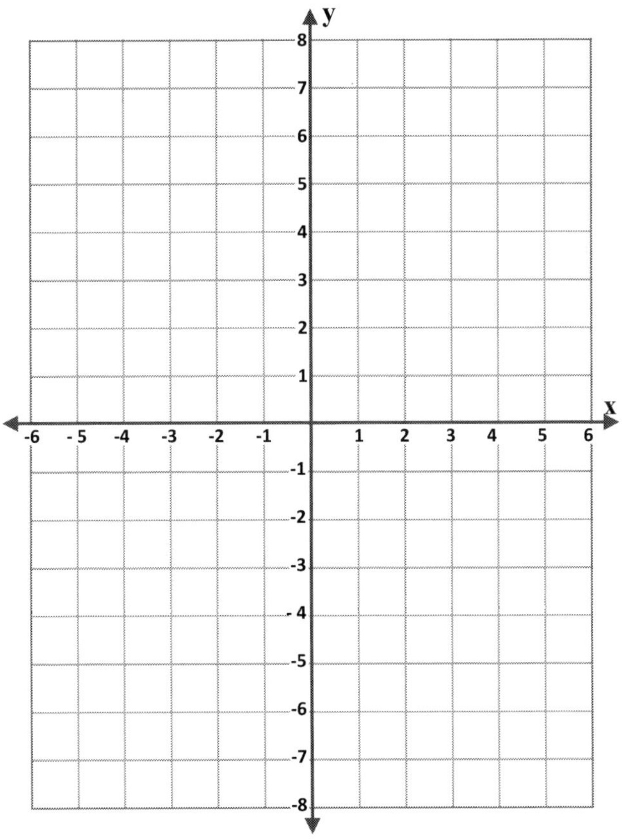
y
8
7
6
5
4
3
2
1
x
-6 -5 -4 -3 -2 -1 1 2 3 4 5 6
-1
-2
-3
-4
-5
-6
-7
-8

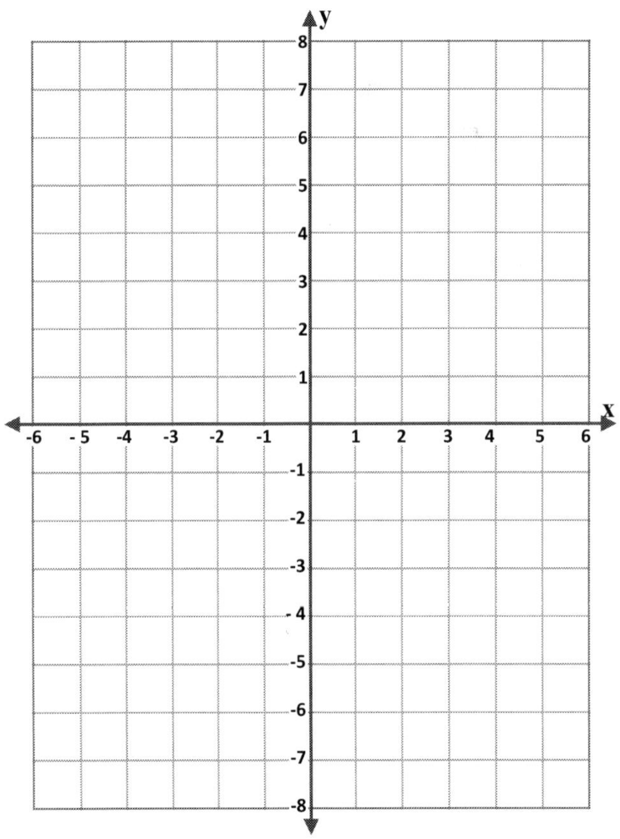
y
8
7
6
5
4
3
2
1
x
-6 -5 -4 -3 -2 -1 1 2 3 4 5 6
-1
-2
-3
-4
-5
-6
-7
-8

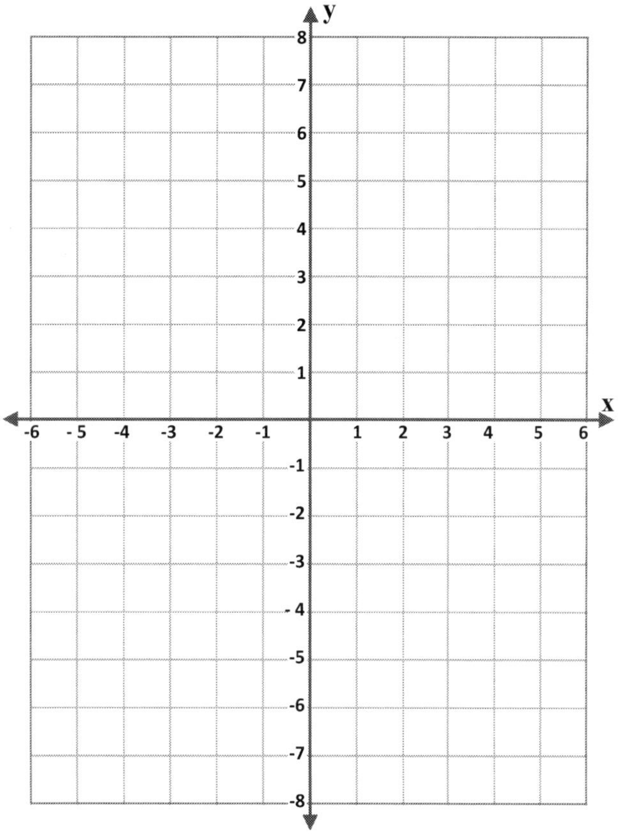
y
x
8 7 6 5 4 3 2 1 -1 -2 -3 -4 -5 -6 -7 -8
-6 -5 -4 -3 -2 -1 1 2 3 4 5 6

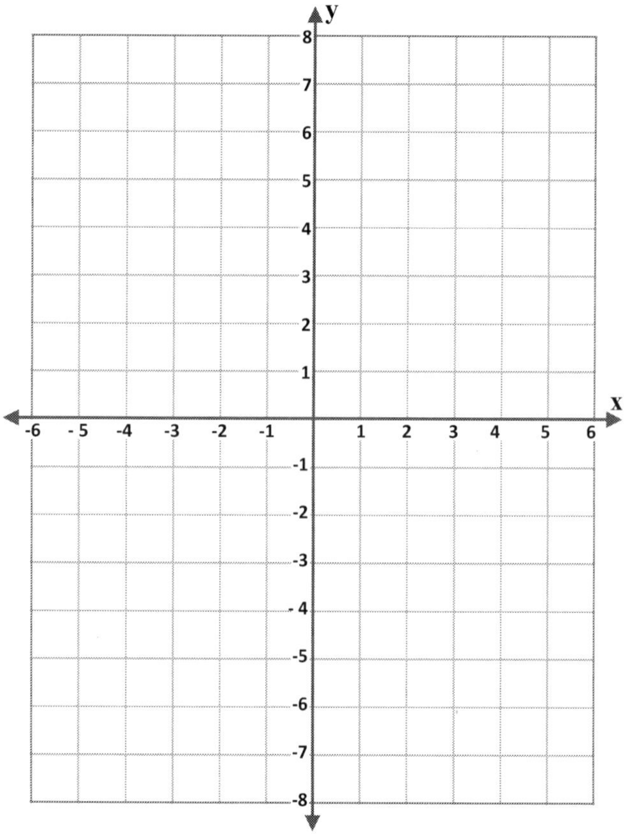
y
x
8 7 6 5 4 3 2 1 -1 -2 -3 -4 -5 -6 -7 -8
-6 -5 -4 -3 -2 -1 1 2 3 4 5 6

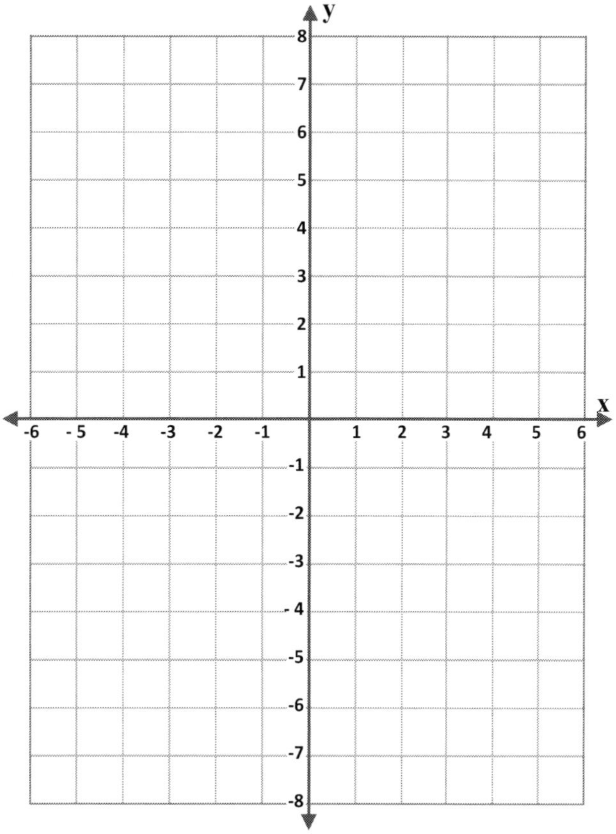
y
x
8 7 6 5 4 3 2 1 -1 -2 -3 -4 -5 -6 -7 -8
-6 -5 -4 -3 -2 -1 1 2 3 4 5 6

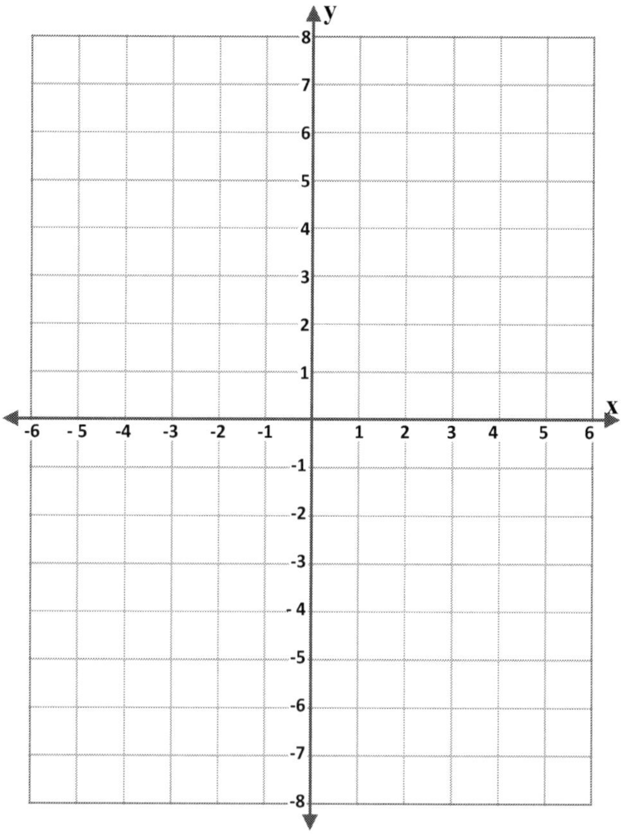
y
x
8 7 6 5 4 3 2 1 -1 -2 -3 -4 -5 -6 -7 -8
-6 -5 -4 -3 -2 -1 1 2 3 4 5 6

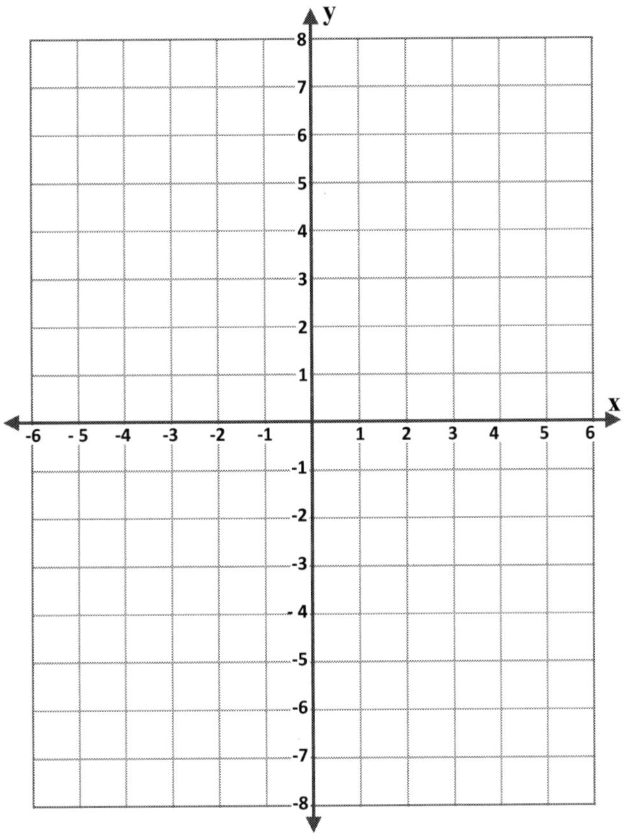
y
x
8 7 6 5 4 3 2 1 -1 -2 -3 -4 -5 -6 -7 -8
-6 -5 -4 -3 -2 -1 1 2 3 4 5 6
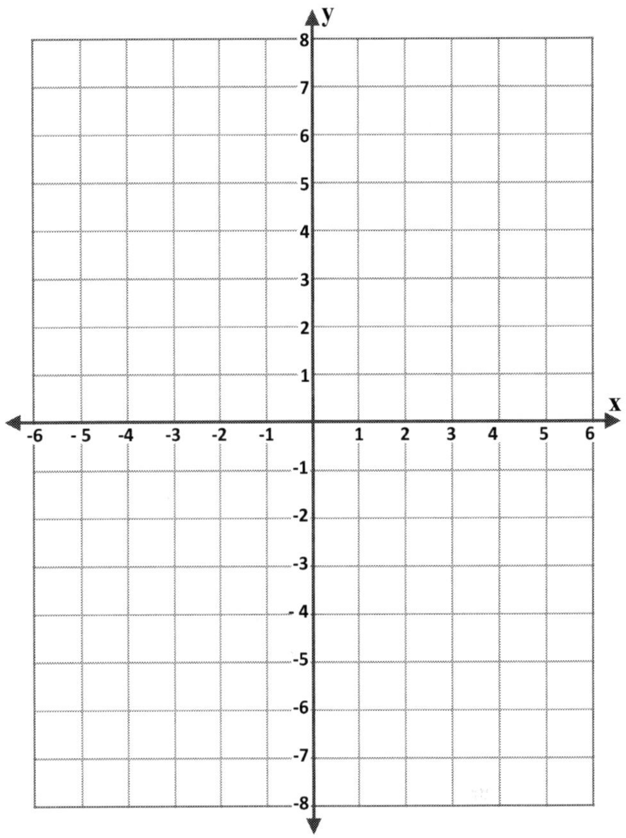
y
x
8 7 6 5 4 3 2 1 -1 -2 -3 -4 -5 -6 -7 -8
-6 -5 -4 -3 -2 -1 1 2 3 4 5 6
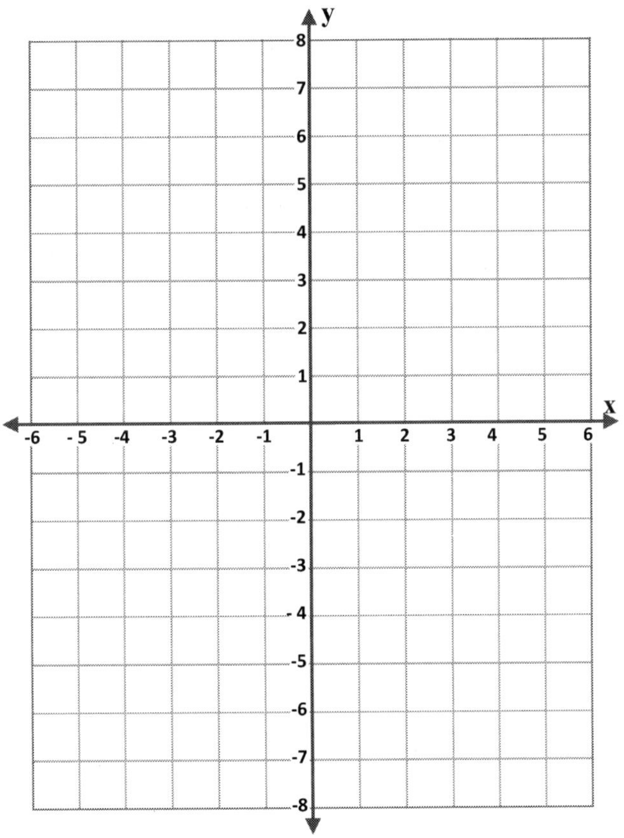
y
x
8 7 6 5 4 3 2 1 -1 -2 -3 -4 -5 -6 -7 -8
-6 -5 -4 -3 -2 -1 1 2 3 4 5 6
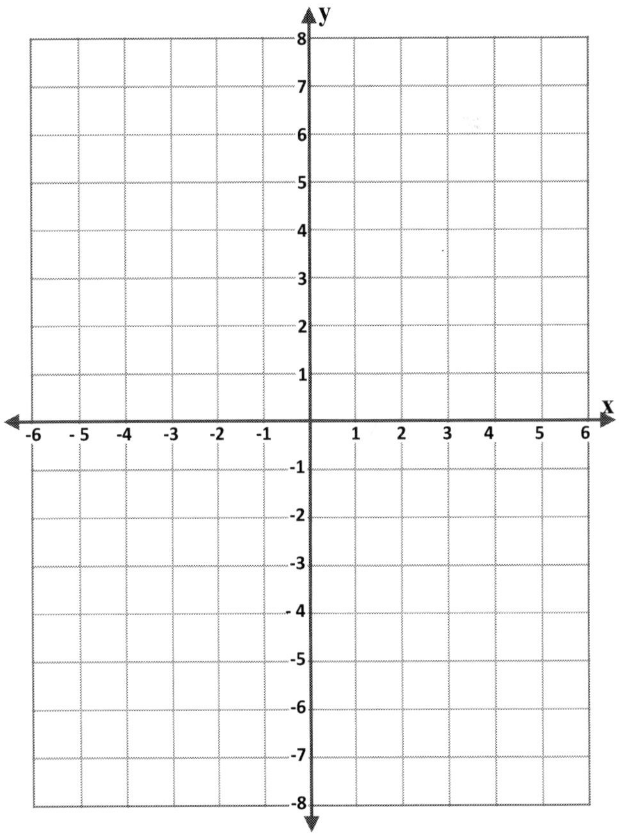
y
x
8 7 6 5 4 3 2 1 -1 -2 -3 -4 -5 -6 -7 -8
-6 -5 -4 -3 -2 -1 1 2 3 4 5 6

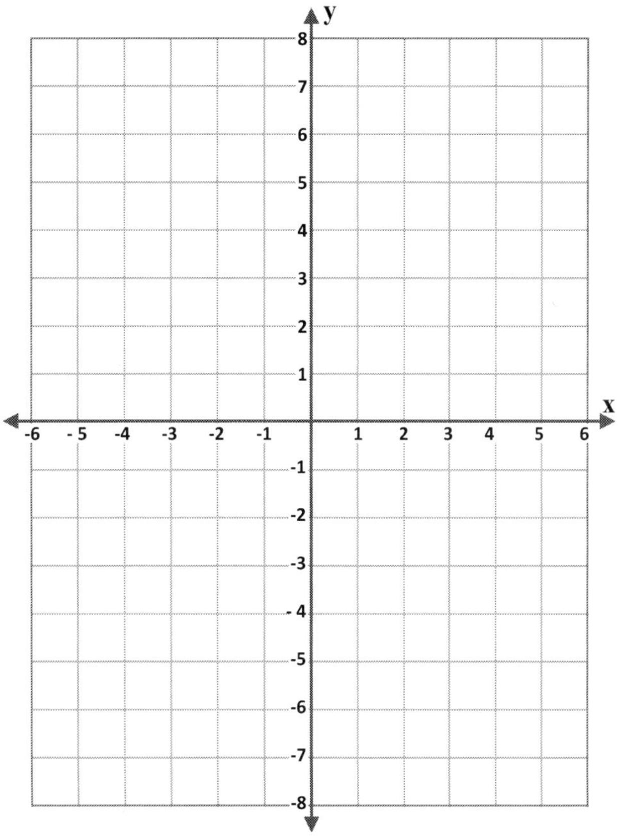
y
x
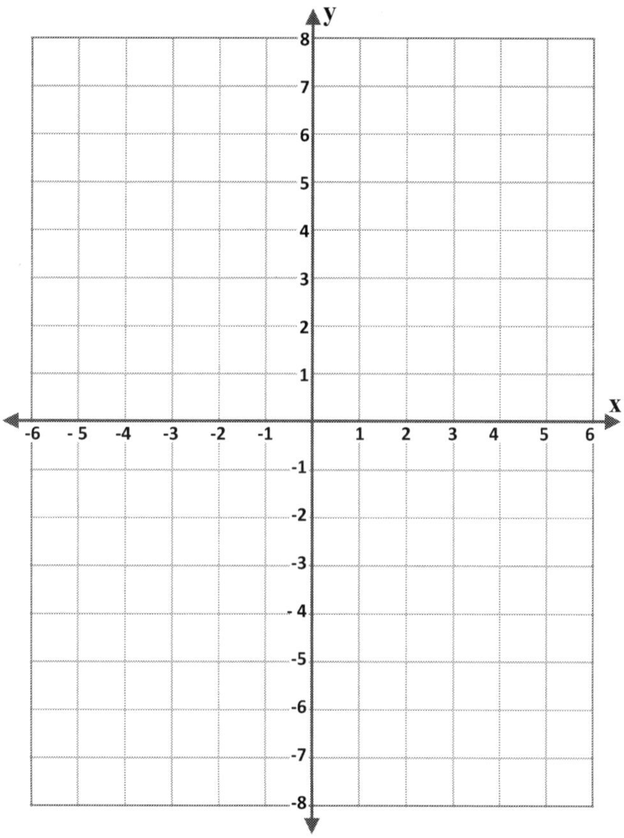
y
x
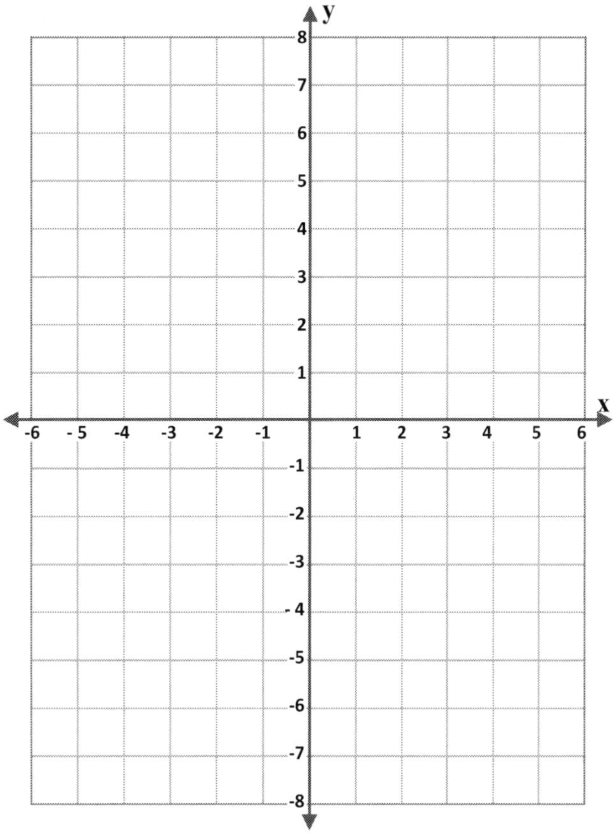
y
x
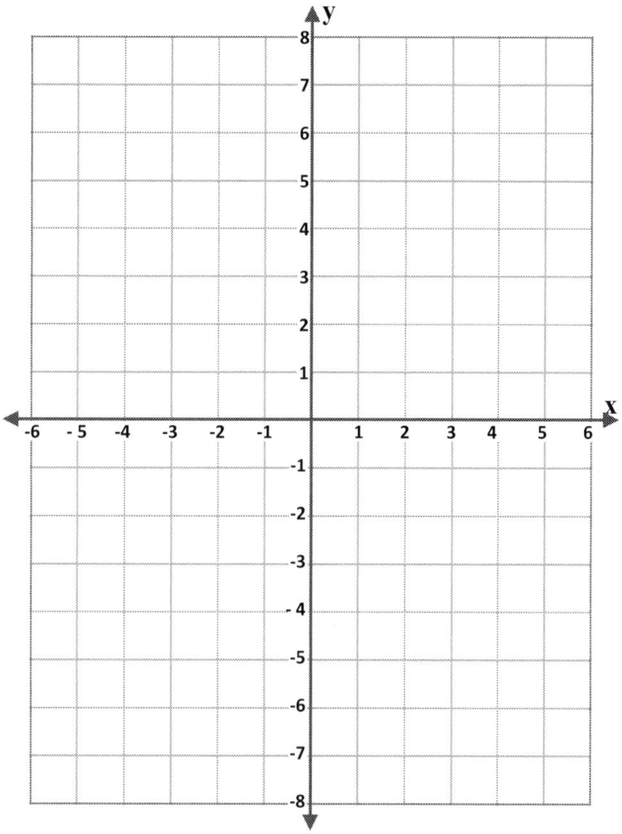
y
x

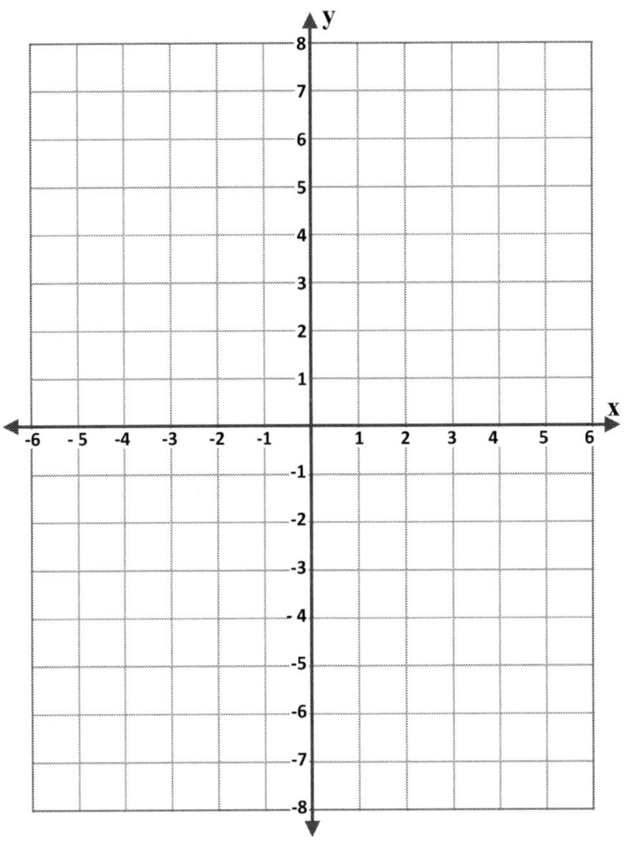
y
x
8 7 6 5 4 3 2 1 -1 -2 -3 -4 -5 -6 -7 -8
-6 -5 -4 -3 -2 -1 1 2 3 4 5 6

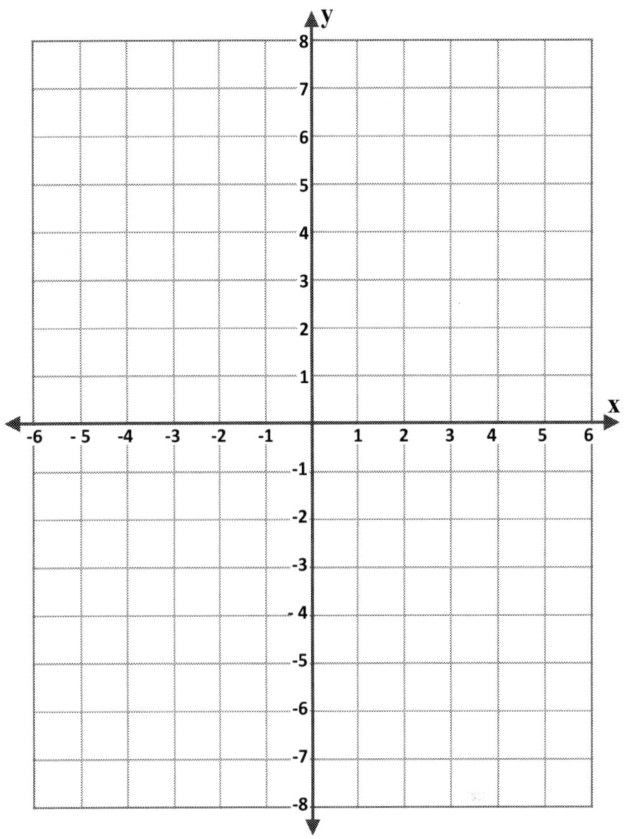
y
x
8 7 6 5 4 3 2 1 -1 -2 -3 -4 -5 -6 -7 -8
-6 -5 -4 -3 -2 -1 1 2 3 4 5 6

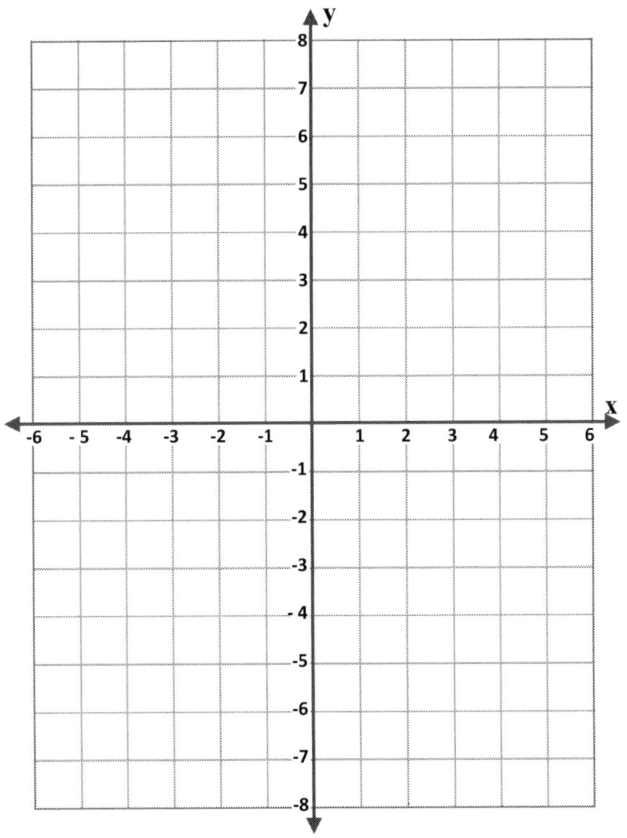
y
x
8 7 6 5 4 3 2 1 -1 -2 -3 -4 -5 -6 -7 -8
-6 -5 -4 -3 -2 -1 1 2 3 4 5 6

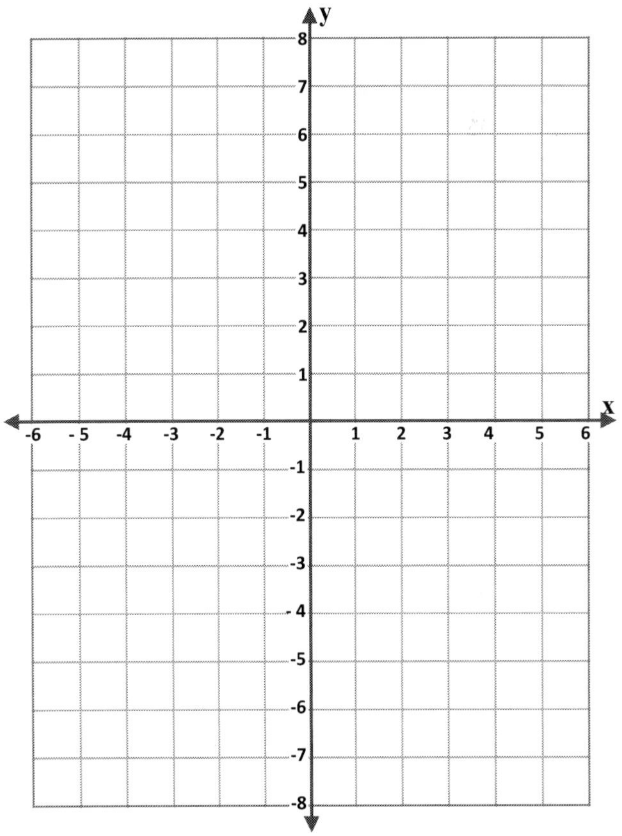
y
x
8 7 6 5 4 3 2 1 -1 -2 -3 -4 -5 -6 -7 -8
-6 -5 -4 -3 -2 -1 1 2 3 4 5 6

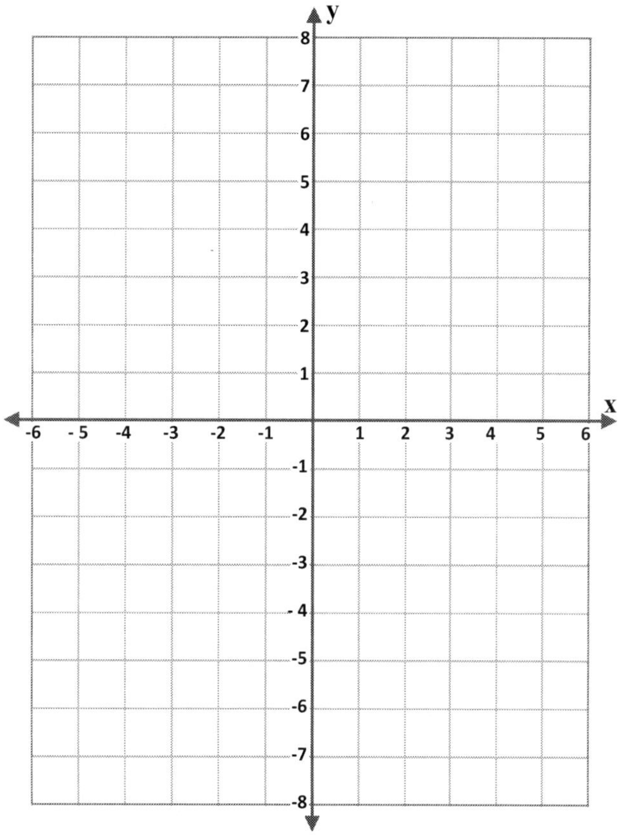
y
x
8 7 6 5 4 3 2 1 -1 -2 -3 - 4 -5 -6 -7 -8
-6 - 5 -4 -3 -2 -1 1 2 3 4 5 6

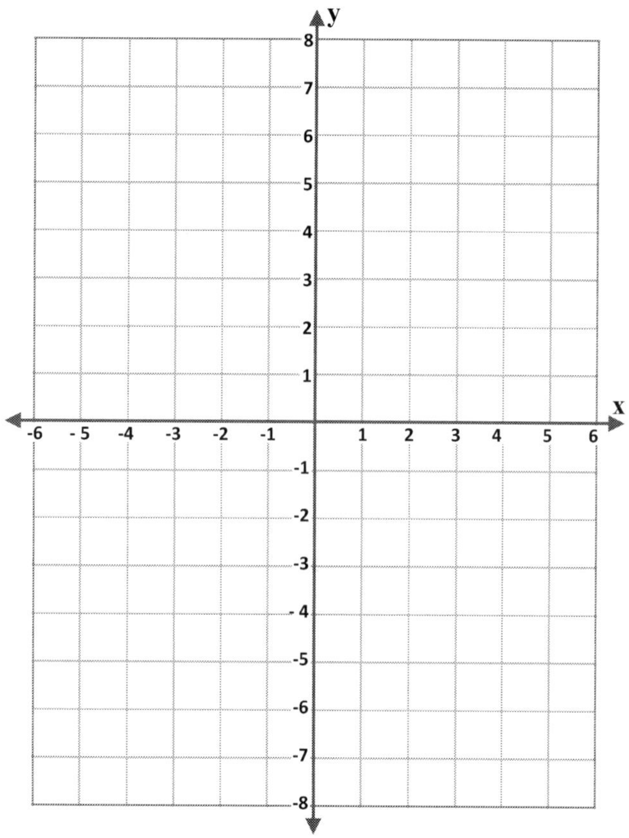
y
x
8 7 6 5 4 3 2 1 -1 -2 -3 - 4 -5 -6 -7 -8
-6 - 5 -4 -3 -2 -1 1 2 3 4 5 6

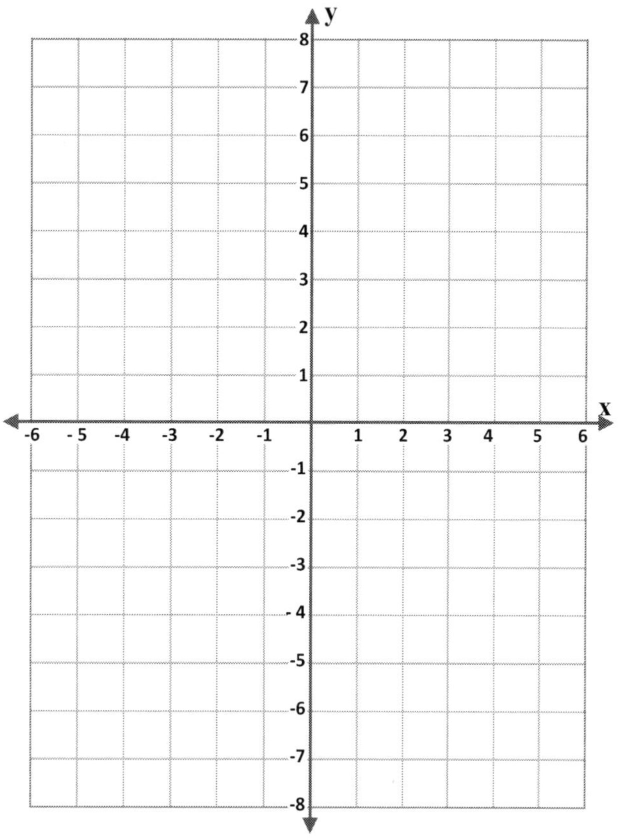
y
x
8 7 6 5 4 3 2 1 -1 -2 -3 - 4 -5 -6 -7 -8
-6 - 5 -4 -3 -2 -1 1 2 3 4 5 6

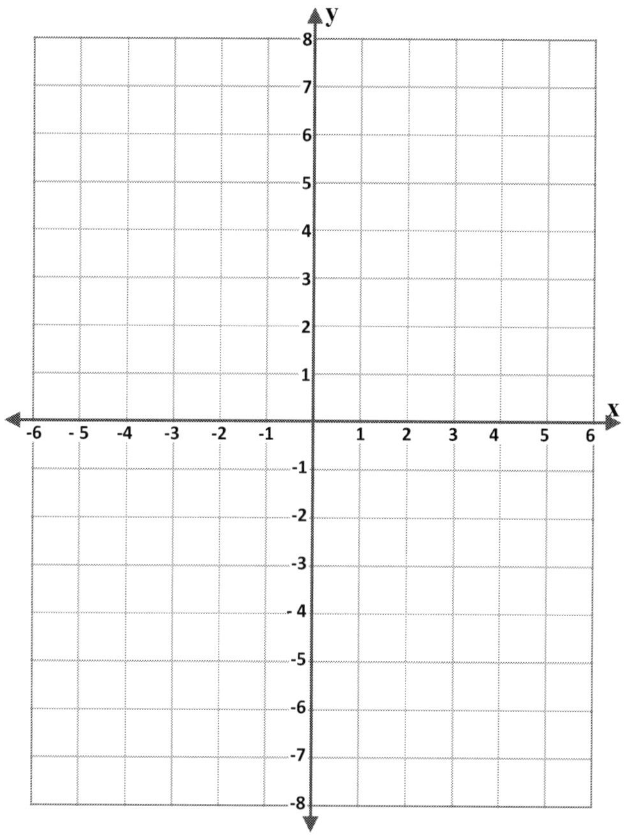
y
x
8 7 6 5 4 3 2 1 -1 -2 -3 - 4 -5 -6 -7 -8
-6 - 5 -4 -3 -2 -1 1 2 3 4 5 6

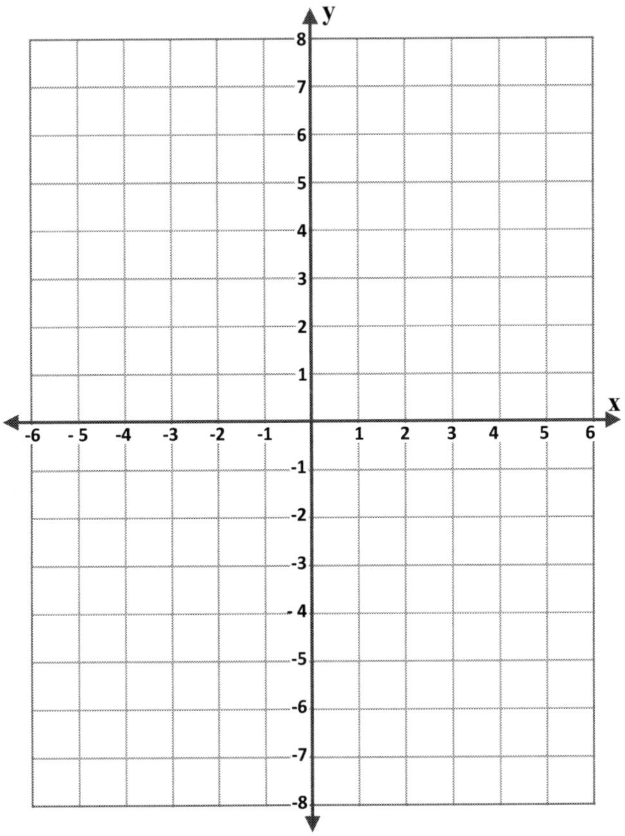
y
x
8 7 6 5 4 3 2 1 -1 -2 -3 -4 -5 -6 -7 -8
-6 -5 -4 -3 -2 -1 1 2 3 4 5 6

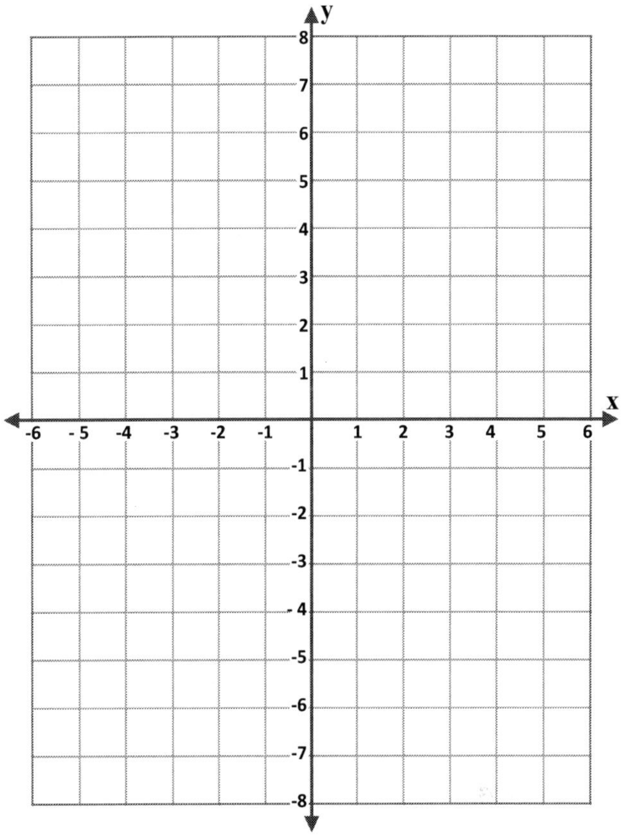
y
x
8 7 6 5 4 3 2 1 -1 -2 -3 -4 -5 -6 -7 -8
-6 -5 -4 -3 -2 -1 1 2 3 4 5 6

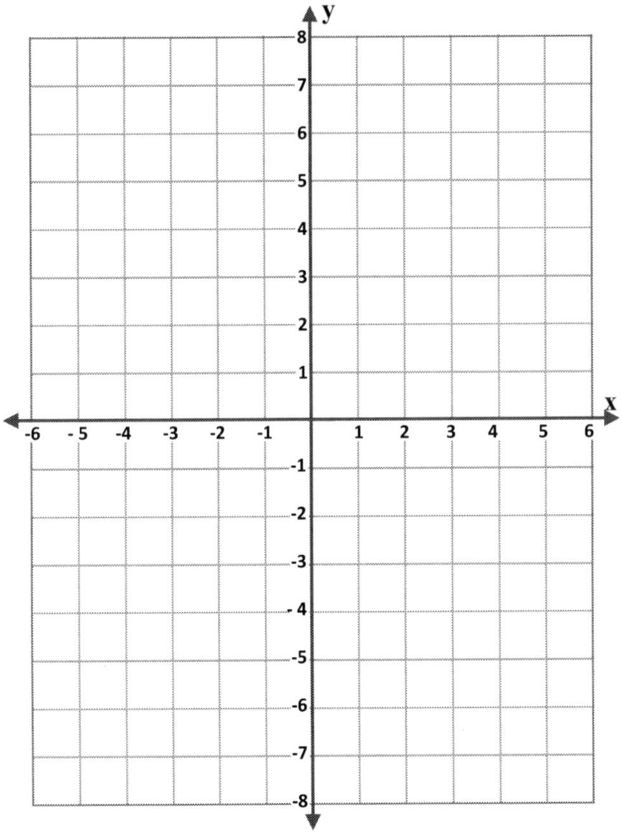
y
x
8 7 6 5 4 3 2 1 -1 -2 -3 -4 -5 -6 -7 -8
-6 -5 -4 -3 -2 -1 1 2 3 4 5 6

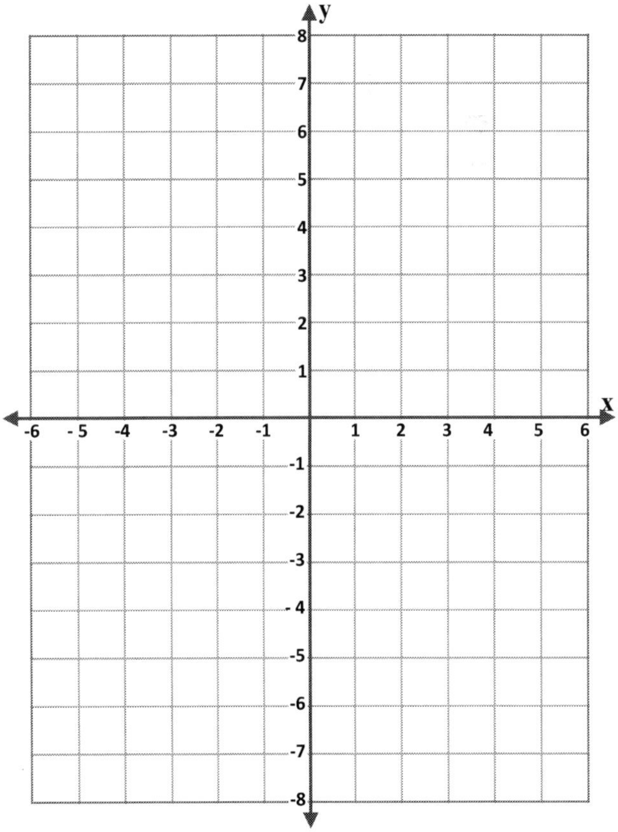
y
x
8 7 6 5 4 3 2 1 -1 -2 -3 -4 -5 -6 -7 -8
-6 -5 -4 -3 -2 -1 1 2 3 4 5 6

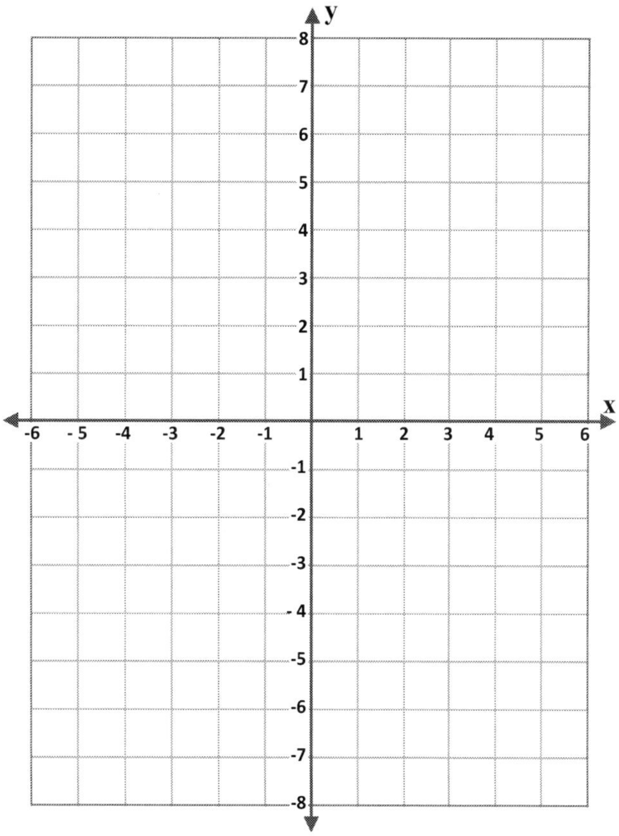
y
8
7
6
5
4
3
2
1
x
-6 - 5 -4 -3 -2 -1 1 2 3 4 5 6
-1
-2
-3
- 4
-5
-6
-7
-8

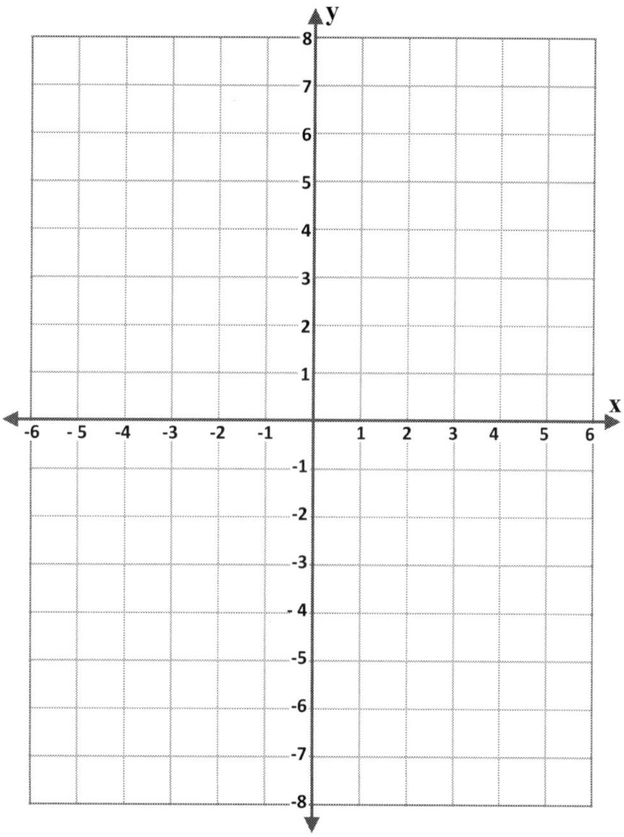
y
8
7
6
5
4
3
2
1
x
-6 - 5 -4 -3 -2 -1 1 2 3 4 5 6
-1
-2
-3
- 4
-5
-6
-7
-8

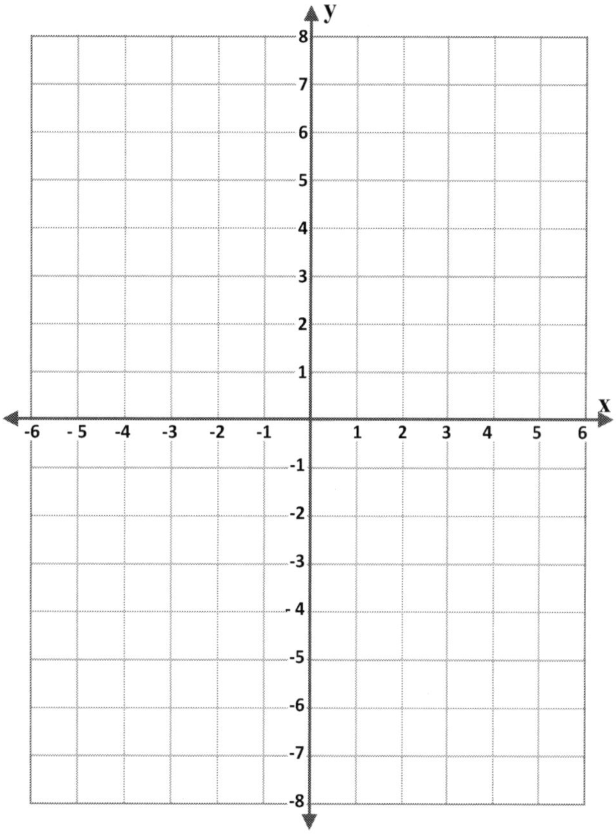
y
8
7
6
5
4
3
2
1
x
-6 - 5 -4 -3 -2 -1 1 2 3 4 5 6
-1
-2
-3
- 4
-5
-6
-7
-8

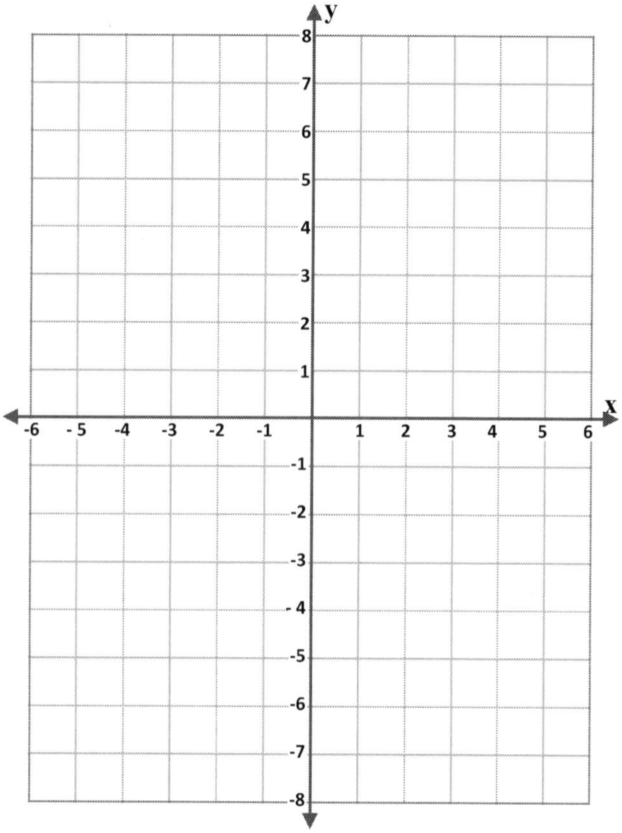
y
8
7
6
5
4
3
2
1
x
-6 - 5 -4 -3 -2 -1 1 2 3 4 5 6
-1
-2
-3
- 4
-5
-6
-7
-8

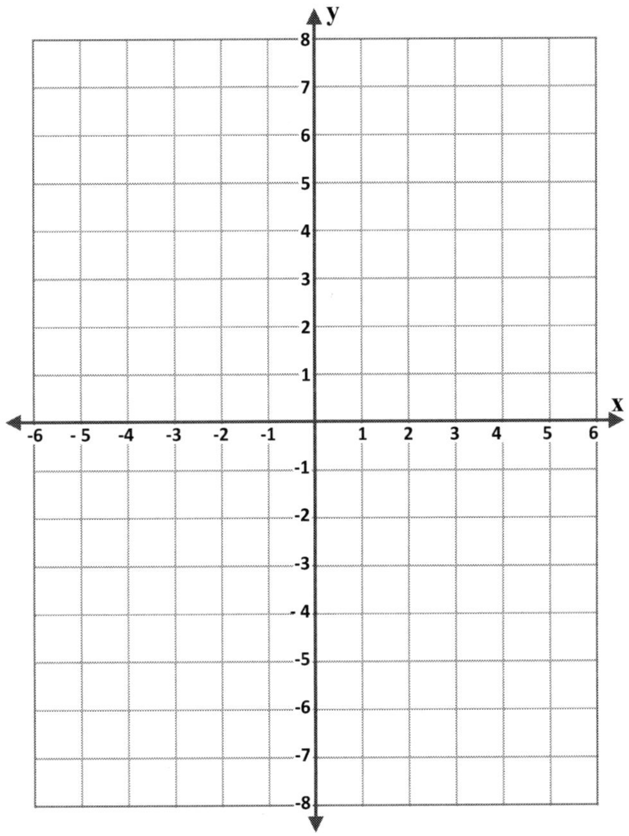
y
x
-6 -5 -4 -3 -2 -1 1 2 3 4 5 6
8 7 6 5 4 3 2 1 -1 -2 -3 -4 -5 -6 -7 -8

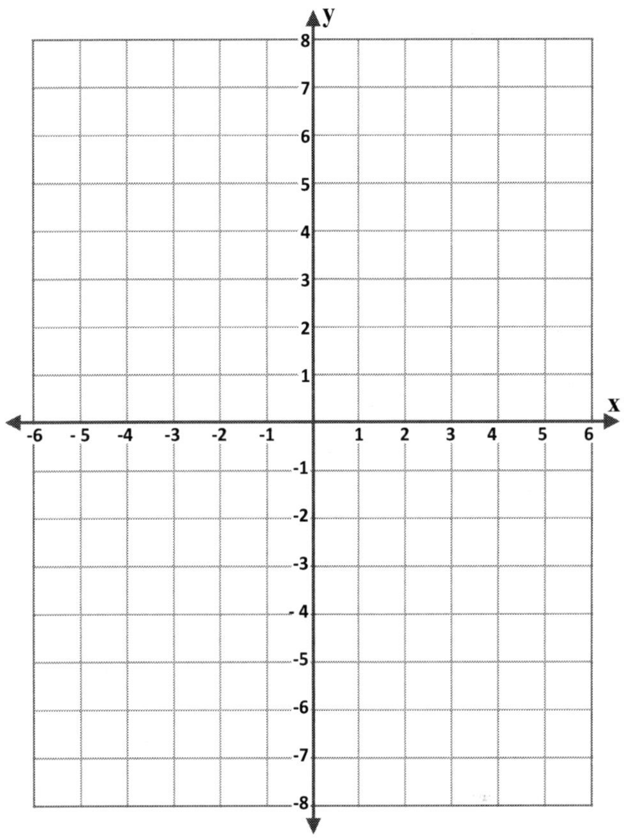
y
x
-6 -5 -4 -3 -2 -1 1 2 3 4 5 6
8 7 6 5 4 3 2 1 -1 -2 -3 -4 -5 -6 -7 -8

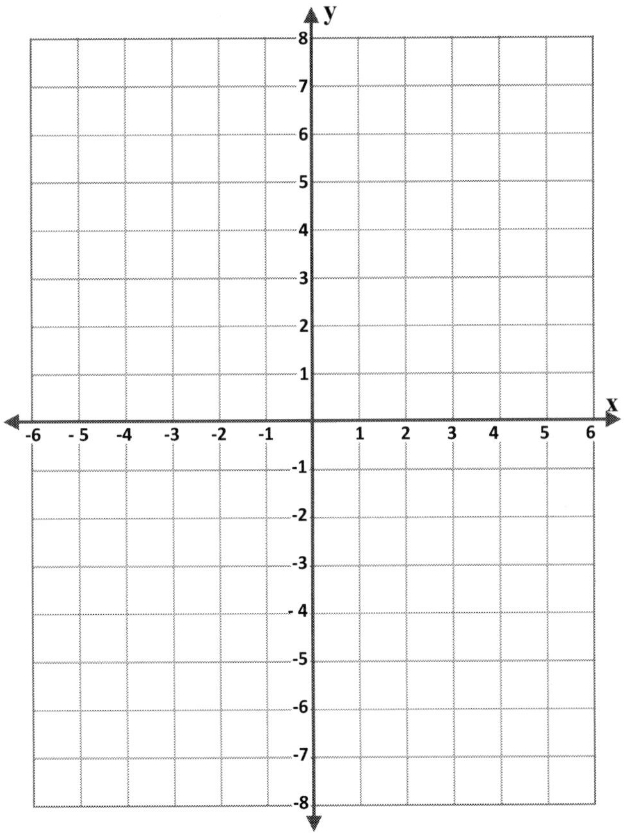
y
x
-6 -5 -4 -3 -2 -1 1 2 3 4 5 6
8 7 6 5 4 3 2 1 -1 -2 -3 -4 -5 -6 -7 -8

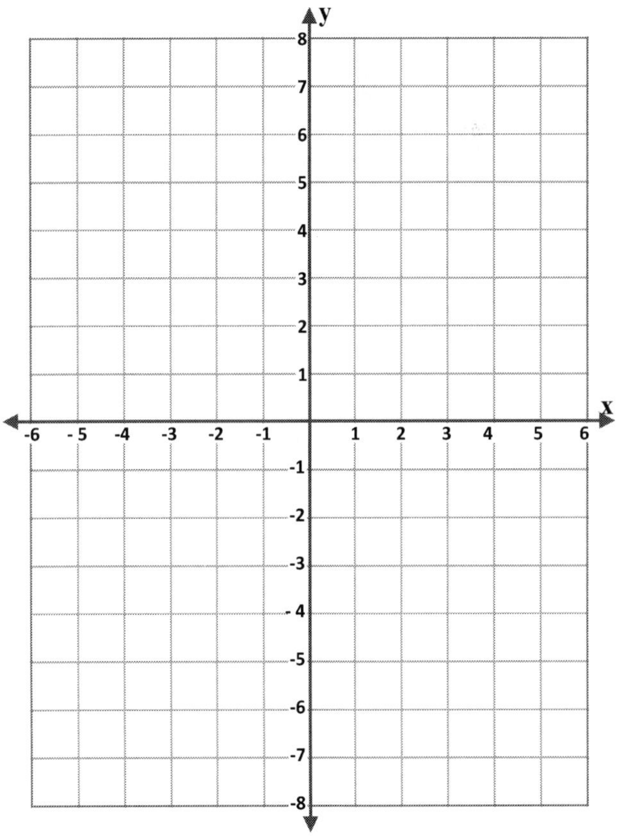
y
x
-6 -5 -4 -3 -2 -1 1 2 3 4 5 6
8 7 6 5 4 3 2 1 -1 -2 -3 -4 -5 -6 -7 -8

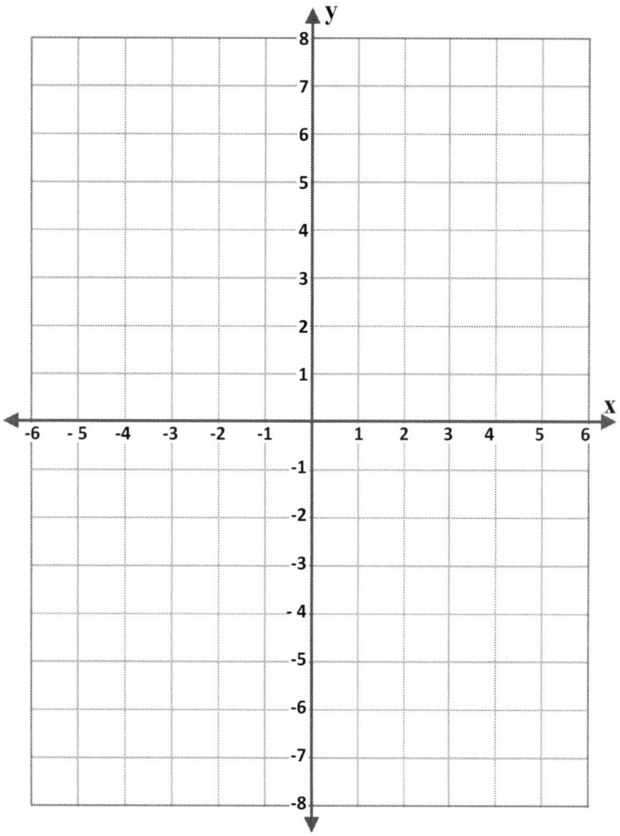
y
x
8
7
6
5
4
3
2
1
-1
-2
-3
-4
-5
-6
-7
-8
-6
- 5
-4
-3
-2
-1
1
2
3
4
5
6
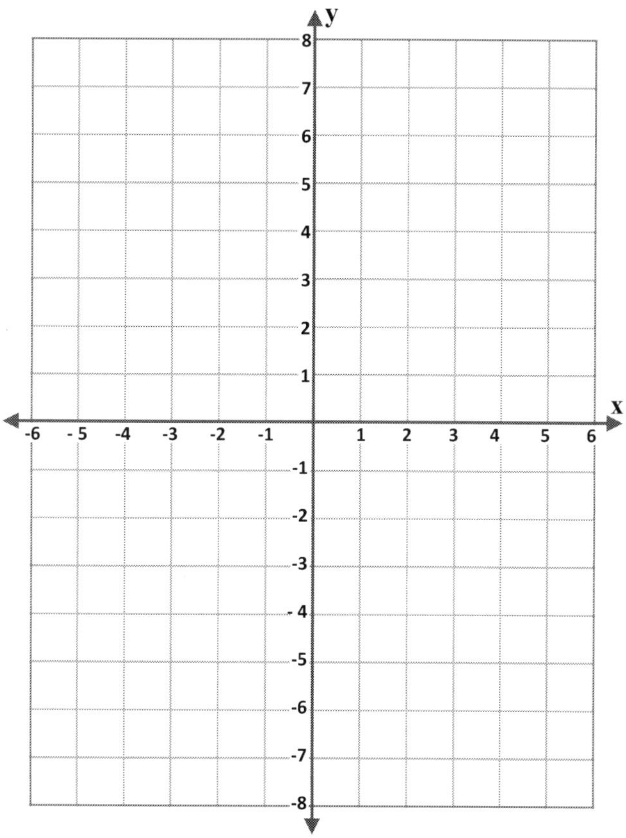
y
x
8
7
6
5
4
3
2
1
-1
-2
-3
-4
-5
-6
-7
-8
-6
- 5
-4
-3
-2
-1
1
2
3
4
5
6
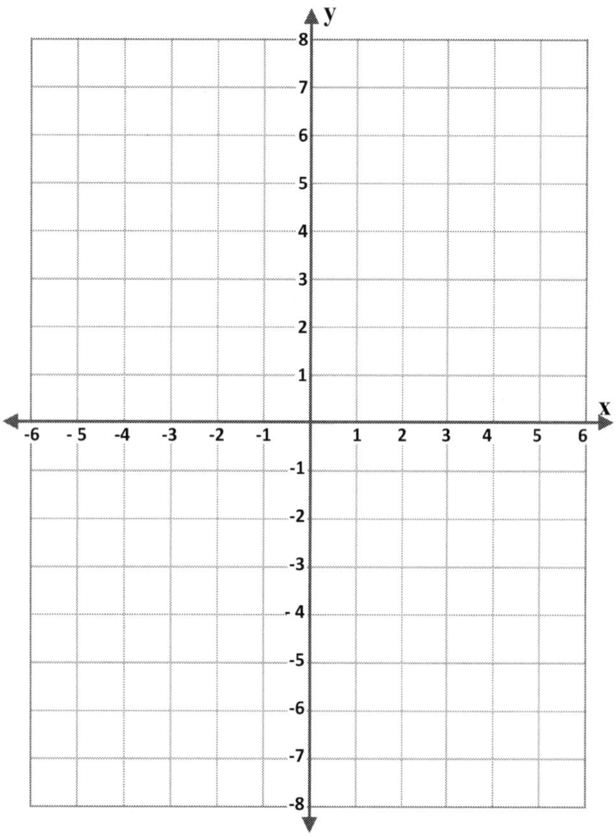
y
x
8
7
6
5
4
3
2
1
-1
-2
-3
-4
-5
-6
-7
-8
-6
- 5
-4
-3
-2
-1
1
2
3
4
5
6
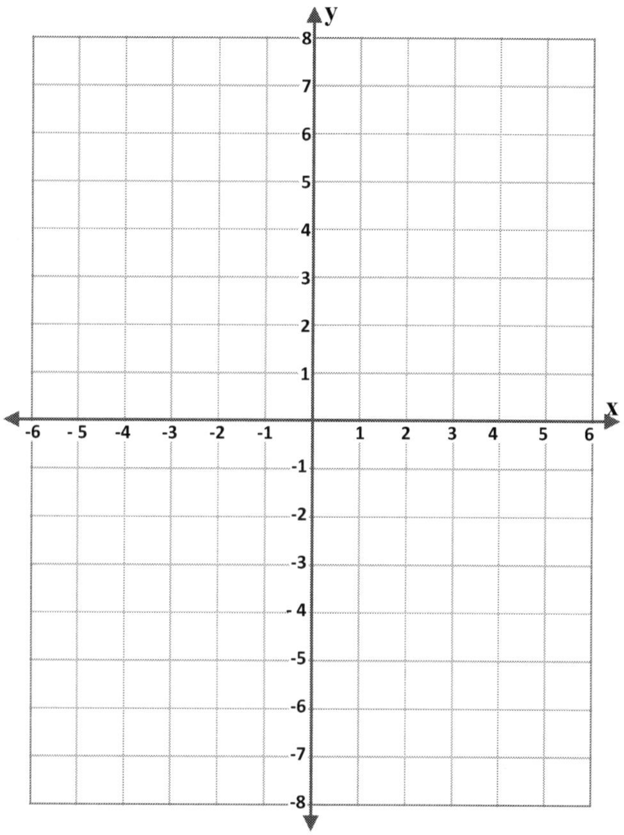
y
x
8
7
6
5
4
3
2
1
-1
-2
-3
-4
-5
-6
-7
-8
-6
- 5
-4
-3
-2
-1
1
2
3
4
5
6

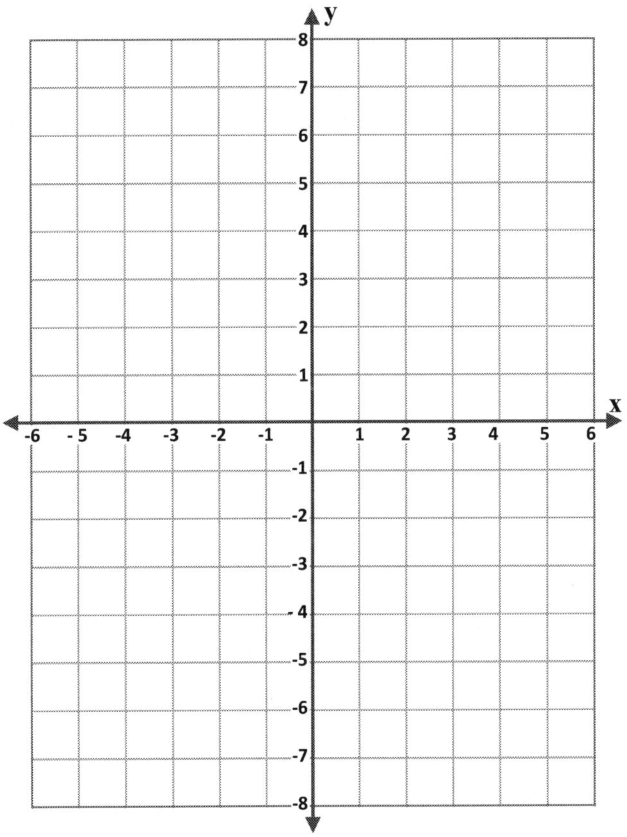
y
x
8 7 6 5 4 3 2 1 -1 -2 -3 -4 -5 -6 -7 -8
-6 -5 -4 -3 -2 -1 1 2 3 4 5 6
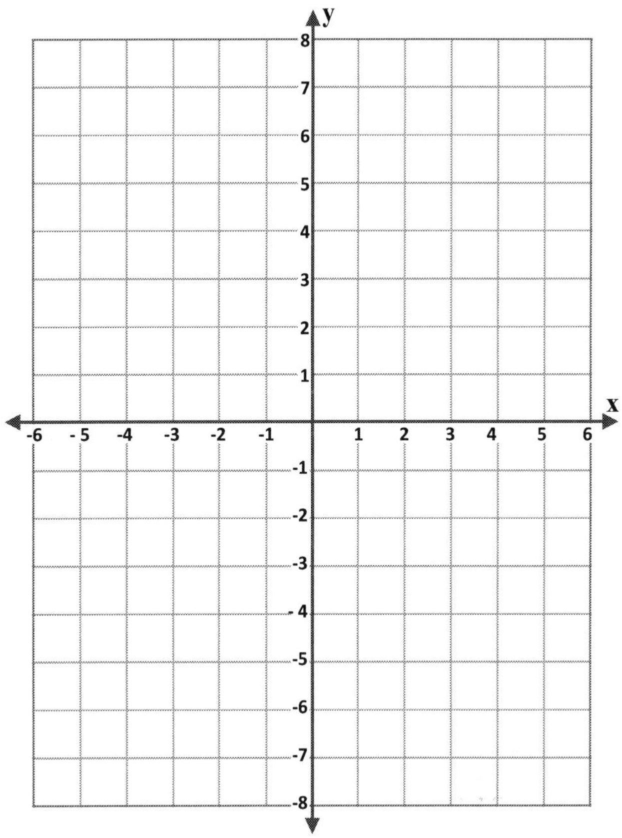
y
x
8 7 6 5 4 3 2 1 -1 -2 -3 -4 -5 -6 -7 -8
-6 -5 -4 -3 -2 -1 1 2 3 4 5 6
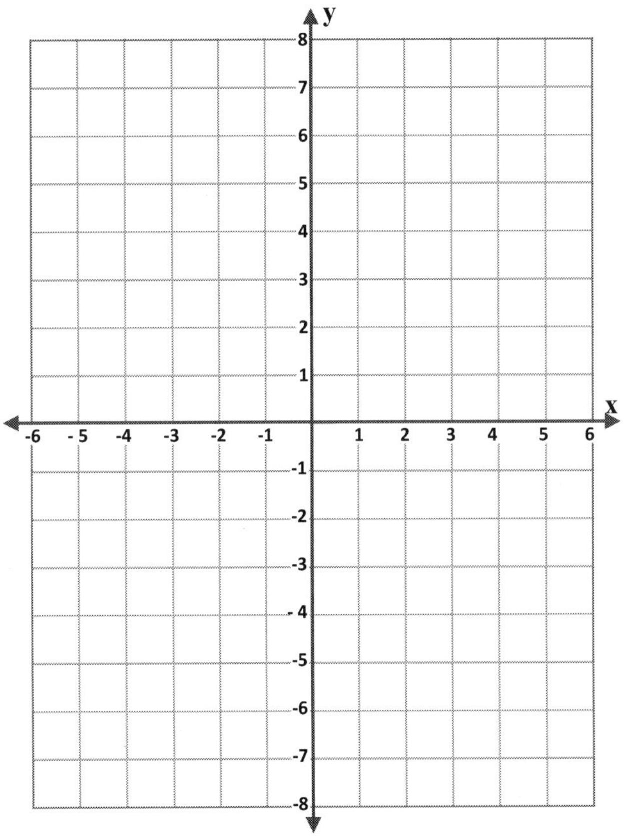
y
x
8 7 6 5 4 3 2 1 -1 -2 -3 -4 -5 -6 -7 -8
-6 -5 -4 -3 -2 -1 1 2 3 4 5 6
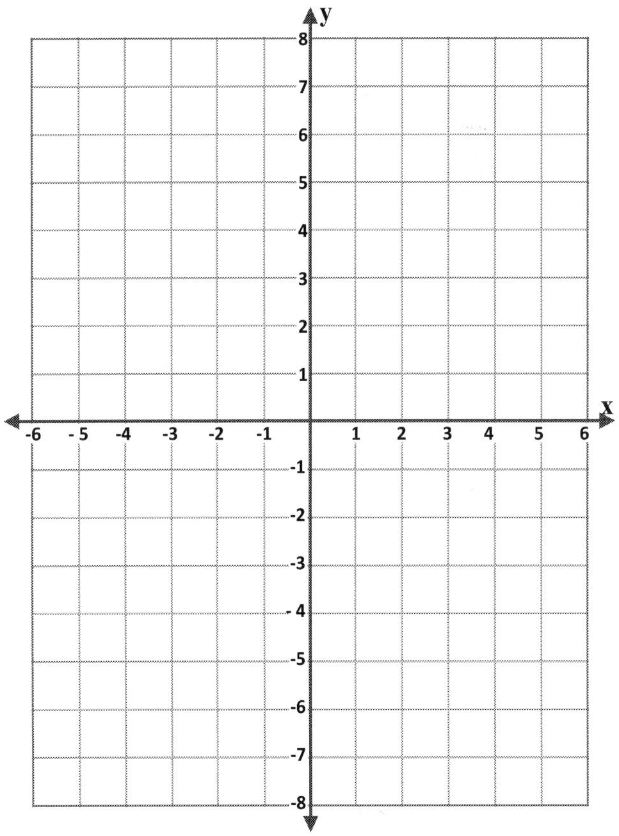
y
x
8 7 6 5 4 3 2 1 -1 -2 -3 -4 -5 -6 -7 -8
-6 -5 -4 -3 -2 -1 1 2 3 4 5 6

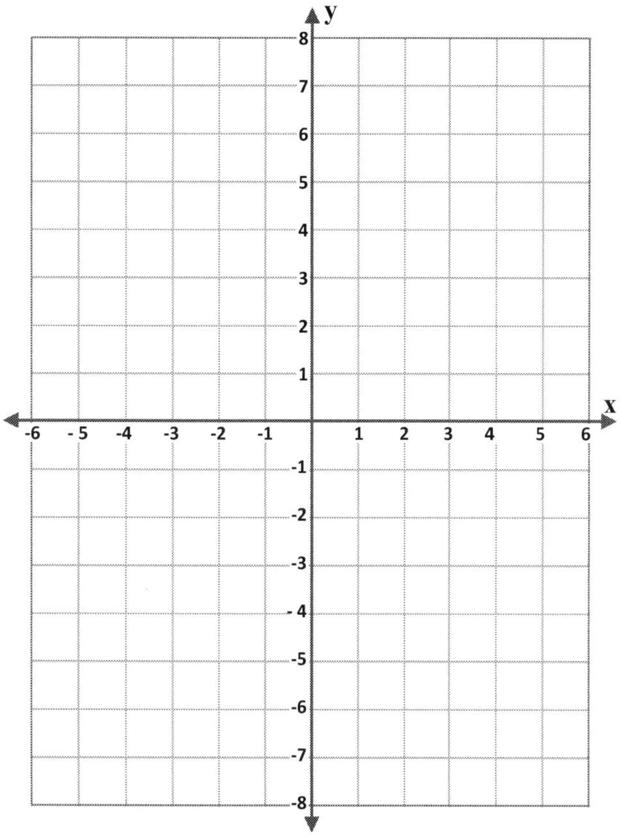
y
x
8 7 6 5 4 3 2 1 -1 -2 -3 -4 -5 -6 -7 -8
-6 -5 -4 -3 -2 -1 1 2 3 4 5 6
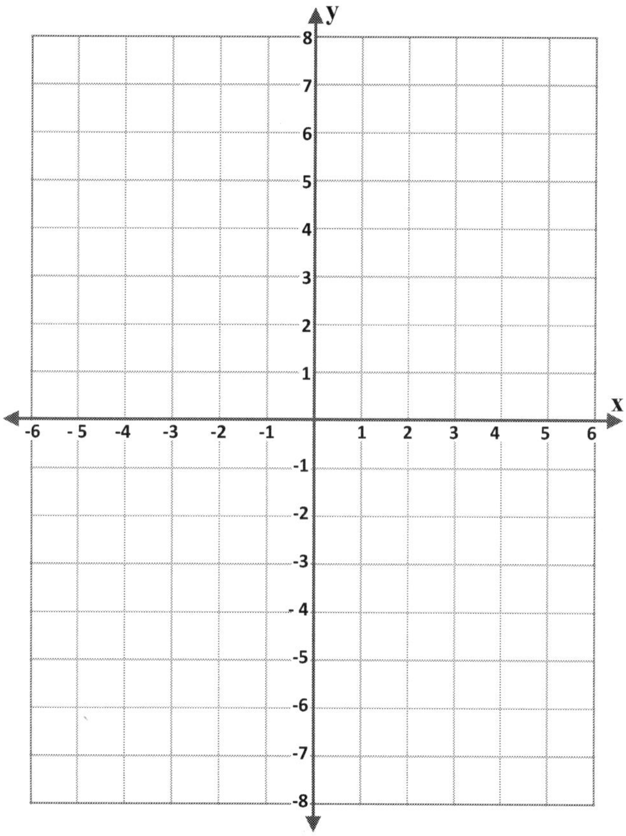
y
x
8 7 6 5 4 3 2 1 -1 -2 -3 -4 -5 -6 -7 -8
-6 -5 -4 -3 -2 -1 1 2 3 4 5 6
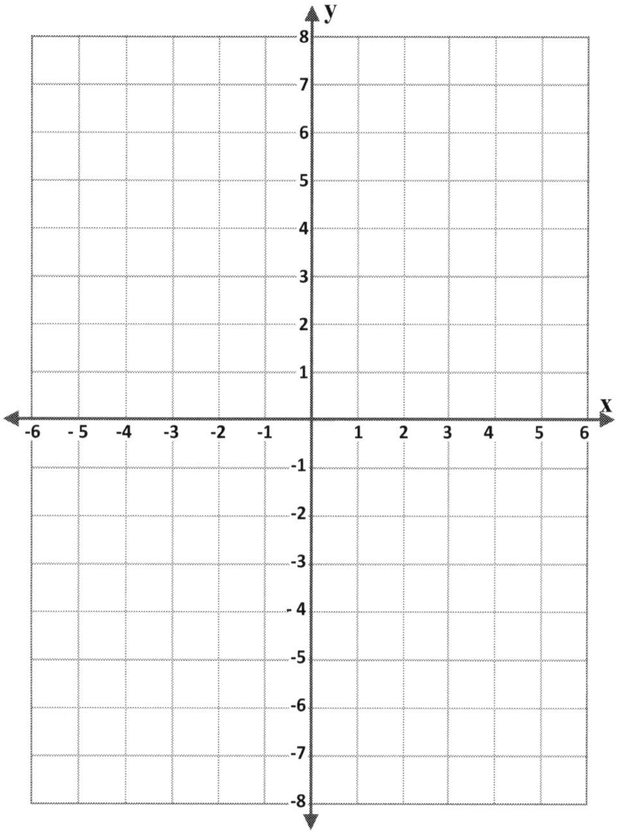
y
x
8 7 6 5 4 3 2 1 -1 -2 -3 -4 -5 -6 -7 -8
-6 -5 -4 -3 -2 -1 1 2 3 4 5 6
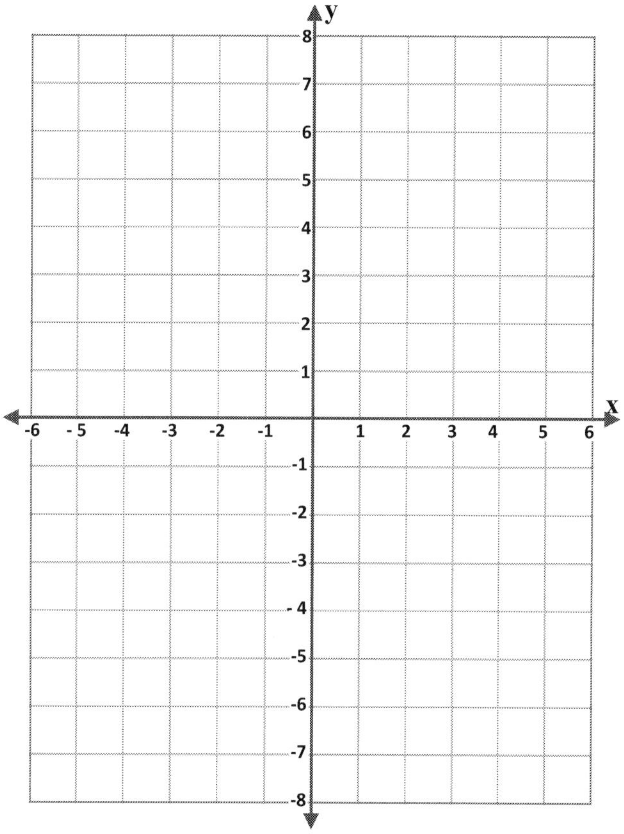
y
x
8 7 6 5 4 3 2 1 -1 -2 -3 -4 -5 -6 -7 -8
-6 -5 -4 -3 -2 -1 1 2 3 4 5 6

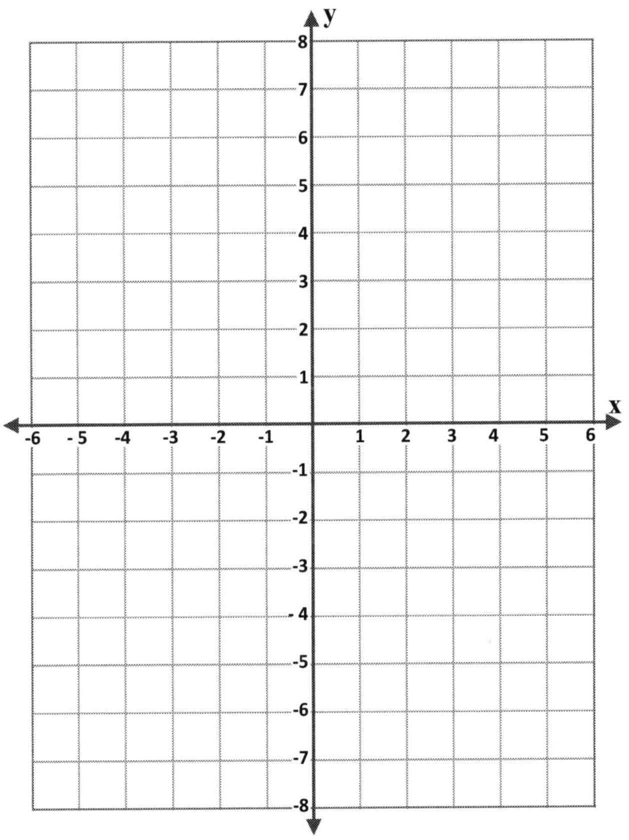
y
8
7
6
5
4
3
2
1
-1
-2
-3
-4
-5
-6
-7
-8
x
-6
-5
-4
-3
-2
-1
1
2
3
4
5
6

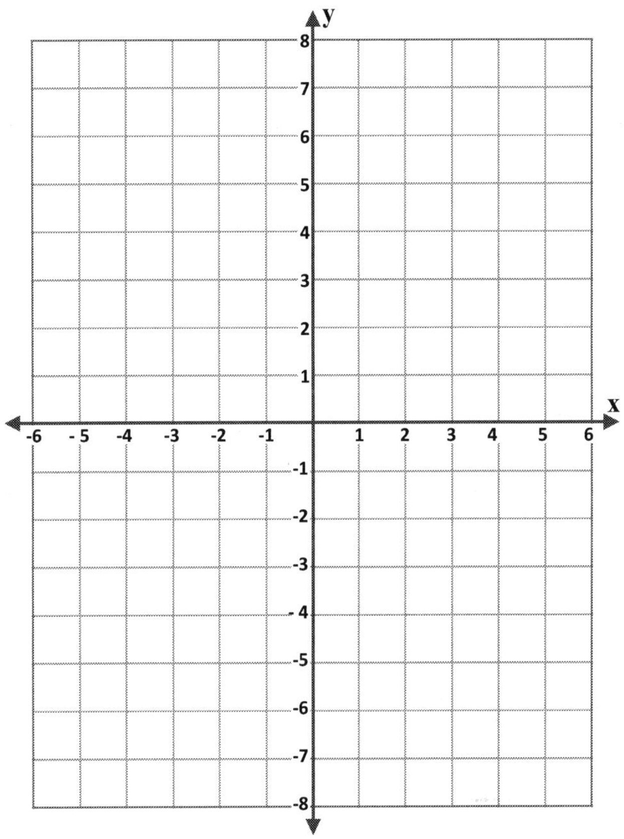
y
8
7
6
5
4
3
2
1
-1
-2
-3
-4
-5
-6
-7
-8
x
-6
-5
-4
-3
-2
-1
1
2
3
4
5
6

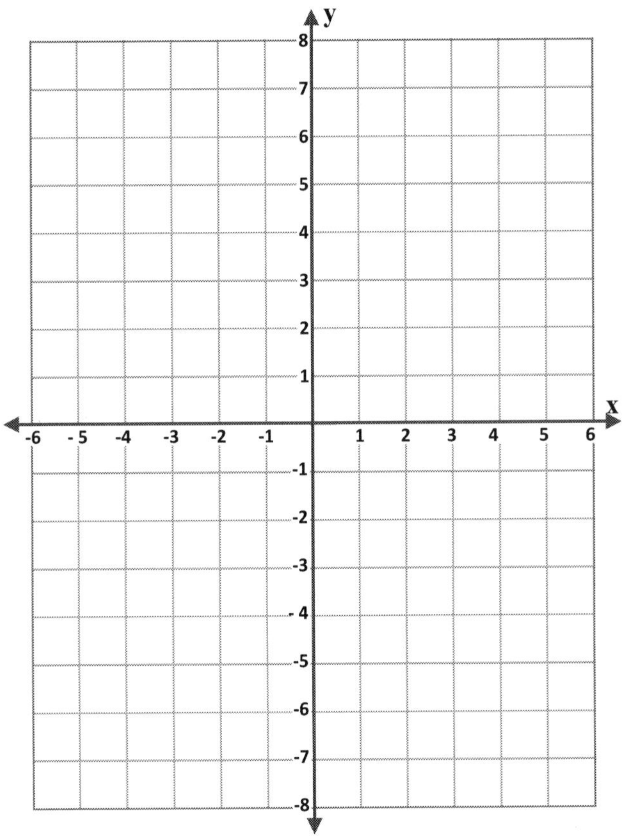
y
8
7
6
5
4
3
2
1
-1
-2
-3
-4
-5
-6
-7
-8
x
-6
-5
-4
-3
-2
-1
1
2
3
4
5
6

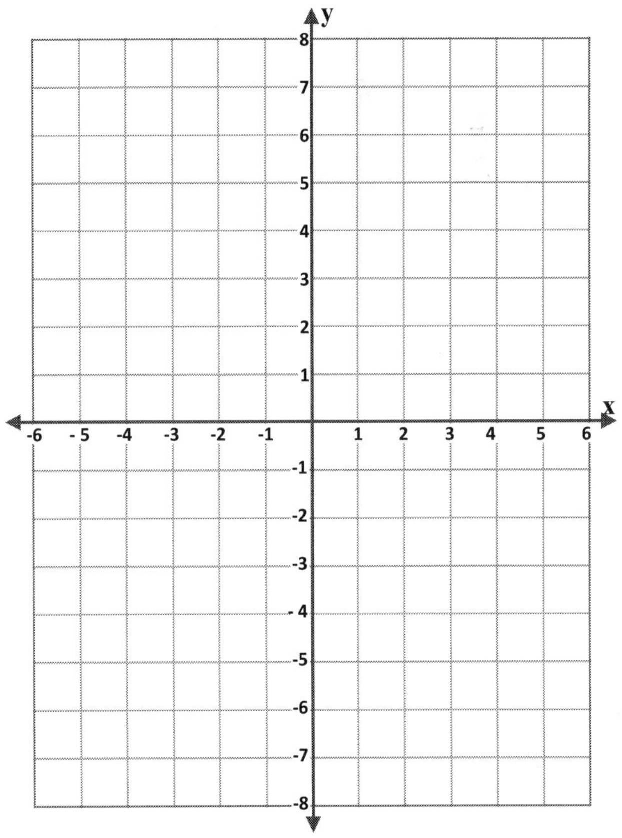
y
8
7
6
5
4
3
2
1
-1
-2
-3
-4
-5
-6
-7
-8
x
-6
-5
-4
-3
-2
-1
1
2
3
4
5
6

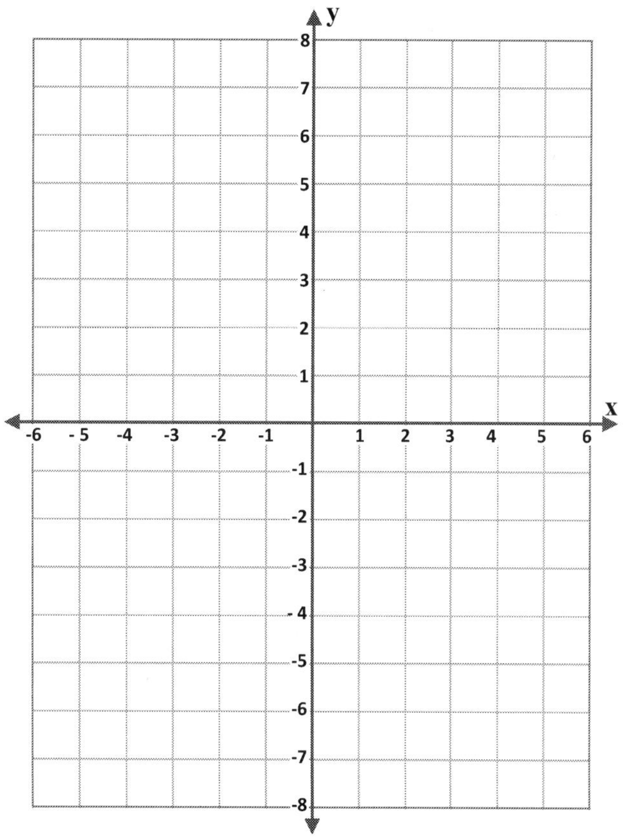
y
x
8 7 6 5 4 3 2 1 -1 -2 -3 -4 -5 -6 -7 -8
-6 -5 -4 -3 -2 -1 1 2 3 4 5 6

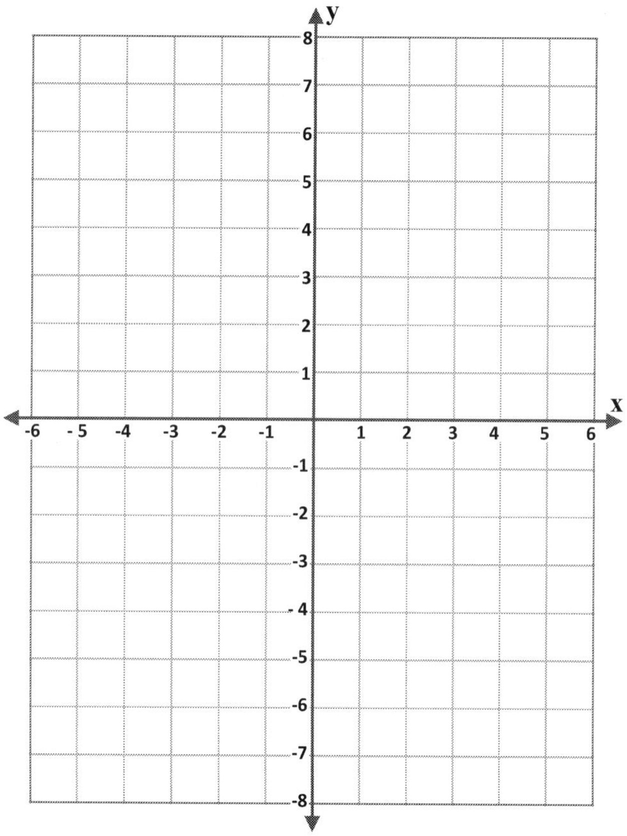
y
x
8 7 6 5 4 3 2 1 -1 -2 -3 -4 -5 -6 -7 -8
-6 -5 -4 -3 -2 -1 1 2 3 4 5 6

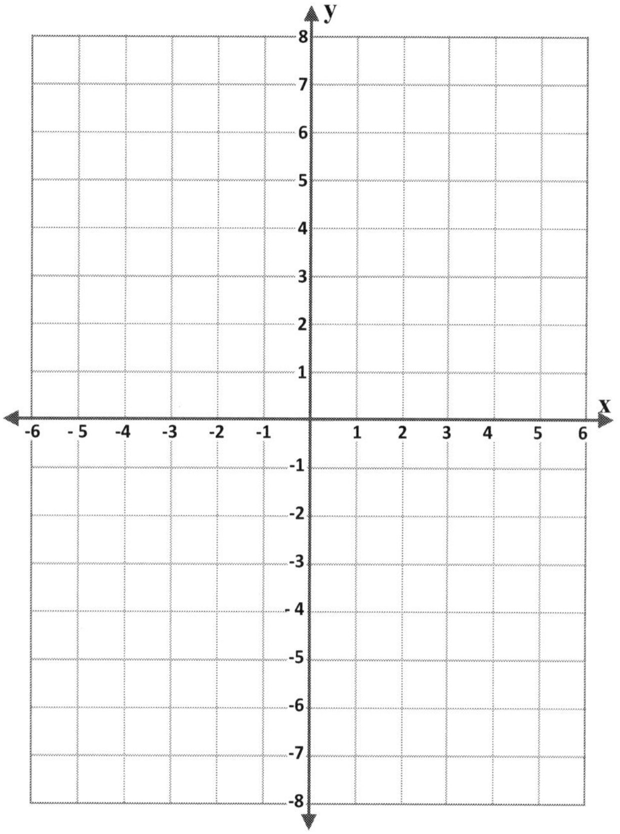
y
x
8 7 6 5 4 3 2 1 -1 -2 -3 -4 -5 -6 -7 -8
-6 -5 -4 -3 -2 -1 1 2 3 4 5 6

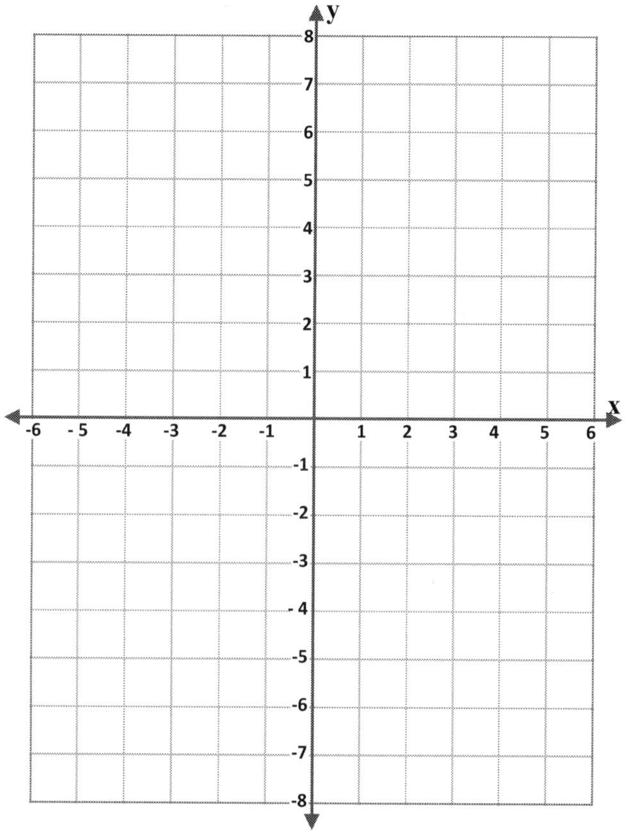
y
x
8 7 6 5 4 3 2 1 -1 -2 -3 -4 -5 -6 -7 -8
-6 -5 -4 -3 -2 -1 1 2 3 4 5 6

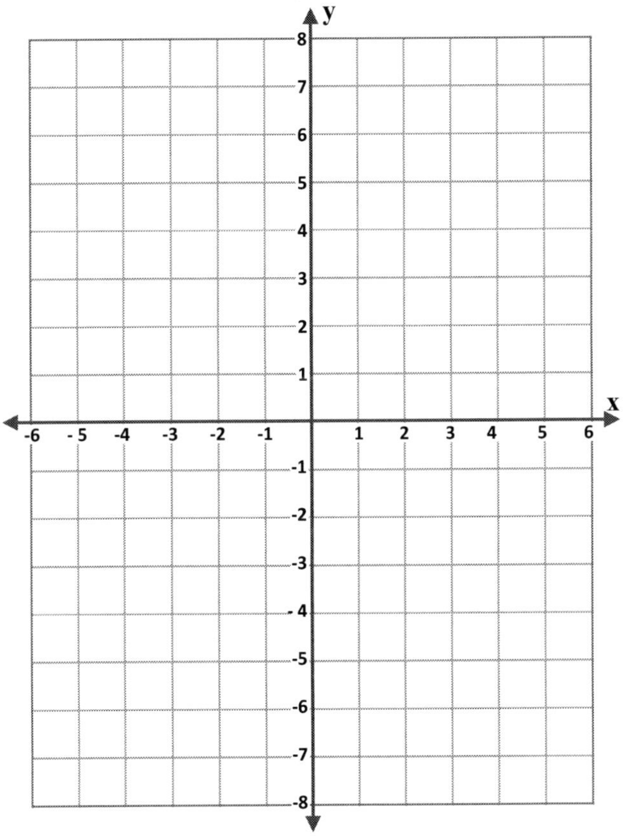
y
x
8 7 6 5 4 3 2 1 -1 -2 -3 -4 -5 -6 -7 -8
-6 -5 -4 -3 -2 -1 1 2 3 4 5 6
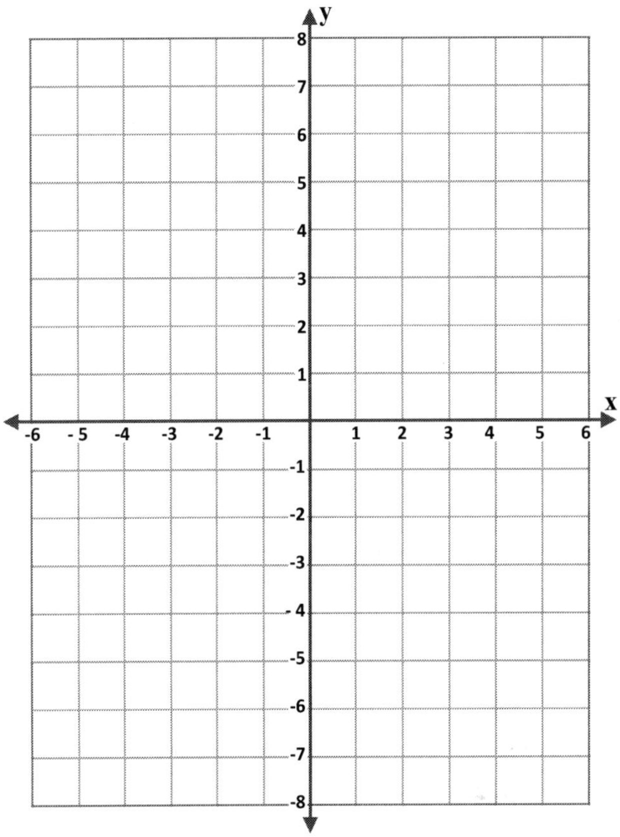
y
x
8 7 6 5 4 3 2 1 -1 -2 -3 -4 -5 -6 -7 -8
-6 -5 -4 -3 -2 -1 1 2 3 4 5 6
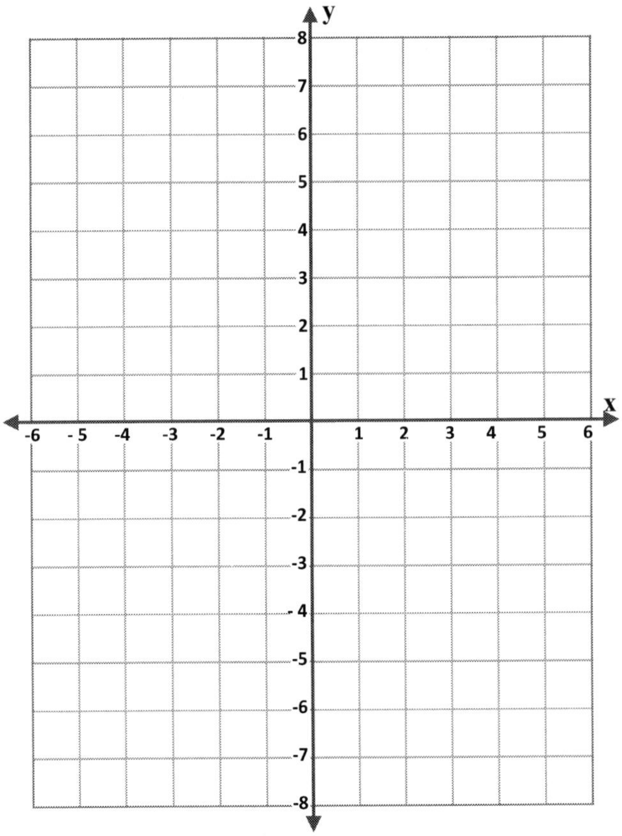
y
x
8 7 6 5 4 3 2 1 -1 -2 -3 -4 -5 -6 -7 -8
-6 -5 -4 -3 -2 -1 1 2 3 4 5 6
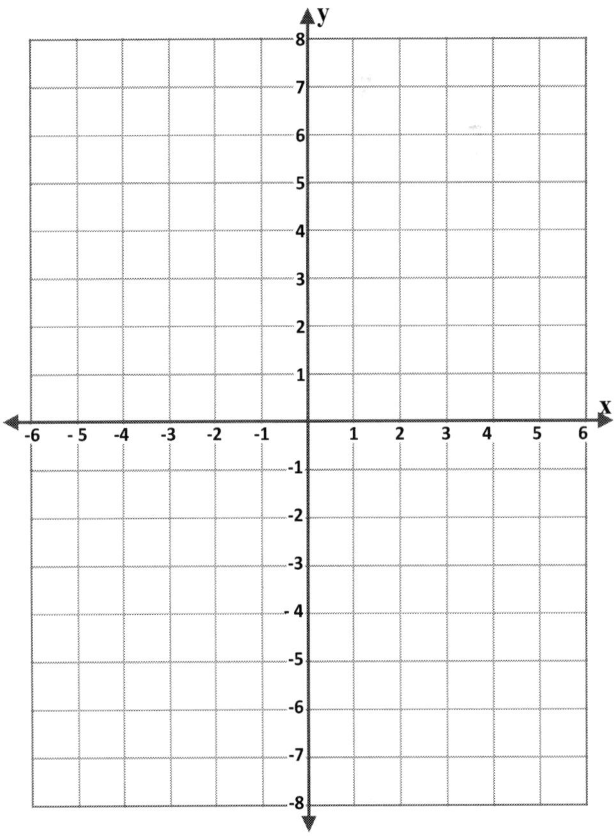
y
x
8 7 6 5 4 3 2 1 -1 -2 -3 -4 -5 -6 -7 -8
-6 -5 -4 -3 -2 -1 1 2 3 4 5 6

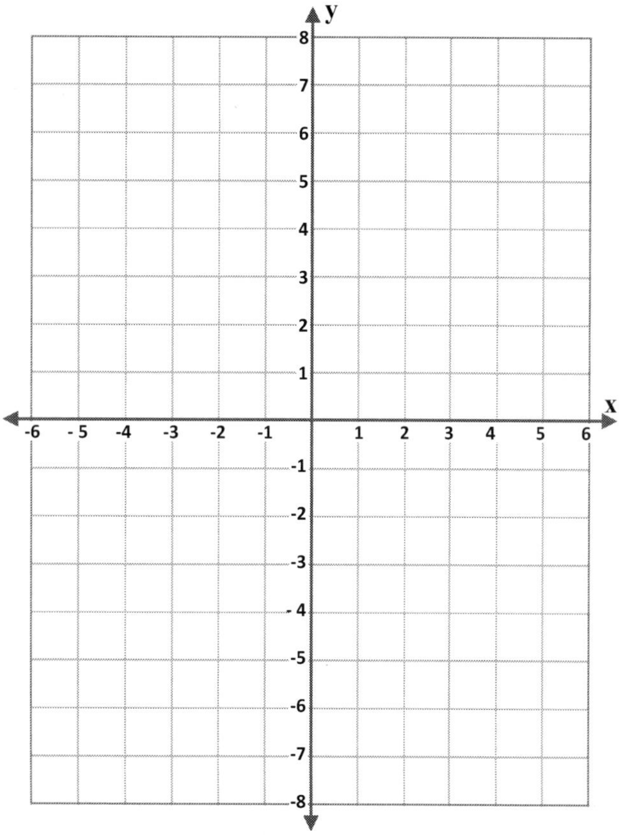
y
x
8 7 6 5 4 3 2 1 -1 -2 -3 -4 -5 -6 -7 -8
-6 -5 -4 -3 -2 -1 1 2 3 4 5 6

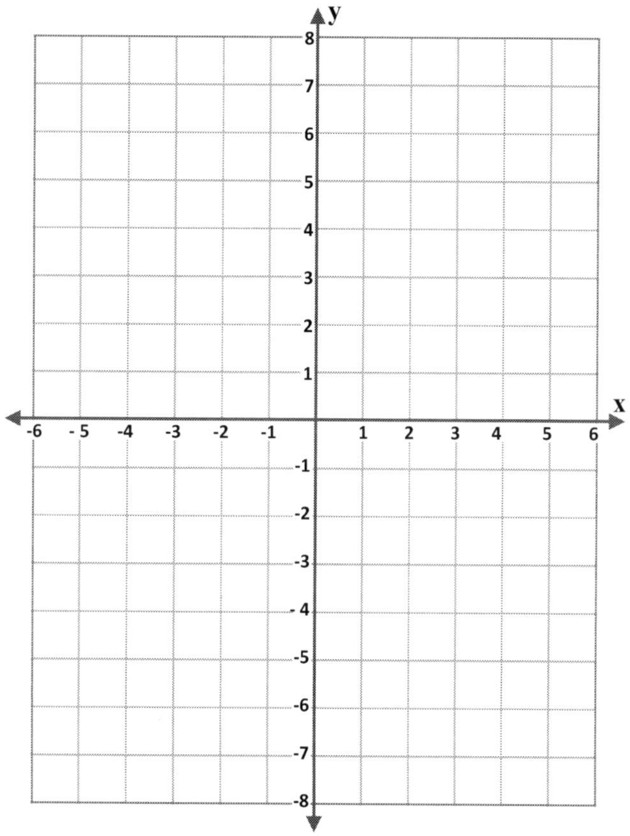
y
x
8 7 6 5 4 3 2 1 -1 -2 -3 -4 -5 -6 -7 -8
-6 -5 -4 -3 -2 -1 1 2 3 4 5 6

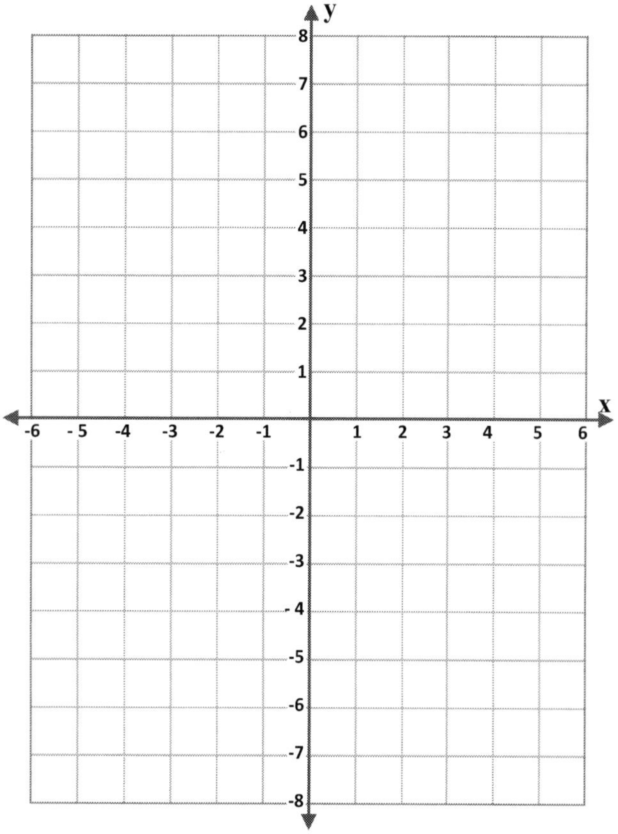
y
x
8 7 6 5 4 3 2 1 -1 -2 -3 -4 -5 -6 -7 -8
-6 -5 -4 -3 -2 -1 1 2 3 4 5 6

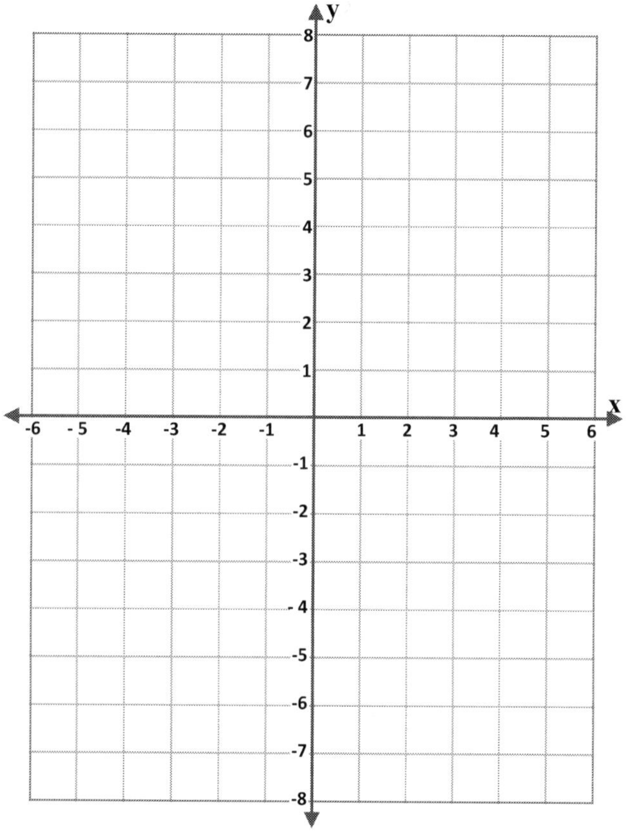
y
x
8 7 6 5 4 3 2 1 -1 -2 -3 -4 -5 -6 -7 -8
-6 -5 -4 -3 -2 -1 1 2 3 4 5 6

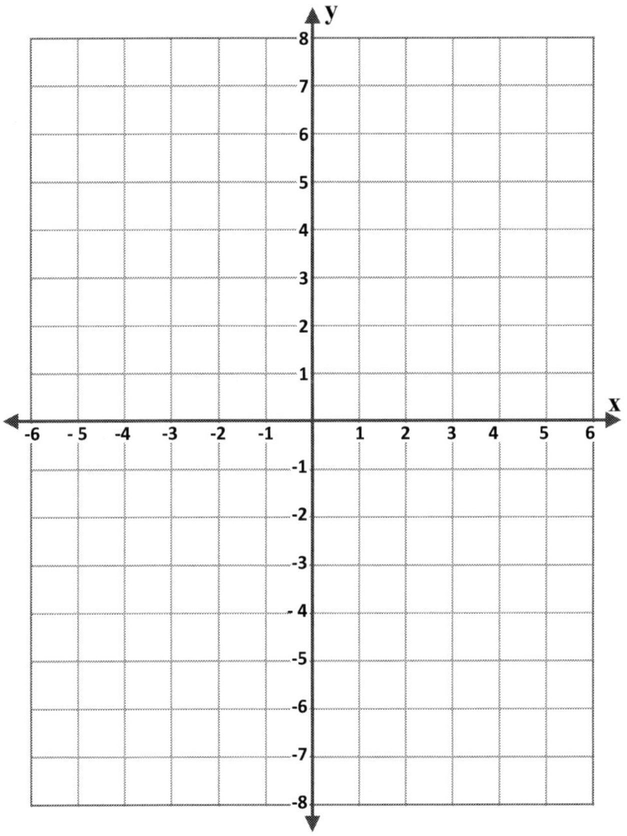
y
x
8
7
6
5
4
3
2
1
-1
-2
-3
-4
-5
-6
-7
-8
-6
-5
-4
-3
-2
-1
1
2
3
4
5
6
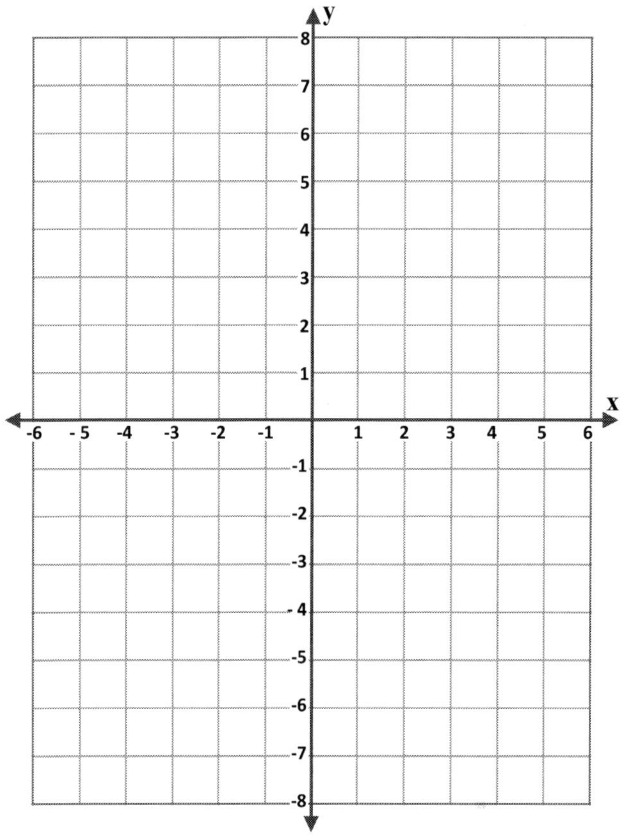
y
x
8
7
6
5
4
3
2
1
-1
-2
-3
-4
-5
-6
-7
-8
-6
-5
-4
-3
-2
-1
1
2
3
4
5
6
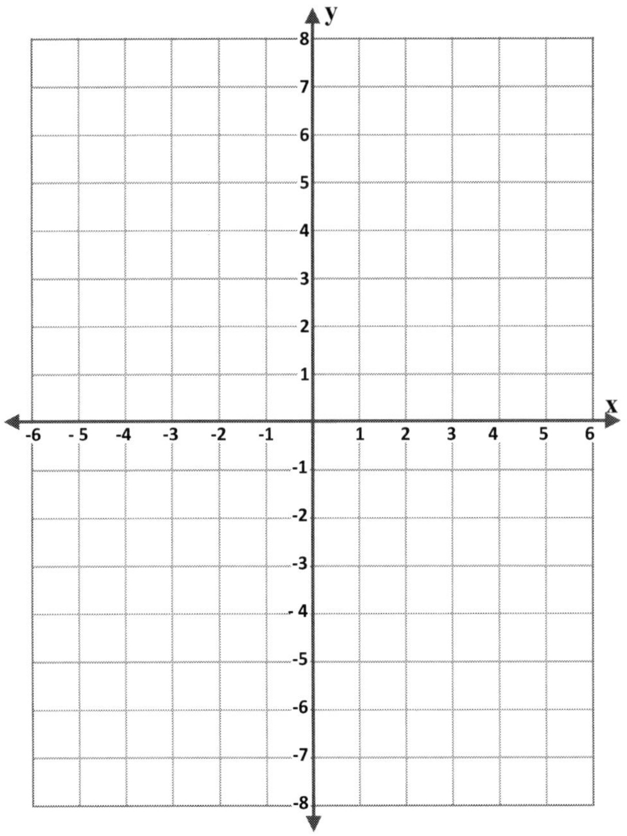
y
x
8
7
6
5
4
3
2
1
-1
-2
-3
-4
-5
-6
-7
-8
-6
-5
-4
-3
-2
-1
1
2
3
4
5
6
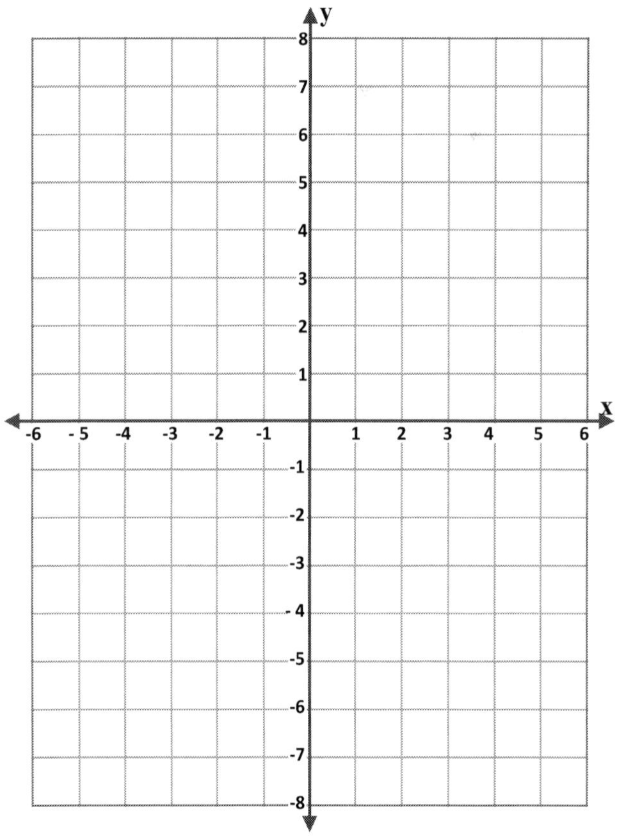
y
x
8
7
6
5
4
3
2
1
-1
-2
-3
-4
-5
-6
-7
-8
-6
-5
-4
-3
-2
-1
1
2
3
4
5
6

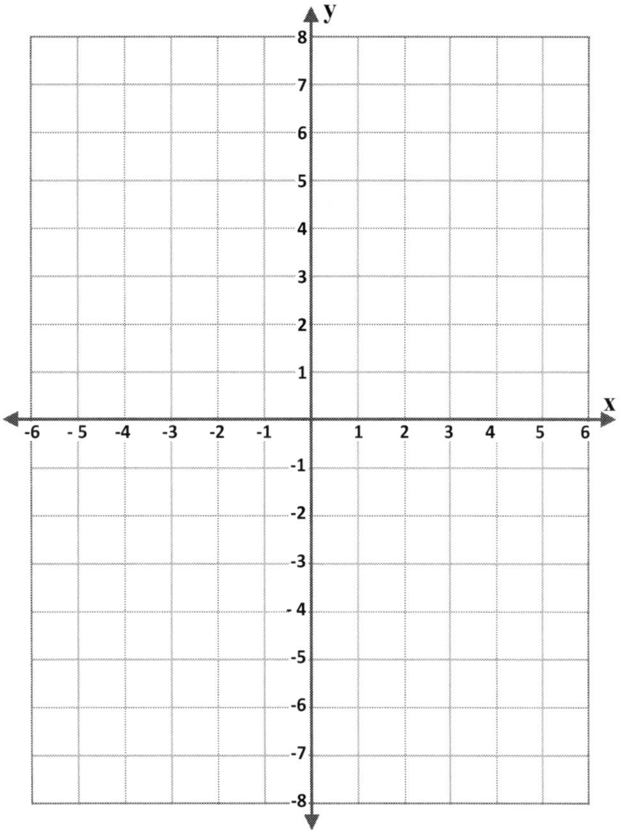
y
8
7
6
5
4
3
2
1
x
-6 -5 -4 -3 -2 -1 1 2 3 4 5 6
-1
-2
-3
-4
-5
-6
-7
-8

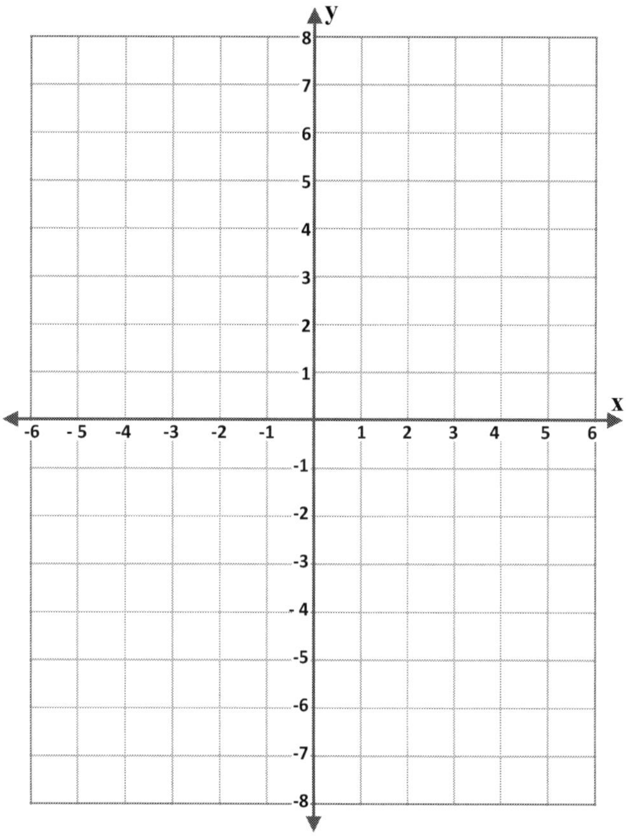
y
8
7
6
5
4
3
2
1
x
-6 -5 -4 -3 -2 -1 1 2 3 4 5 6
-1
-2
-3
-4
-5
-6
-7
-8

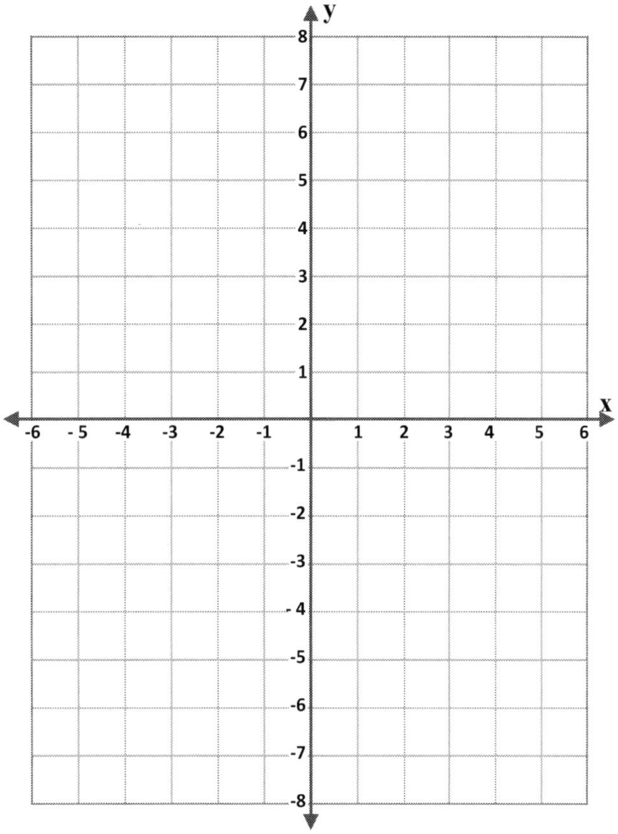
y
8
7
6
5
4
3
2
1
x
-6 -5 -4 -3 -2 -1 1 2 3 4 5 6
-1
-2
-3
-4
-5
-6
-7
-8

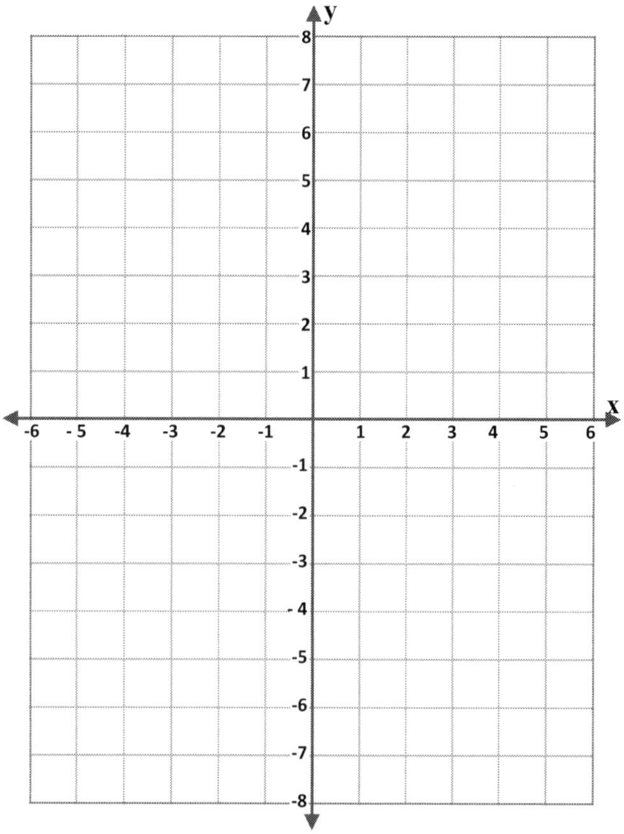
y
8
7
6
5
4
3
2
1
x
-6 -5 -4 -3 -2 -1 1 2 3 4 5 6
-1
-2
-3
-4
-5
-6
-7
-8

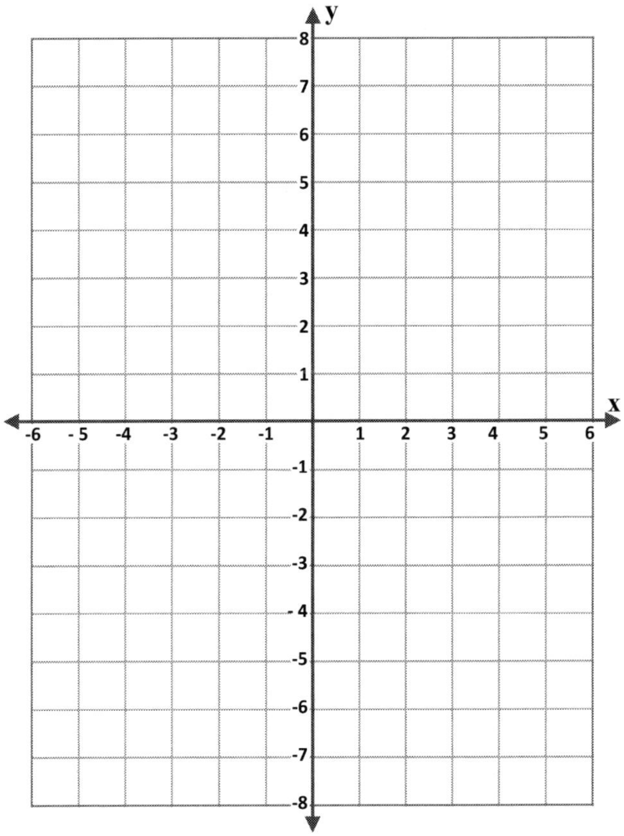
y
x
8
7
6
5
4
3
2
1
-1
-2
-3
-4
-5
-6
-7
-8
-6 -5 -4 -3 -2 -1 1 2 3 4 5 6

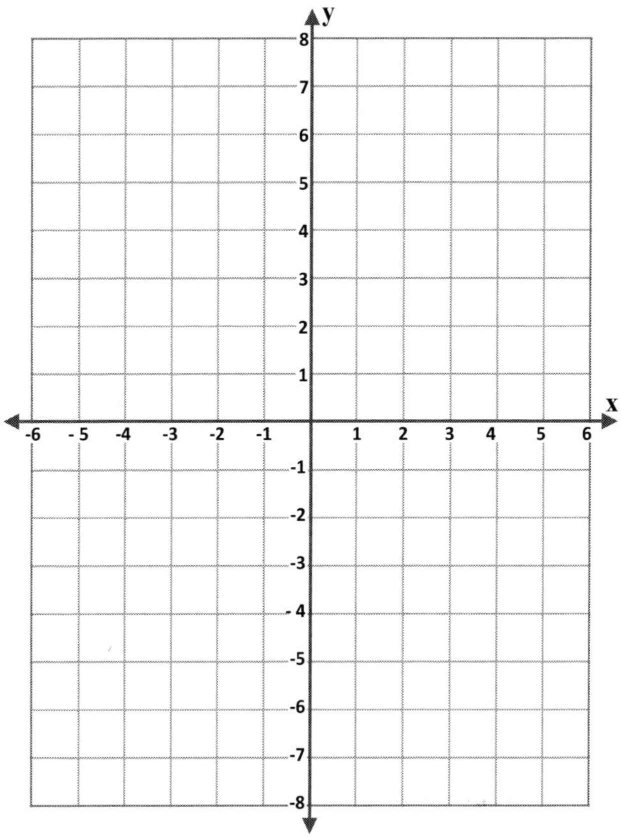
y
x
8
7
6
5
4
3
2
1
-1
-2
-3
-4
-5
-6
-7
-8
-6 -5 -4 -3 -2 -1 1 2 3 4 5 6

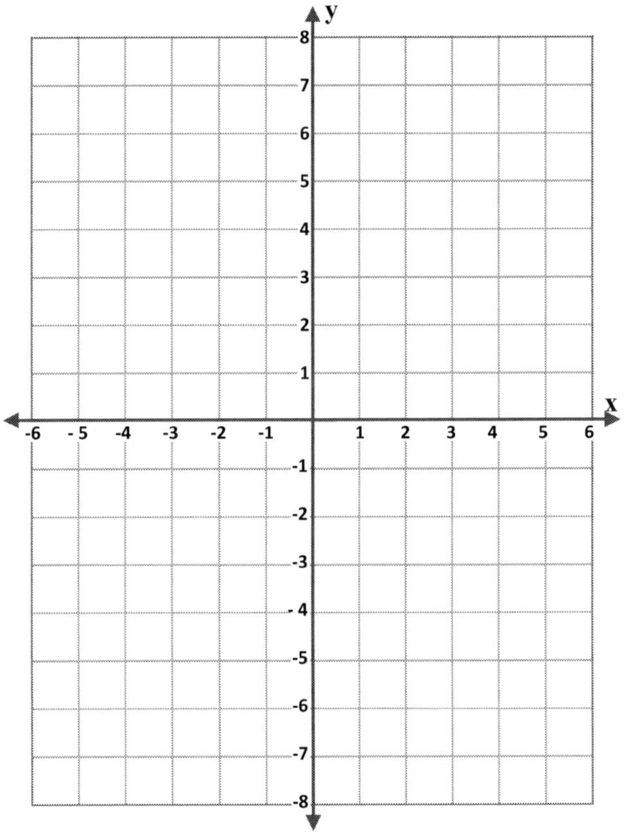
y
x
8
7
6
5
4
3
2
1
-1
-2
-3
-4
-5
-6
-7
-8
-6 -5 -4 -3 -2 -1 1 2 3 4 5 6

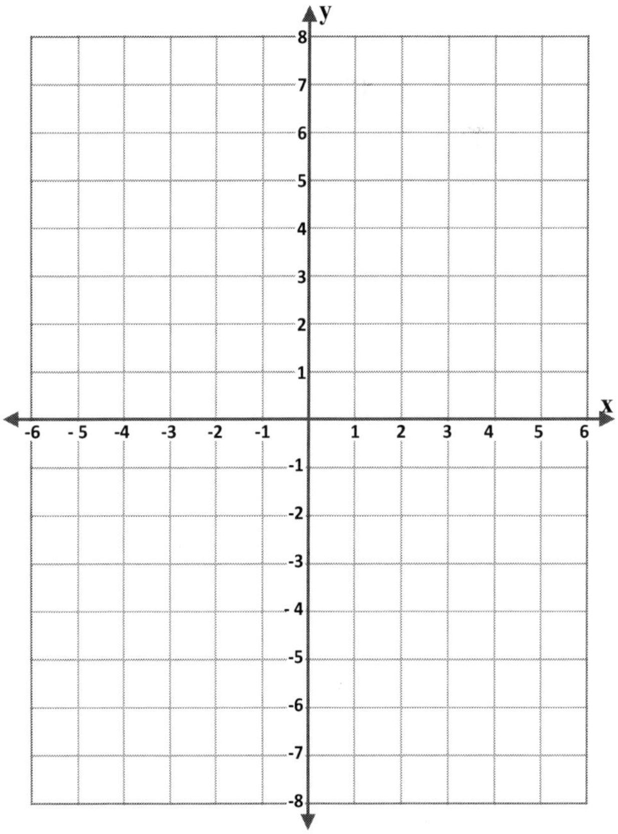
y
x
8
7
6
5
4
3
2
1
-1
-2
-3
-4
-5
-6
-7
-8
-6 -5 -4 -3 -2 -1 1 2 3 4 5 6

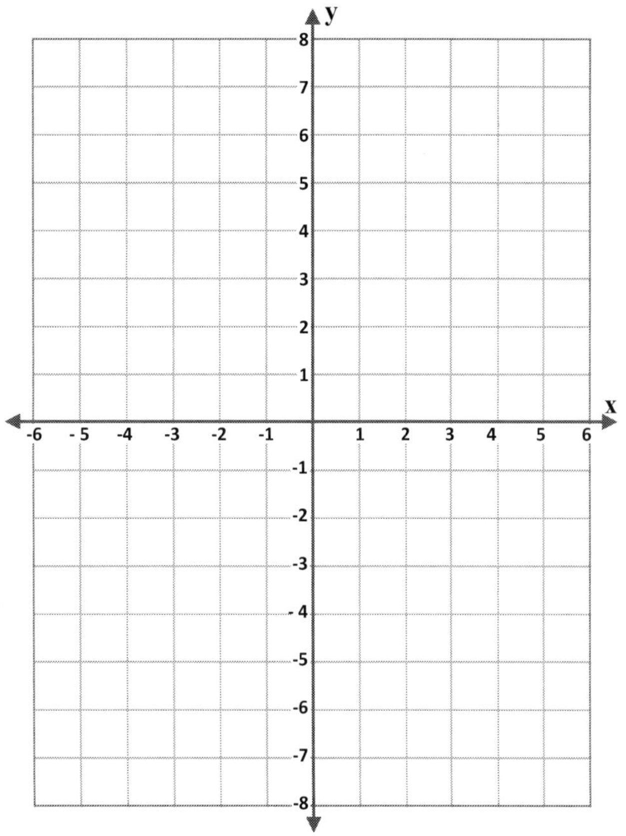
y
x
8 7 6 5 4 3 2 1 -1 -2 -3 -4 -5 -6 -7 -8
-6 -5 -4 -3 -2 -1 1 2 3 4 5 6

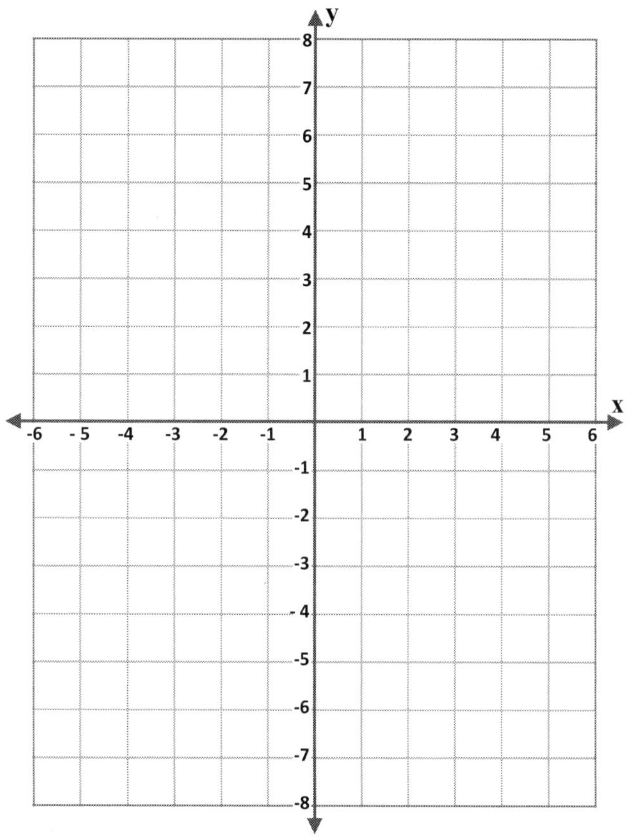
y
x
8 7 6 5 4 3 2 1 -1 -2 -3 -4 -5 -6 -7 -8
-6 -5 -4 -3 -2 -1 1 2 3 4 5 6

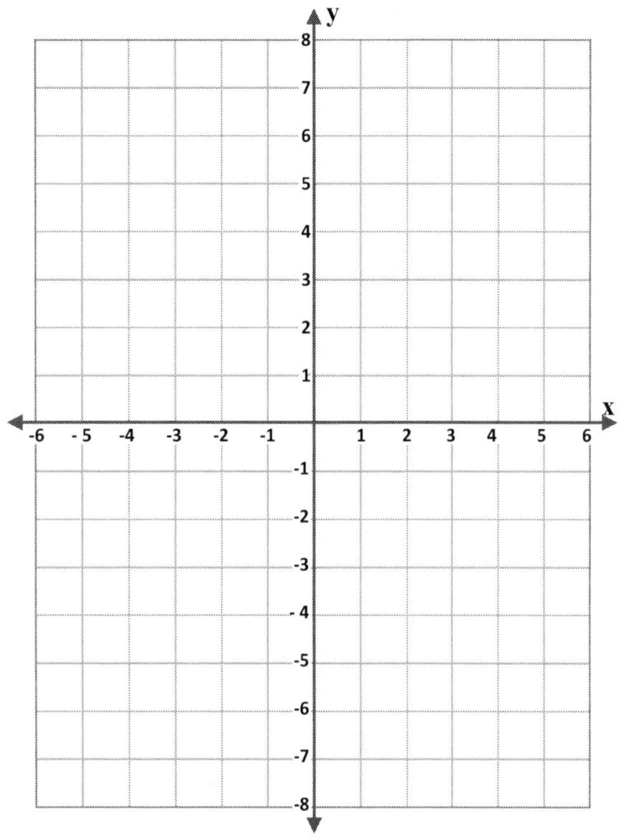
y
x
8 7 6 5 4 3 2 1 -1 -2 -3 -4 -5 -6 -7 -8
-6 -5 -4 -3 -2 -1 1 2 3 4 5 6

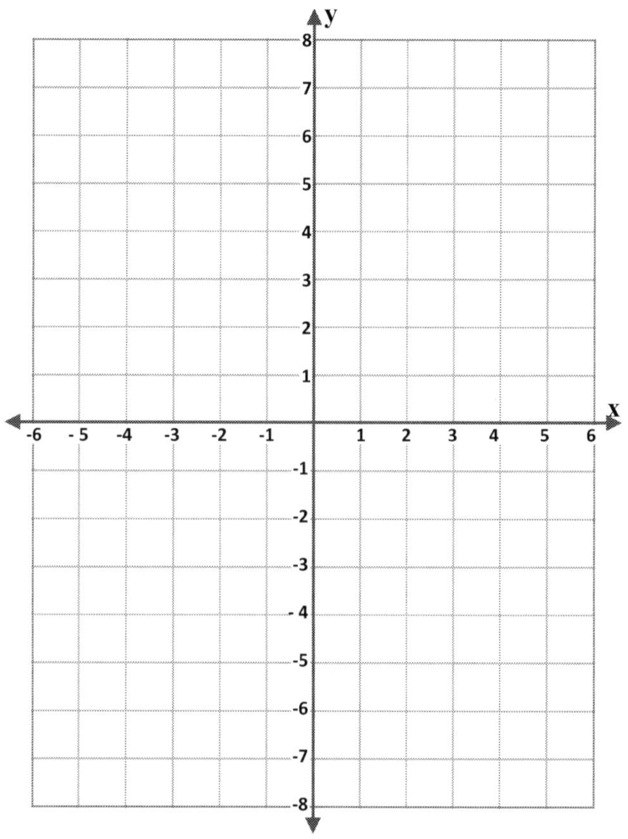
y
x
8 7 6 5 4 3 2 1 -1 -2 -3 -4 -5 -6 -7 -8
-6 -5 -4 -3 -2 -1 1 2 3 4 5 6

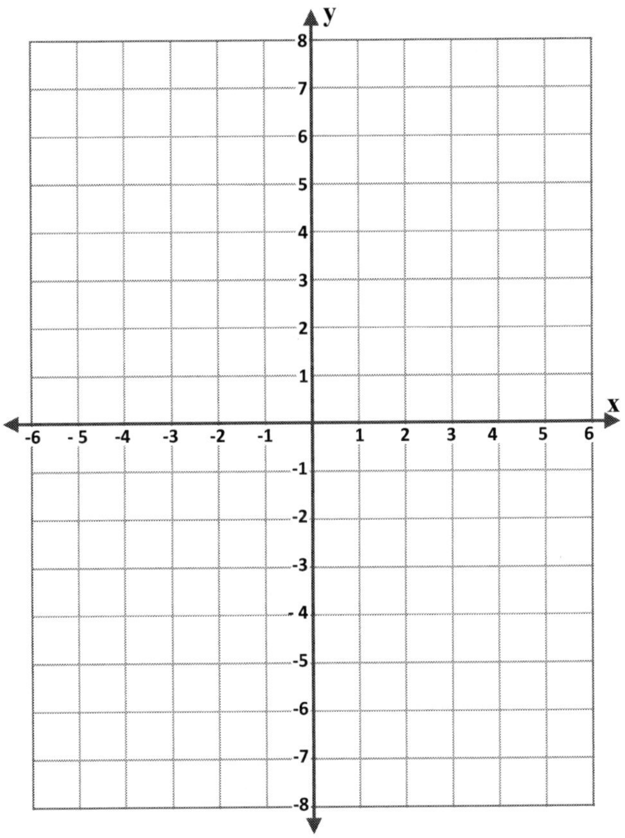
y
x
8 7 6 5 4 3 2 1 -1 -2 -3 -4 -5 -6 -7 -8
-6 -5 -4 -3 -2 -1 1 2 3 4 5 6

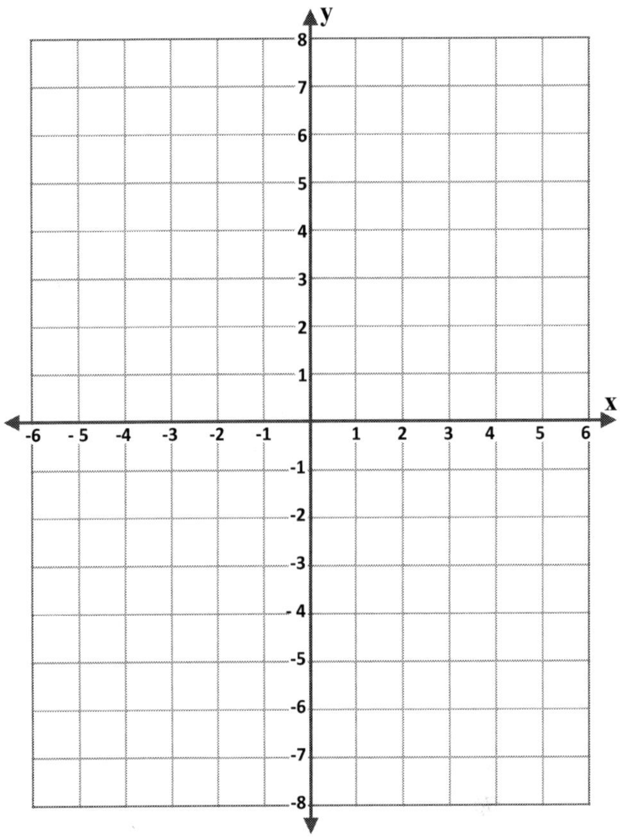
y
x
8 7 6 5 4 3 2 1 -1 -2 -3 -4 -5 -6 -7 -8
-6 -5 -4 -3 -2 -1 1 2 3 4 5 6

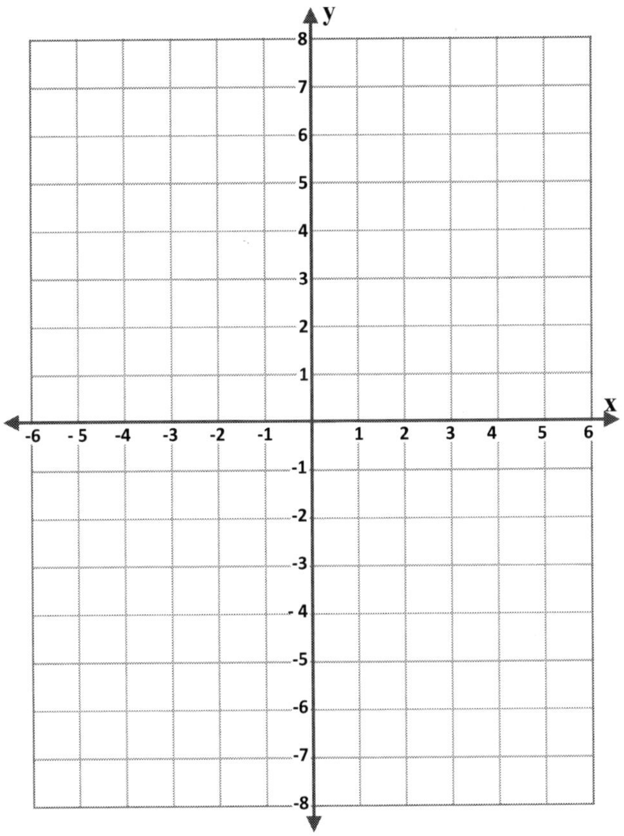
y
x
8 7 6 5 4 3 2 1 -1 -2 -3 -4 -5 -6 -7 -8
-6 -5 -4 -3 -2 -1 1 2 3 4 5 6

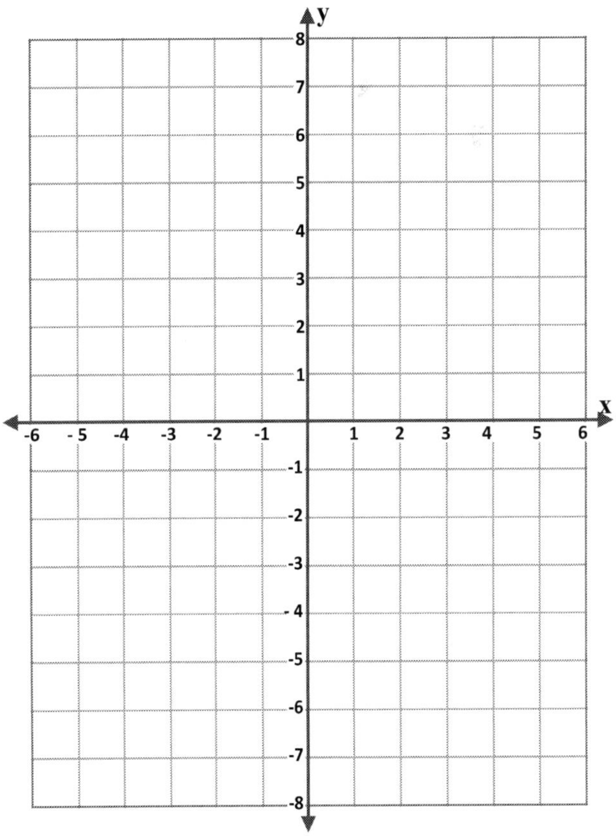
y
x
8 7 6 5 4 3 2 1 -1 -2 -3 -4 -5 -6 -7 -8
-6 -5 -4 -3 -2 -1 1 2 3 4 5 6

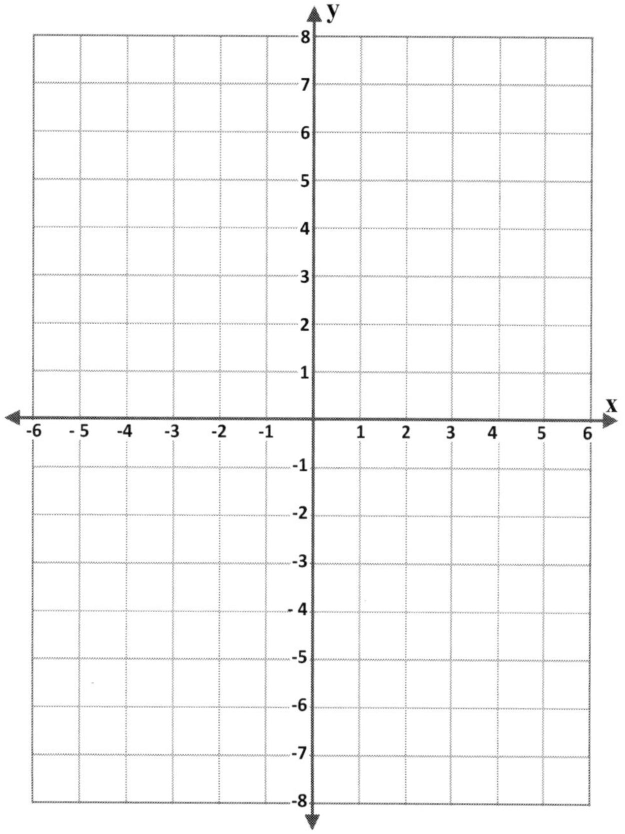
y
x
8
7
6
5
4
3
2
1
-1
-2
-3
- 4
-5
-6
-7
-8
-6
- 5
-4
-3
-2
-1
1
2
3
4
5
6

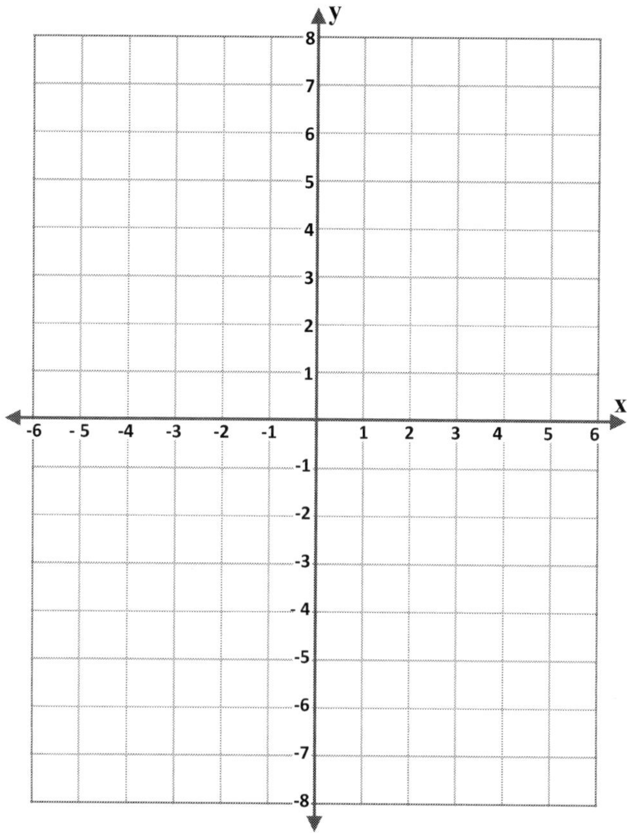
y
x
8
7
6
5
4
3
2
1
-1
-2
-3
- 4
-5
-6
-7
-8
-6
- 5
-4
-3
-2
-1
1
2
3
4
5
6

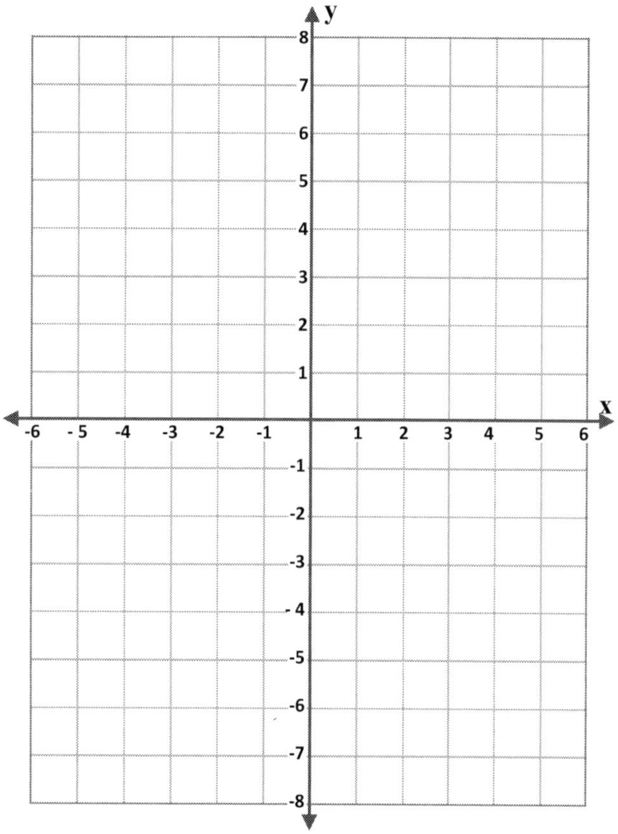
y
x
8
7
6
5
4
3
2
1
-1
-2
-3
- 4
-5
-6
-7
-8
-6
- 5
-4
-3
-2
-1
1
2
3
4
5
6

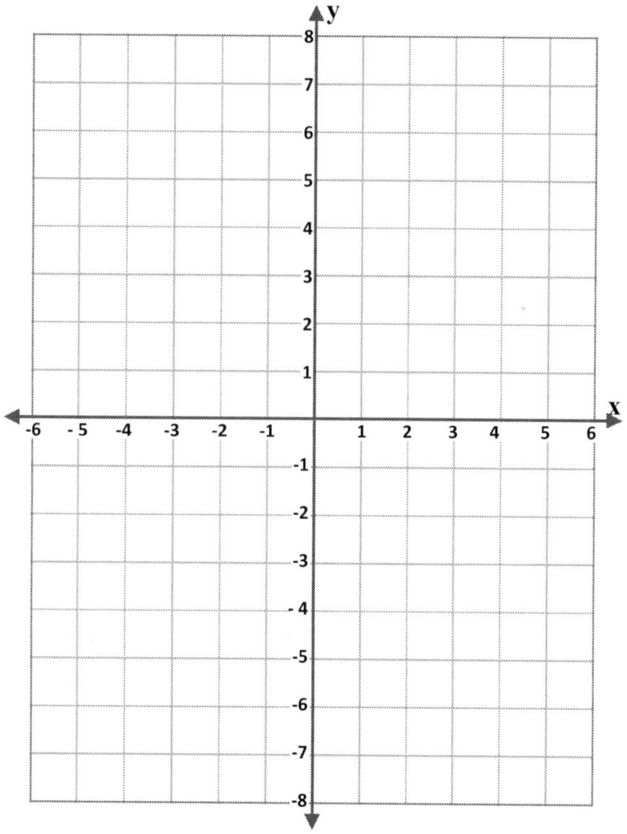
y
x
8
7
6
5
4
3
2
1
-1
-2
-3
- 4
-5
-6
-7
-8
-6
- 5
-4
-3
-2
-1
1
2
3
4
5
6

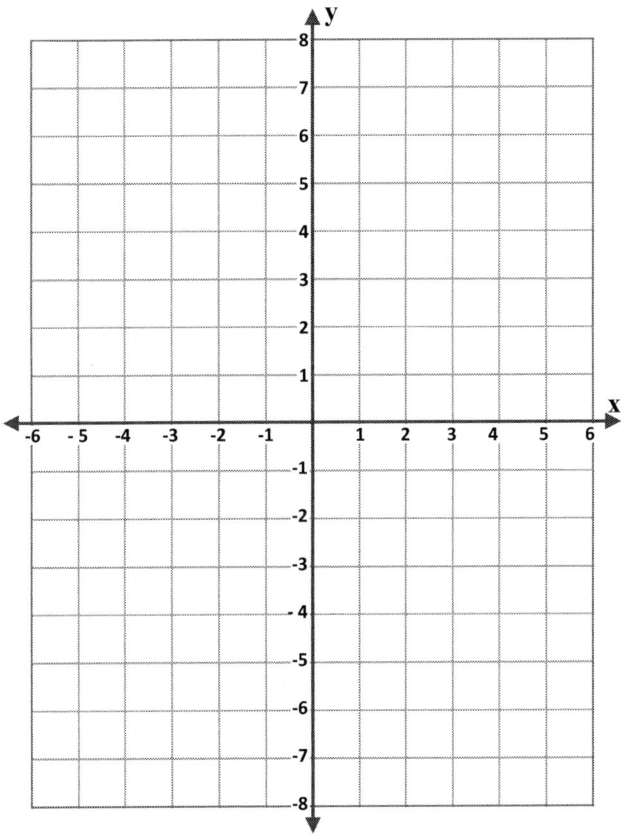
y
8
7
6
5
4
3
2
1
x
-6 -5 -4 -3 -2 -1 1 2 3 4 5 6
-1
-2
-3
-4
-5
-6
-7
-8

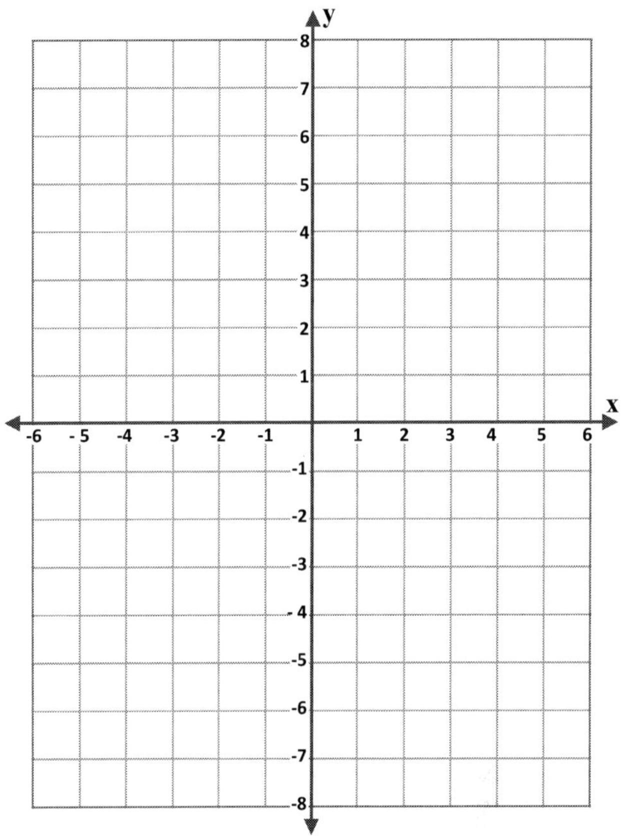
y
8
7
6
5
4
3
2
1
x
-6 -5 -4 -3 -2 -1 1 2 3 4 5 6
-1
-2
-3
-4
-5
-6
-7
-8

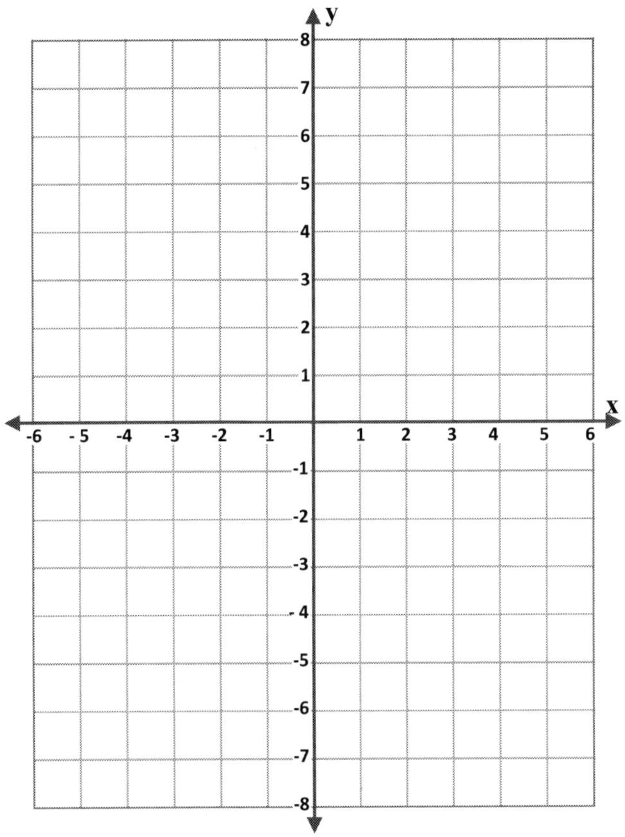
y
8
7
6
5
4
3
2
1
x
-6 -5 -4 -3 -2 -1 1 2 3 4 5 6
-1
-2
-3
-4
-5
-6
-7
-8

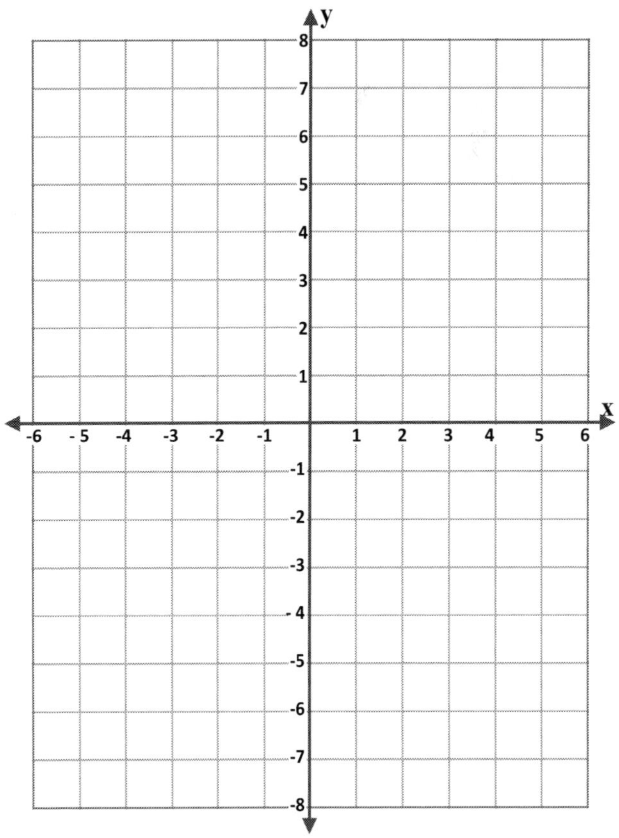
y
8
7
6
5
4
3
2
1
x
-6 -5 -4 -3 -2 -1 1 2 3 4 5 6
-1
-2
-3
-4
-5
-6
-7
-8

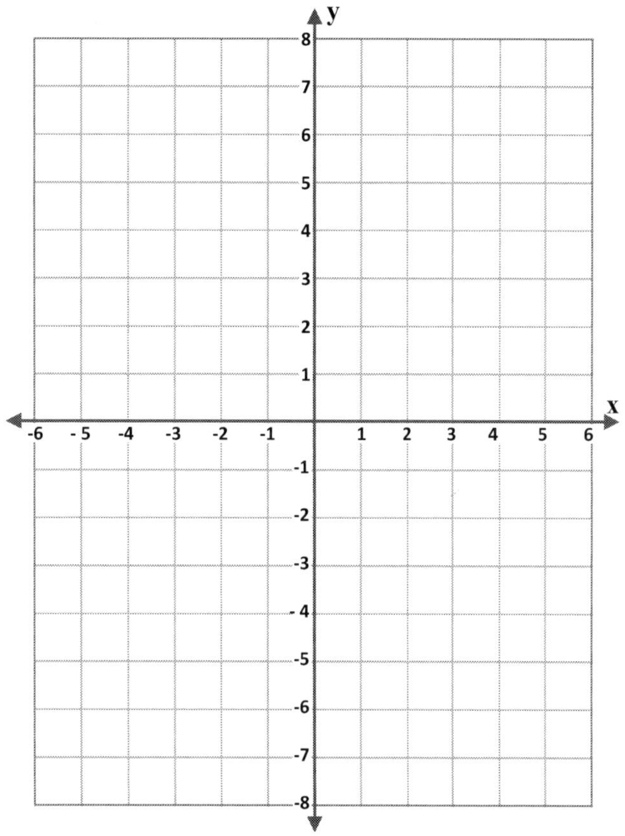
y
x
-6 -5 -4 -3 -2 -1 1 2 3 4 5 6
8 7 6 5 4 3 2 1 -1 -2 -3 -4 -5 -6 -7 -8

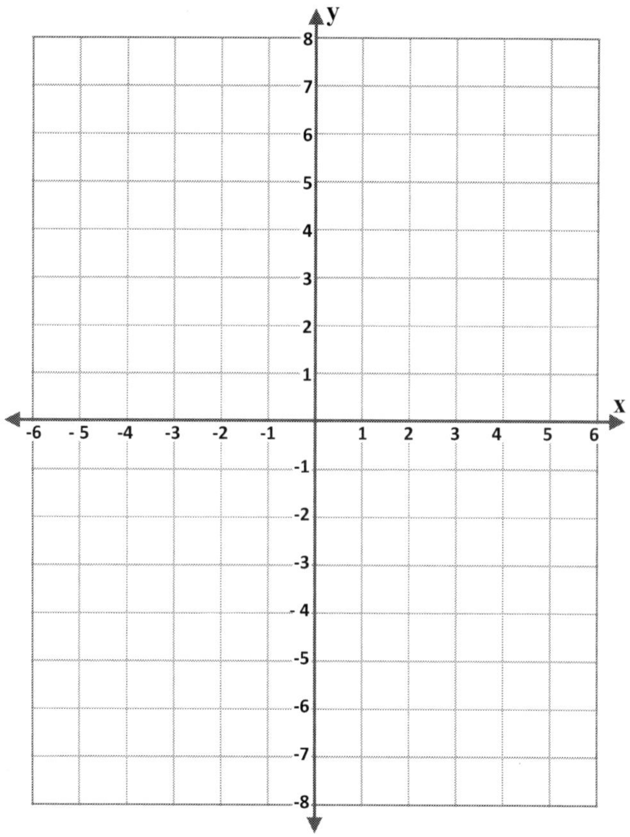
y
x
-6 -5 -4 -3 -2 -1 1 2 3 4 5 6
8 7 6 5 4 3 2 1 -1 -2 -3 -4 -5 -6 -7 -8

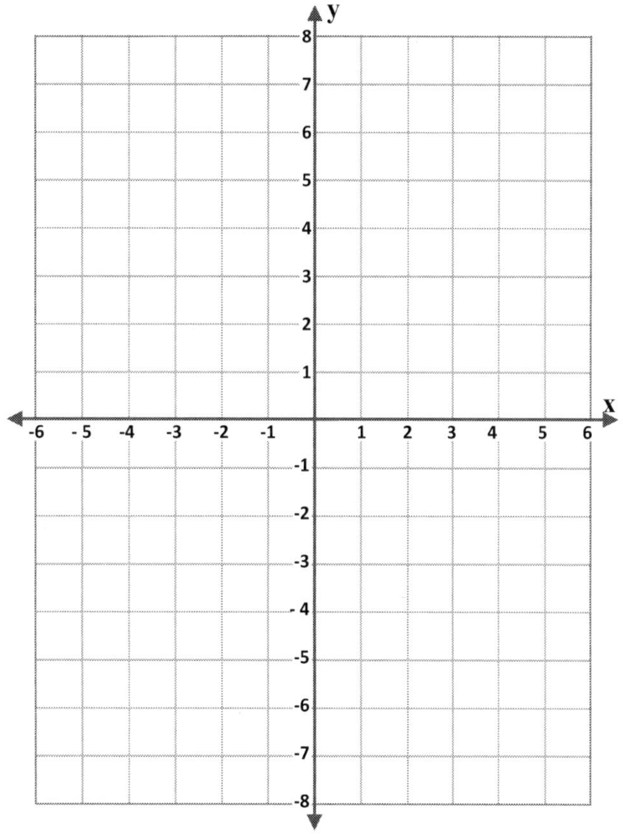
y
x
-6 -5 -4 -3 -2 -1 1 2 3 4 5 6
8 7 6 5 4 3 2 1 -1 -2 -3 -4 -5 -6 -7 -8

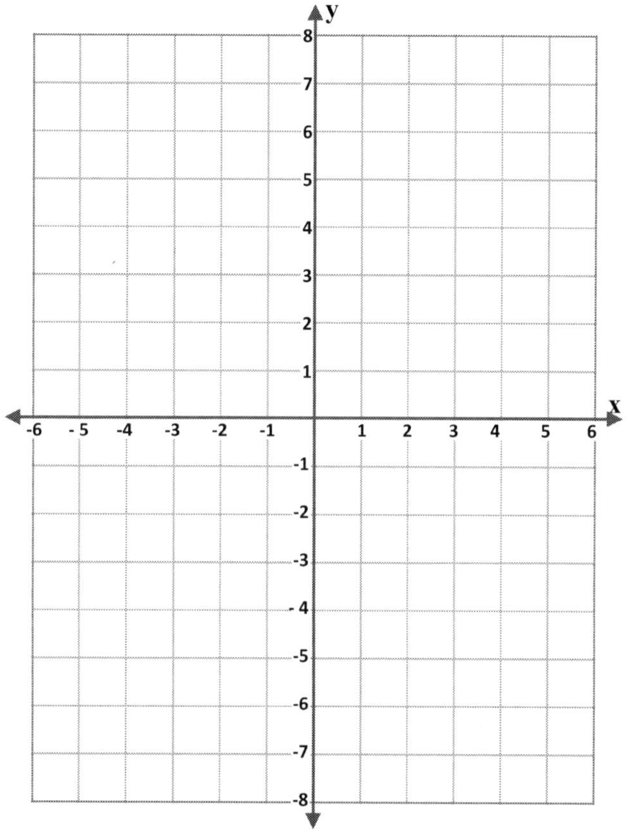
y
x
-6 -5 -4 -3 -2 -1 1 2 3 4 5 6
8 7 6 5 4 3 2 1 -1 -2 -3 -4 -5 -6 -7 -8

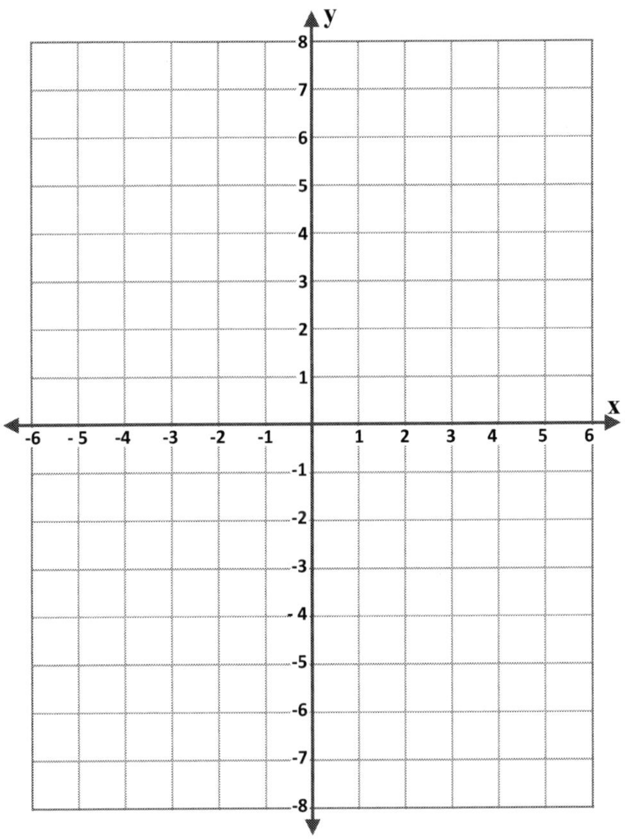
y
x
8 7 6 5 4 3 2 1 -1 -2 -3 -4 -5 -6 -7 -8
-6 -5 -4 -3 -2 -1 1 2 3 4 5 6

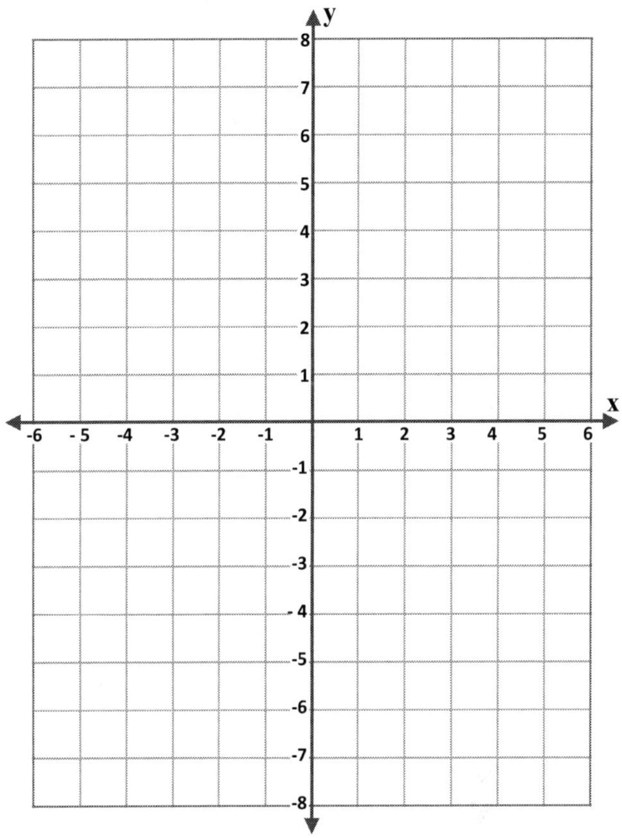
y
x
8 7 6 5 4 3 2 1 -1 -2 -3 -4 -5 -6 -7 -8
-6 -5 -4 -3 -2 -1 1 2 3 4 5 6

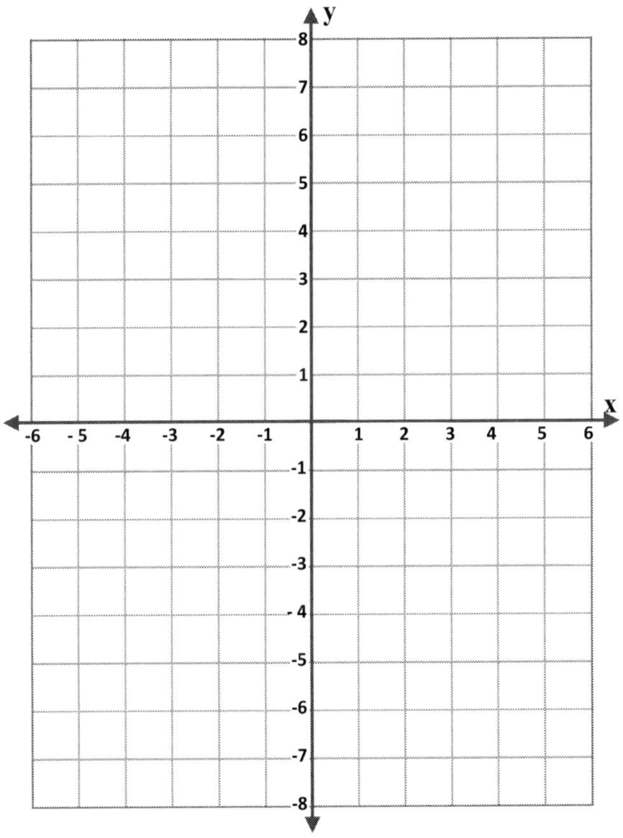
y
x
8 7 6 5 4 3 2 1 -1 -2 -3 -4 -5 -6 -7 -8
-6 -5 -4 -3 -2 -1 1 2 3 4 5 6

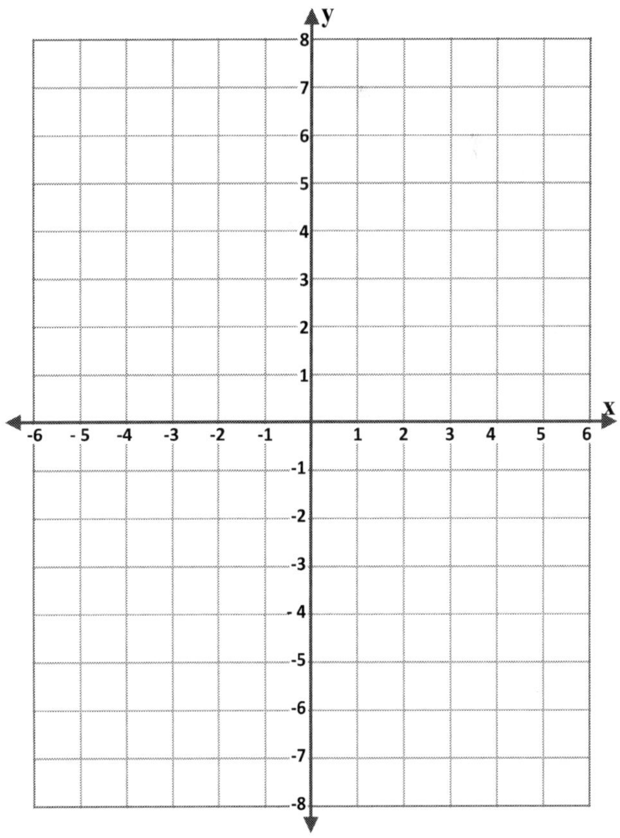
y
x
8 7 6 5 4 3 2 1 -1 -2 -3 -4 -5 -6 -7 -8
-6 -5 -4 -3 -2 -1 1 2 3 4 5 6

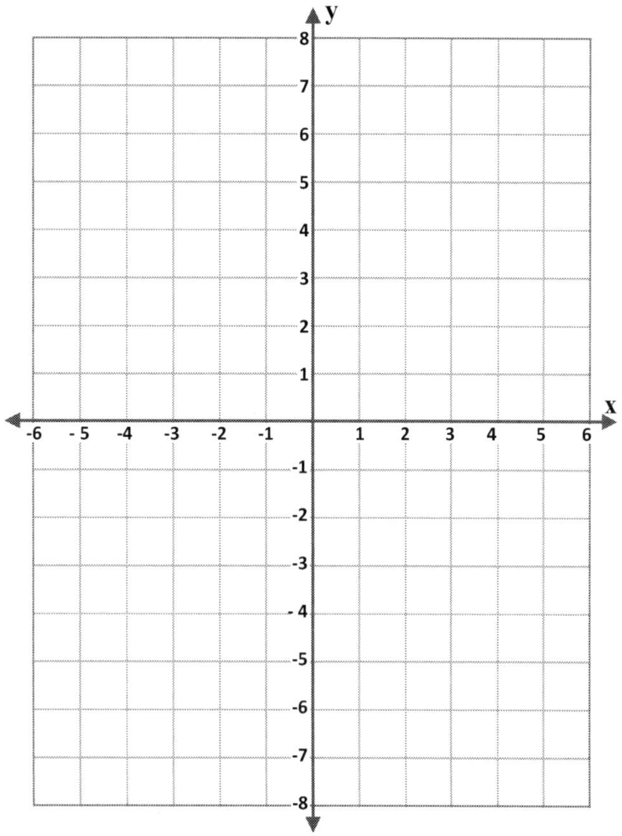
y
x
8 7 6 5 4 3 2 1 -1 -2 -3 -4 -5 -6 -7 -8
-6 -5 -4 -3 -2 -1 1 2 3 4 5 6

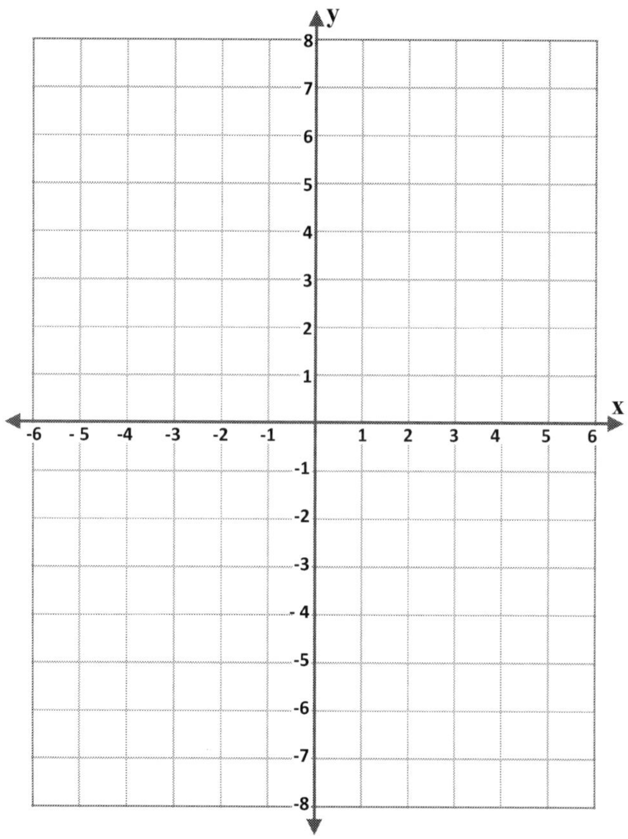
y
x
8 7 6 5 4 3 2 1 -1 -2 -3 -4 -5 -6 -7 -8
-6 -5 -4 -3 -2 -1 1 2 3 4 5 6

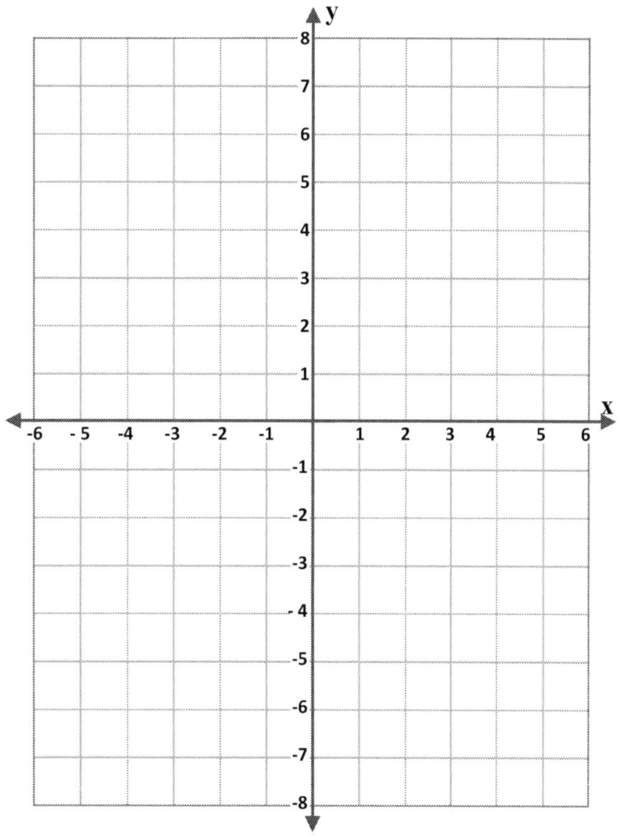
y
x
8 7 6 5 4 3 2 1 -1 -2 -3 -4 -5 -6 -7 -8
-6 -5 -4 -3 -2 -1 1 2 3 4 5 6

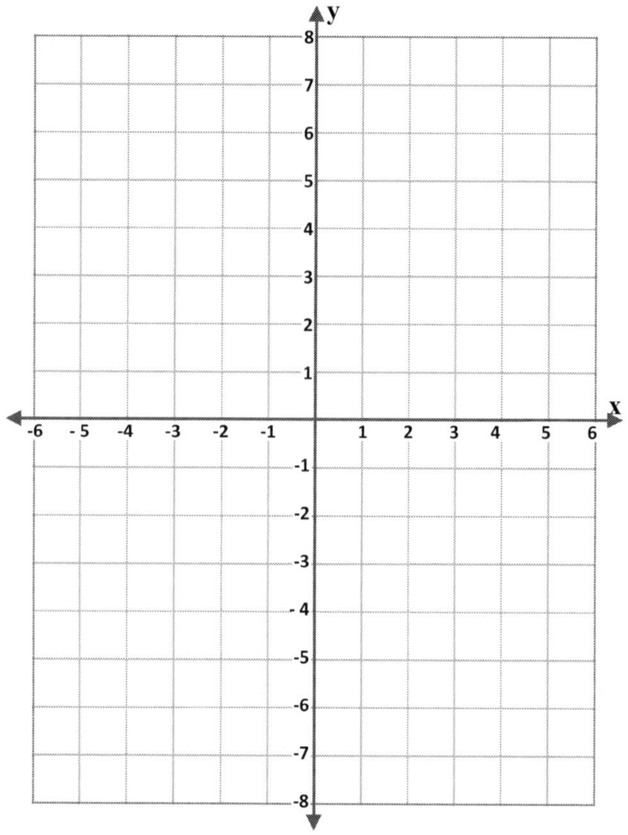
y
x
8 7 6 5 4 3 2 1 -1 -2 -3 -4 -5 -6 -7 -8
-6 -5 -4 -3 -2 -1 1 2 3 4 5 6

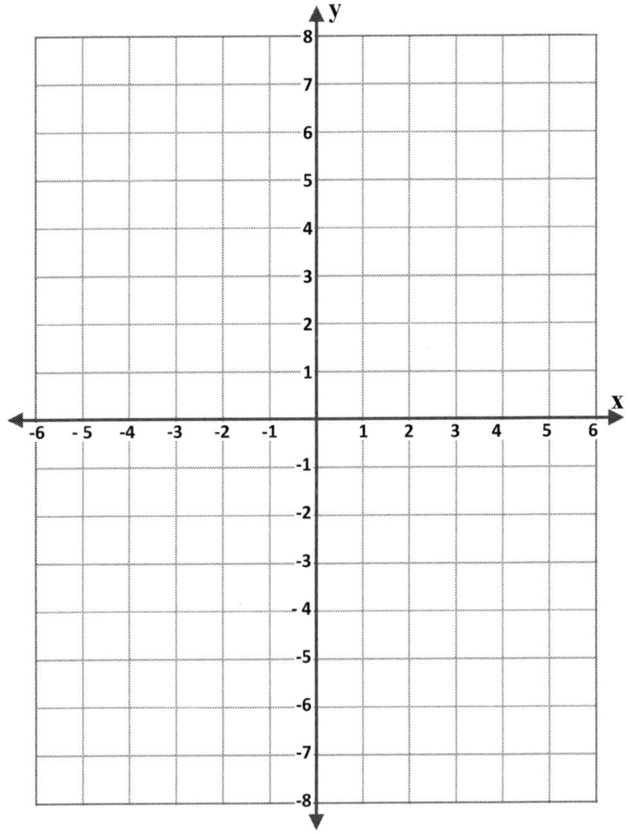
y
x
8 7 6 5 4 3 2 1 -1 -2 -3 -4 -5 -6 -7 -8
-6 -5 -4 -3 -2 -1 1 2 3 4 5 6

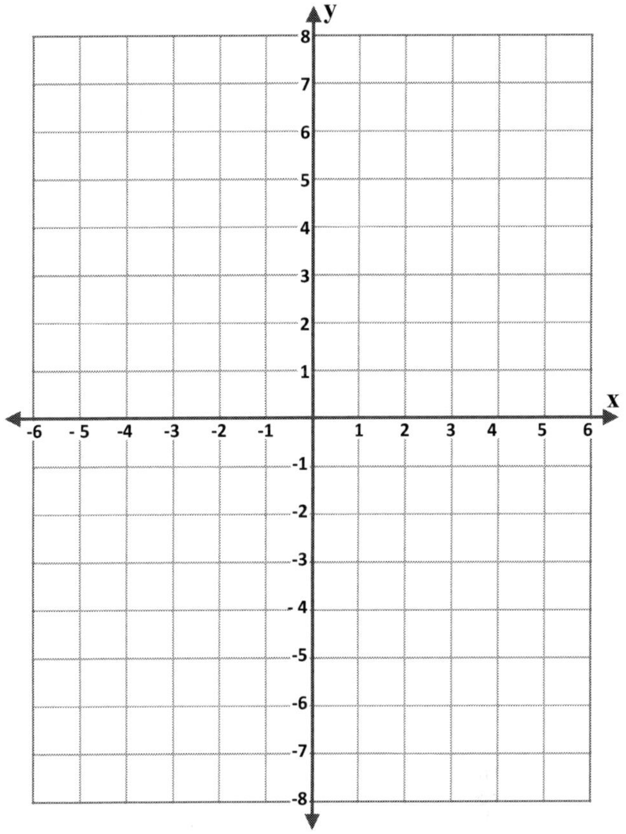
y
x
8 7 6 5 4 3 2 1 -1 -2 -3 -4 -5 -6 -7 -8
-6 -5 -4 -3 -2 -1 1 2 3 4 5 6

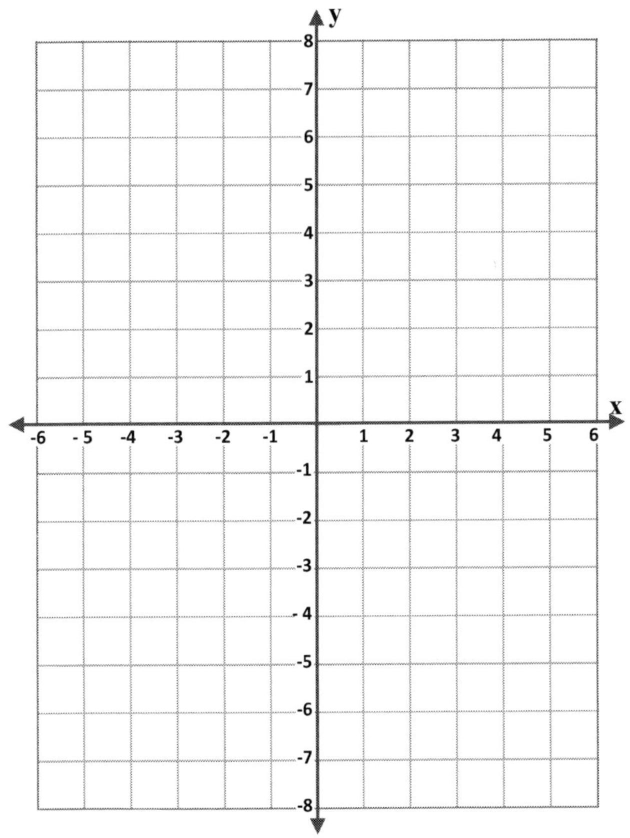
y
x
8 7 6 5 4 3 2 1 -1 -2 -3 -4 -5 -6 -7 -8
-6 -5 -4 -3 -2 -1 1 2 3 4 5 6

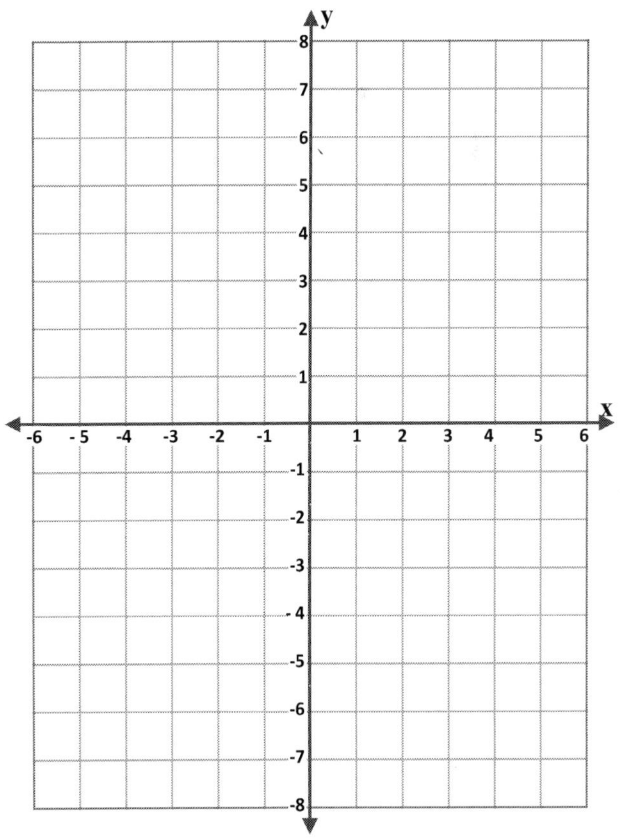
y
x
8 7 6 5 4 3 2 1 -1 -2 -3 -4 -5 -6 -7 -8
-6 -5 -4 -3 -2 -1 1 2 3 4 5 6

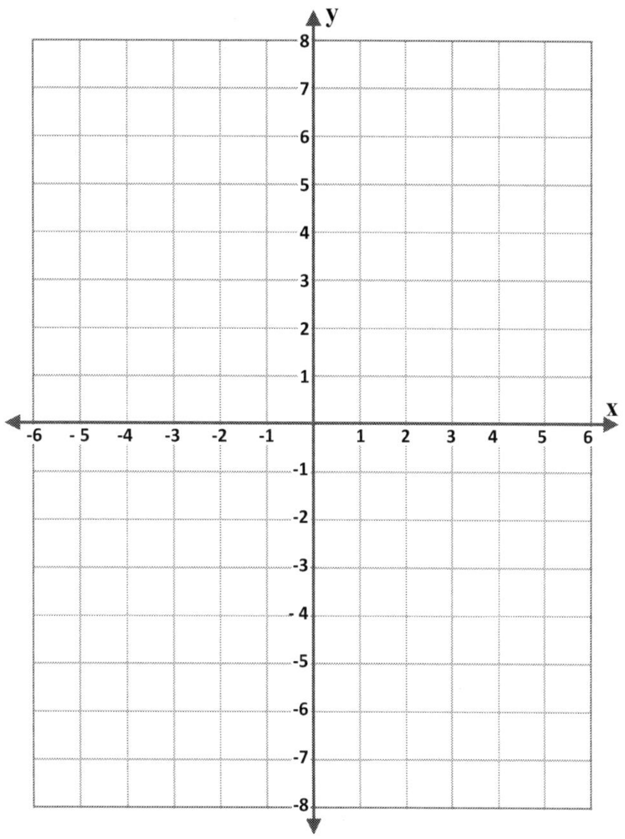
y
x

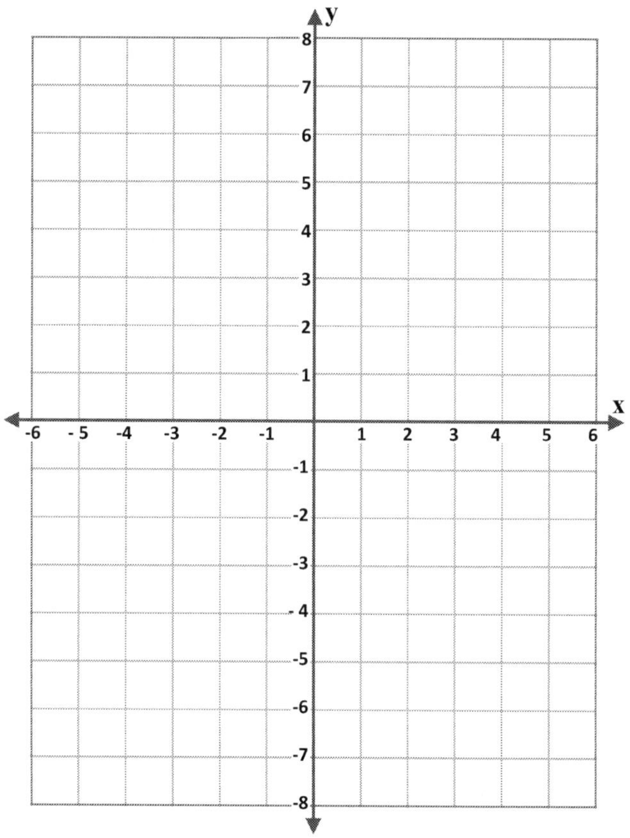
y
x

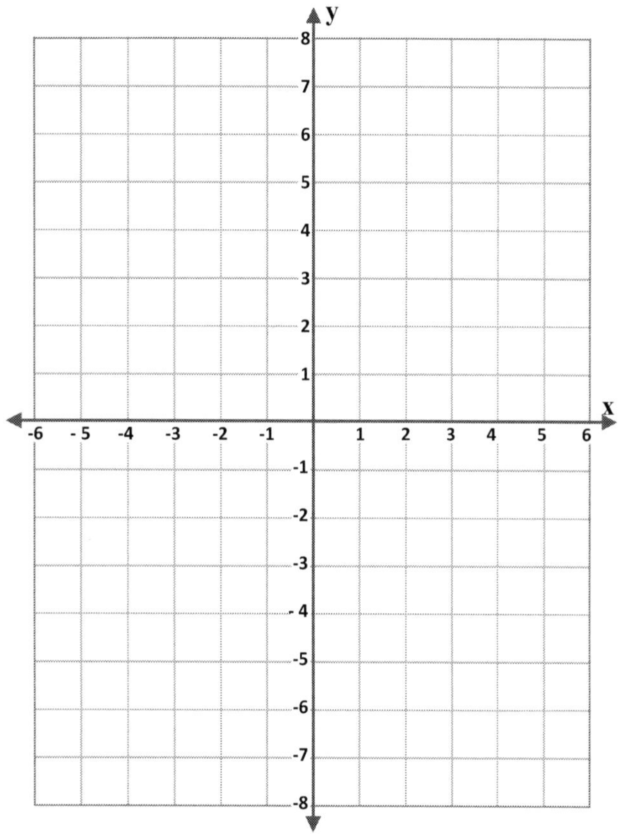
y
x

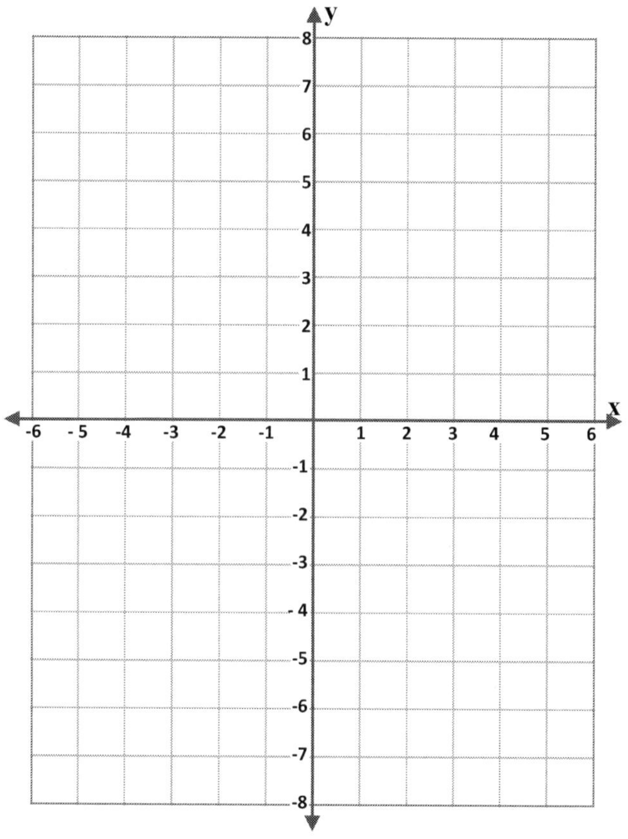
y
x

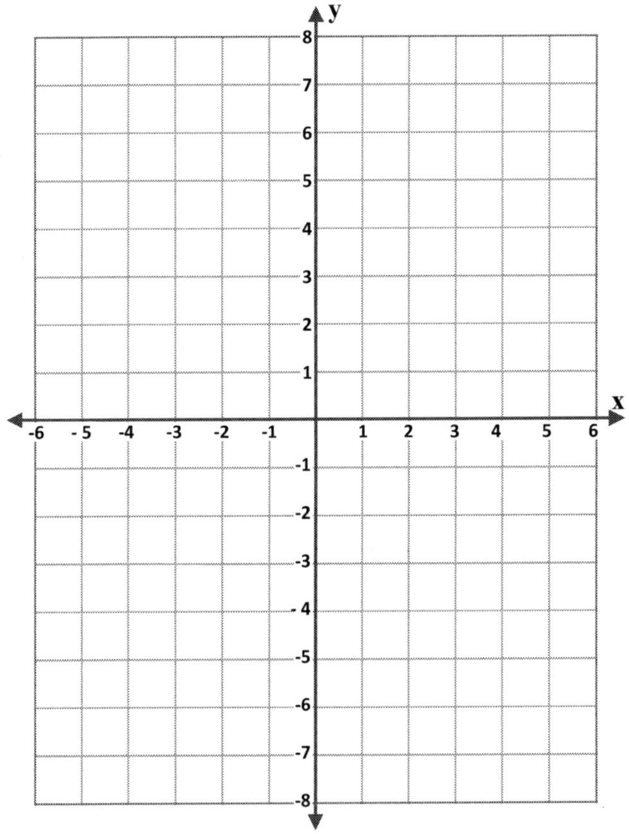
y
x
8
7
6
5
4
3
2
1
-1
-2
-3
-4
-5
-6
-7
-8
-6
-5
-4
-3
-2
-1
1
2
3
4
5
6
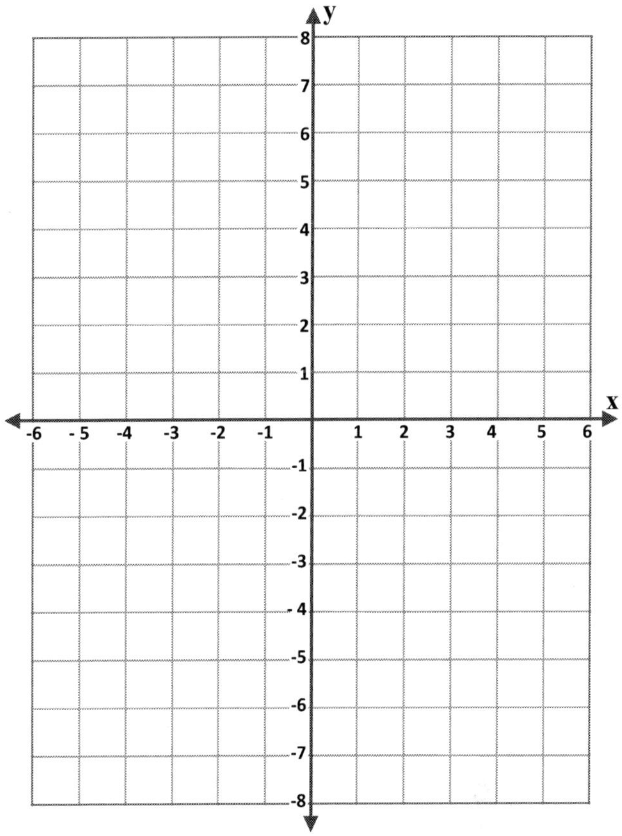
y
x
8
7
6
5
4
3
2
1
-1
-2
-3
-4
-5
-6
-7
-8
-6
-5
-4
-3
-2
-1
1
2
3
4
5
6
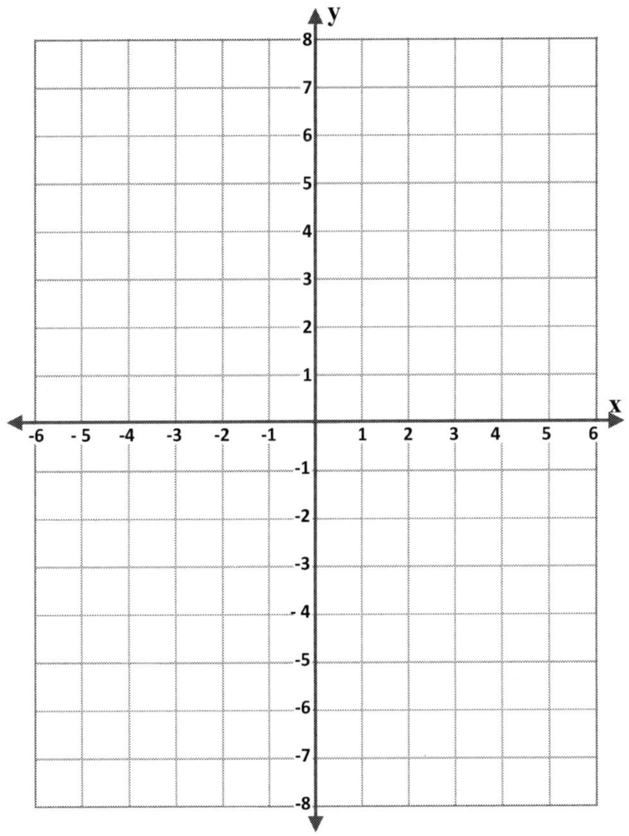
y
x
8
7
6
5
4
3
2
1
-1
-2
-3
-4
-5
-6
-7
-8
-6
-5
-4
-3
-2
-1
1
2
3
4
5
6
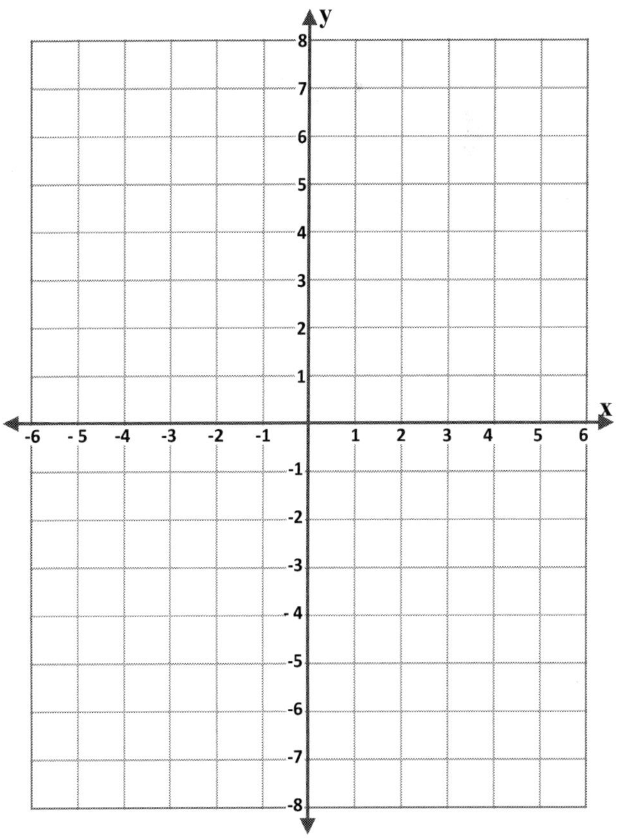
y
x
8
7
6
5
4
3
2
1
-1
-2
-3
-4
-5
-6
-7
-8
-6
-5
-4
-3
-2
-1
1
2
3
4
5
6

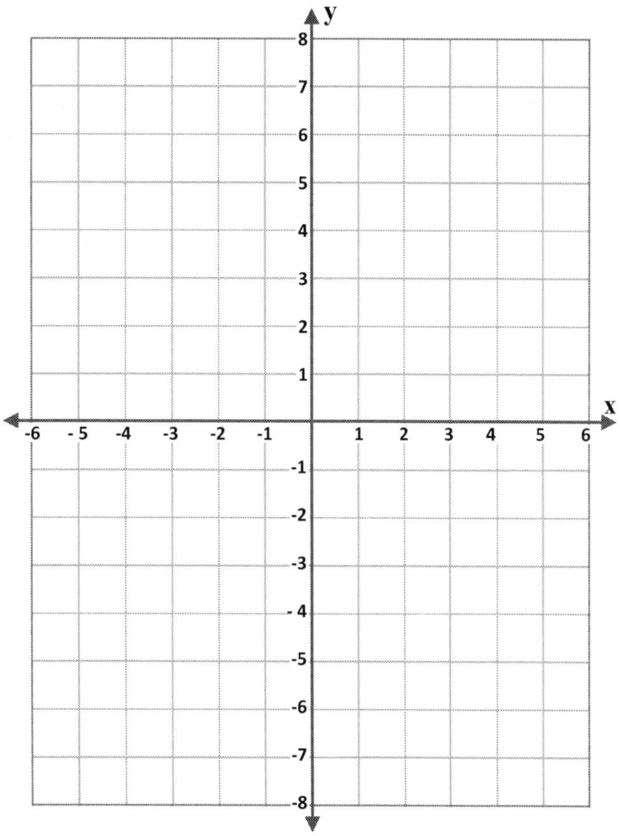
y
x
-6 -5 -4 -3 -2 -1 1 2 3 4 5 6
8 7 6 5 4 3 2 1 -1 -2 -3 -4 -5 -6 -7 -8

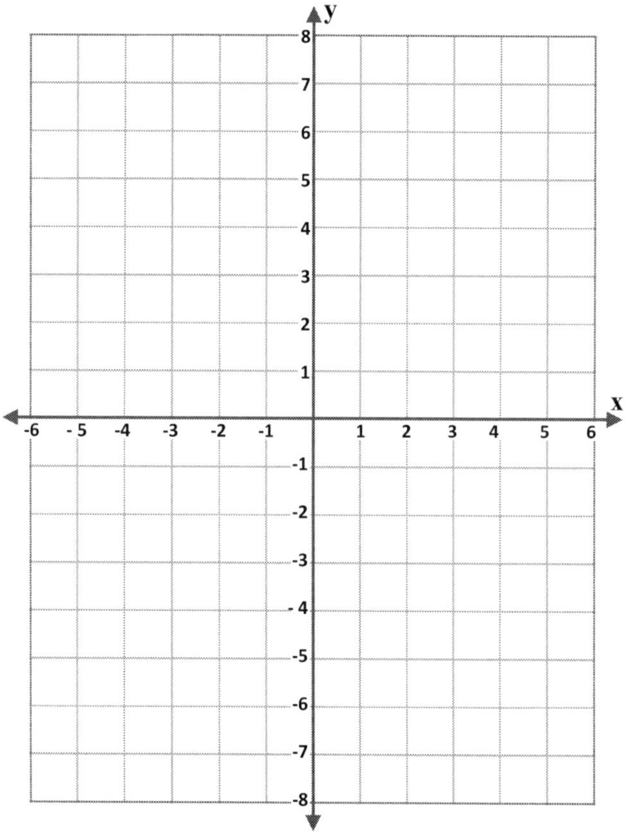
y
x
-6 -5 -4 -3 -2 -1 1 2 3 4 5 6
8 7 6 5 4 3 2 1 -1 -2 -3 -4 -5 -6 -7 -8

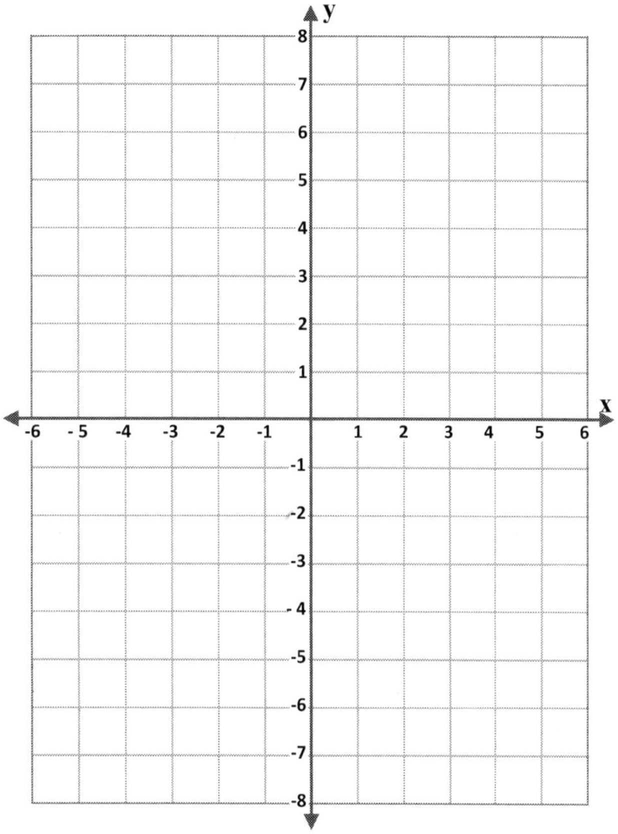
y
x
-6 -5 -4 -3 -2 -1 1 2 3 4 5 6
8 7 6 5 4 3 2 1 -1 -2 -3 -4 -5 -6 -7 -8

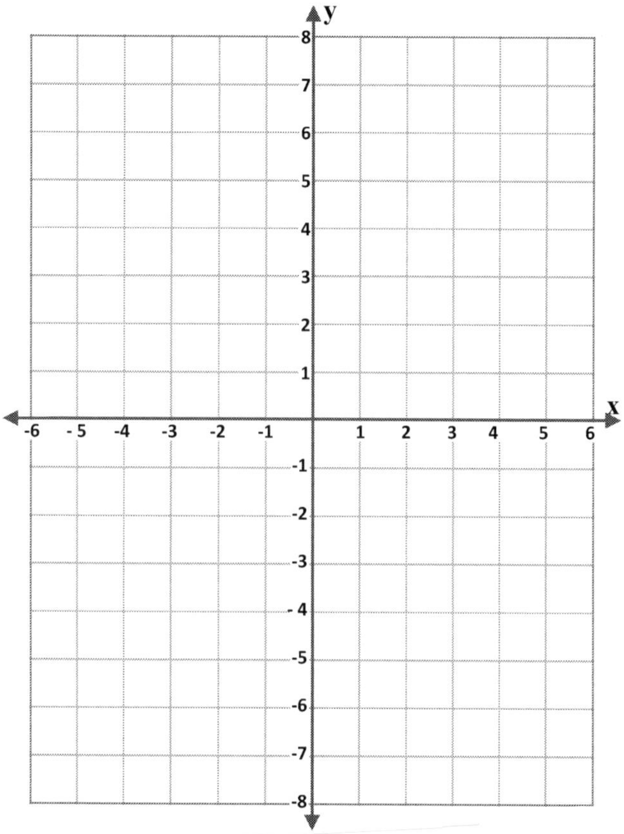
y
x
-6 -5 -4 -3 -2 -1 1 2 3 4 5 6
8 7 6 5 4 3 2 1 -1 -2 -3 -4 -5 -6 -7 -8

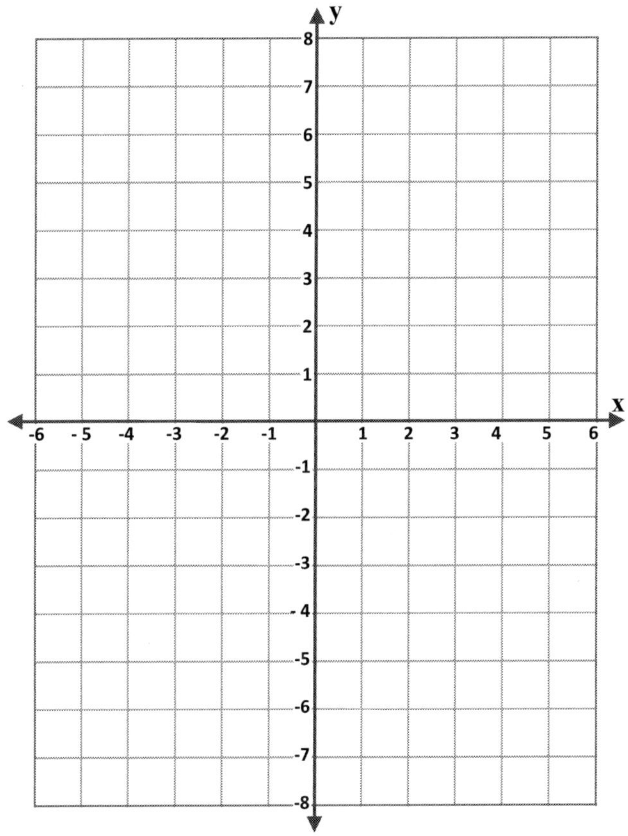
y
x
8
7
6
5
4
3
2
1
-1
-2
-3
-4
-5
-6
-7
-8
-6 -5 -4 -3 -2 -1 1 2 3 4 5 6

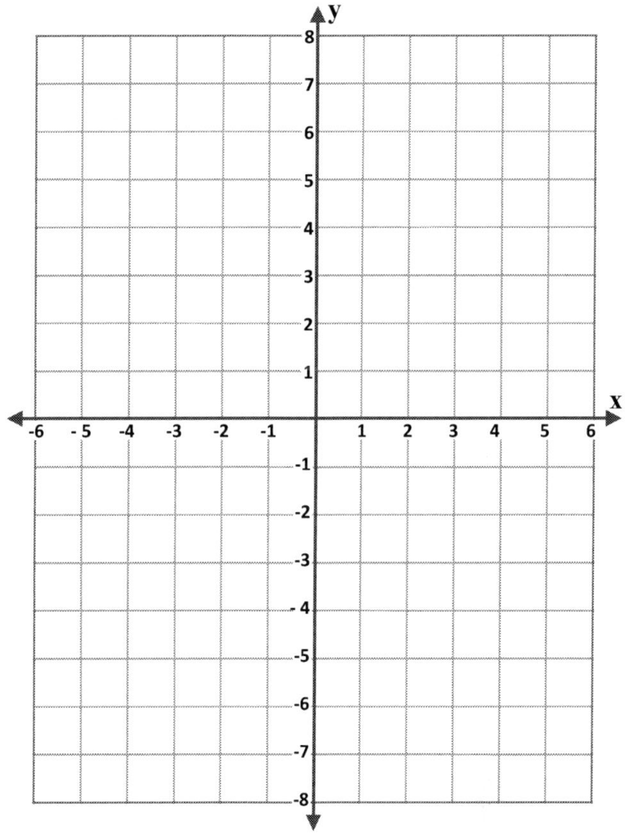
y
x
8
7
6
5
4
3
2
1
-1
-2
-3
-4
-5
-6
-7
-8
-6 -5 -4 -3 -2 -1 1 2 3 4 5 6

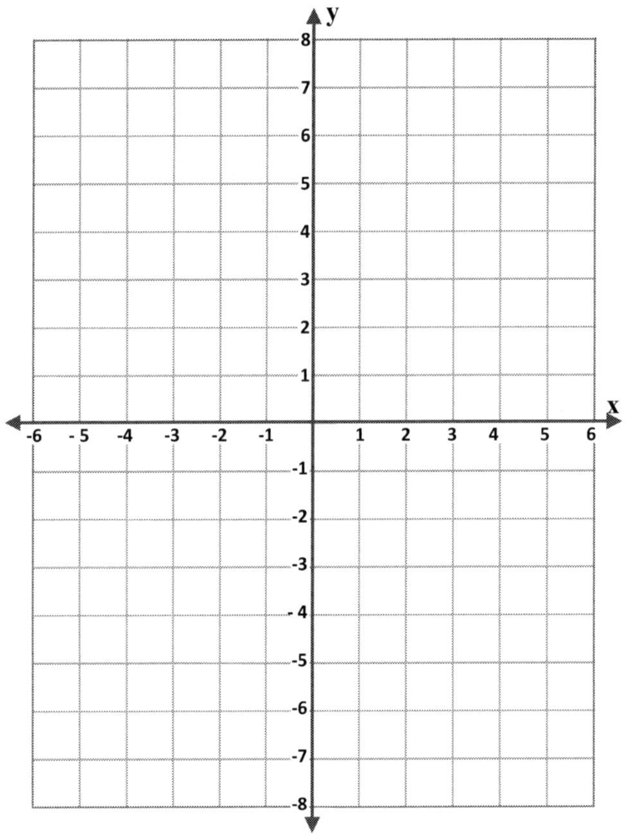
y
x
8
7
6
5
4
3
2
1
-1
-2
-3
-4
-5
-6
-7
-8
-6 -5 -4 -3 -2 -1 1 2 3 4 5 6

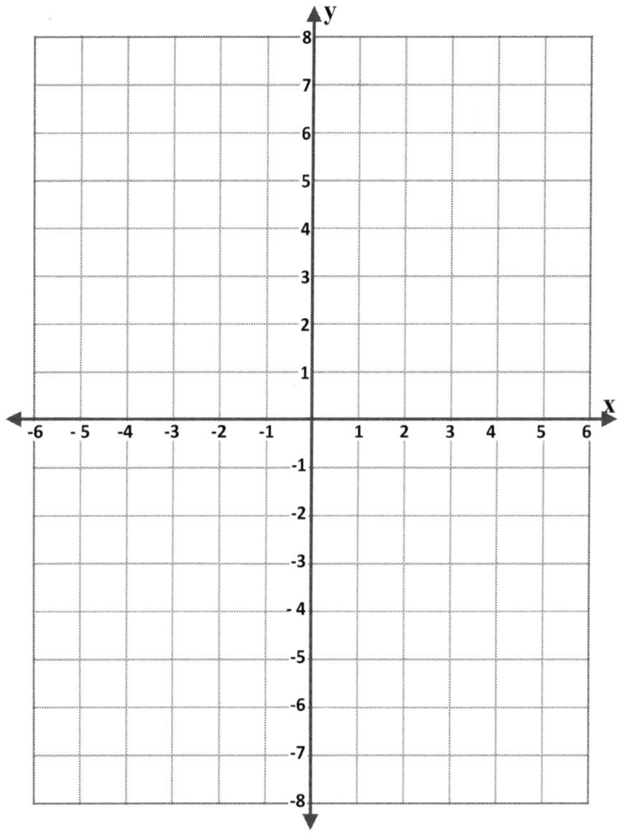
y
x
8
7
6
5
4
3
2
1
-1
-2
-3
-4
-5
-6
-7
-8
-6 -5 -4 -3 -2 -1 1 2 3 4 5 6

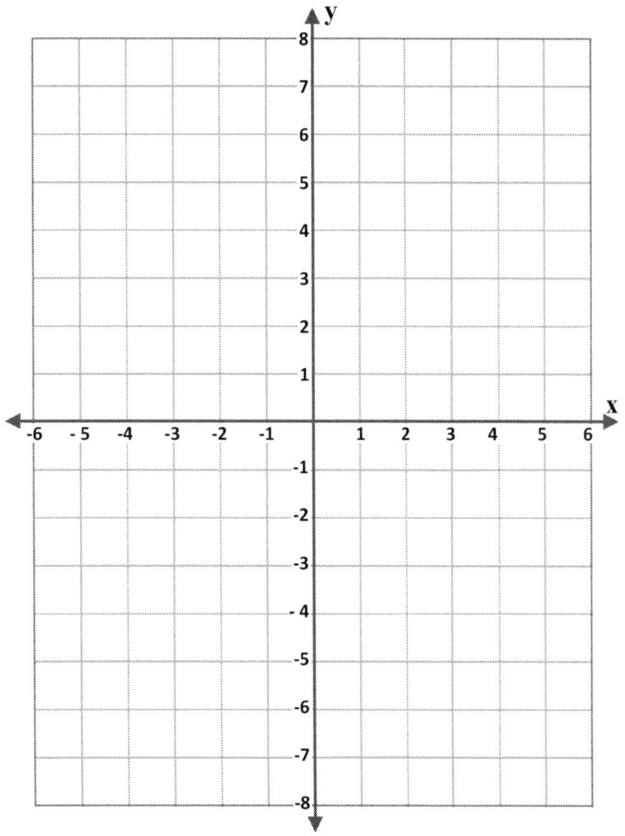
y
8 7 6 5 4 3 2 1 -1 -2 -3 - 4 -5 -6 -7 -8
x
-6 - 5 -4 -3 -2 -1 1 2 3 4 5 6

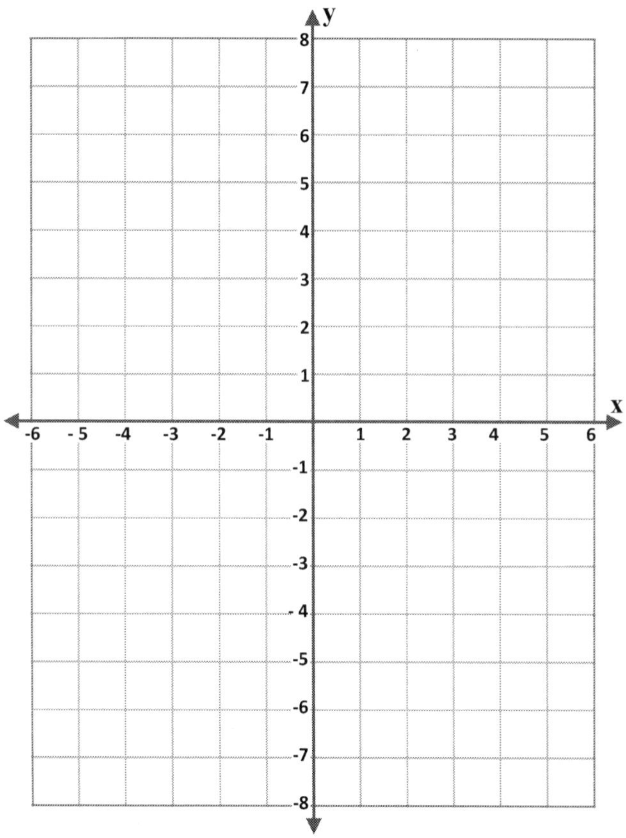
y
8 7 6 5 4 3 2 1 -1 -2 -3 - 4 -5 -6 -7 -8
x
-6 - 5 -4 -3 -2 -1 1 2 3 4 5 6

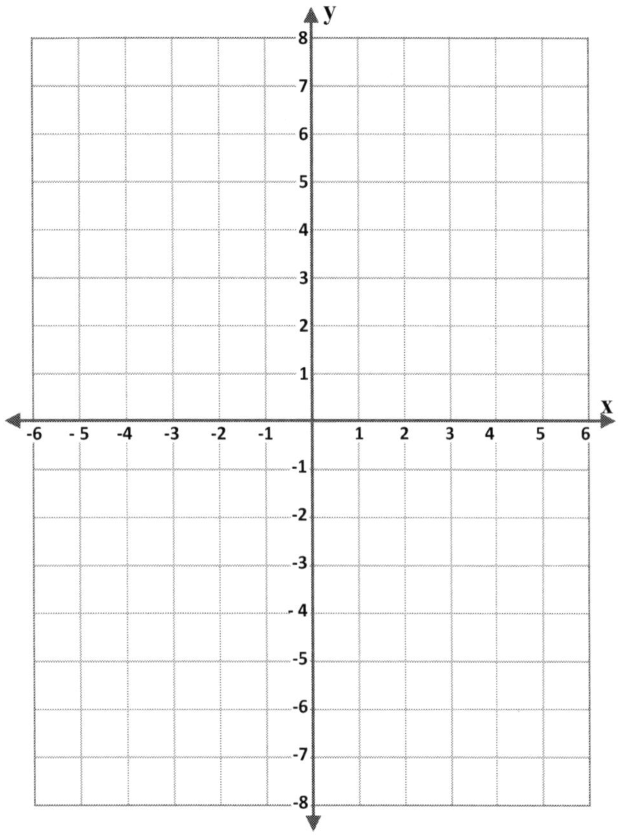
y
8 7 6 5 4 3 2 1 -1 -2 -3 - 4 -5 -6 -7 -8
x
-6 - 5 -4 -3 -2 -1 1 2 3 4 5 6

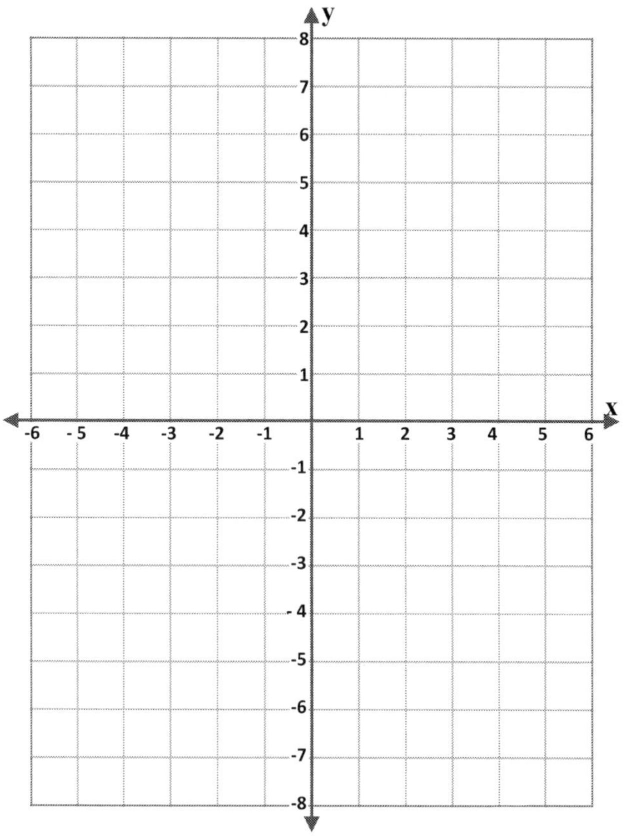
y
8 7 6 5 4 3 2 1 -1 -2 -3 - 4 -5 -6 -7 -8
x
-6 - 5 -4 -3 -2 -1 1 2 3 4 5 6

Made in United States
Orlando, FL
09 December 2024

55310846R00061